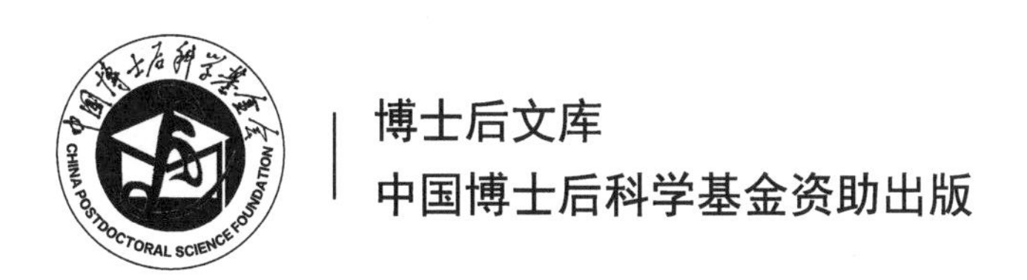


# 复合种植作物化学生态学

刘 江 著

科 学 出 版 社
北 京

## 内 容 简 介

本书介绍了复合种植作物化学生态学的相关概念、研究内容、研究方法及最新研究进展。重点围绕玉米-大豆带状复合种植系统中的“荫蔽胁迫”“分根干旱胁迫”“田间霉变”所诱发的大豆化学生态学问题展开论述；主要涉及复合种植作物品质调控、异质性胁迫、复合胁迫与交叉抗性等科学问题；所采用的研究方法以植物代谢组学和生理生化手段为主。

本书在介绍复合种植系统环境特征及其化学生态学问题的同时，对现代植物化学生态学研究范畴作了适当扩展，对化学生态学内涵作了新的诠释；对以现代仪器分析技术、系统生物学方法为载体的新兴研究手段作了介绍。全书以复合种植系统生态要素为主线，代谢物结构功能与生物合成途径贯穿其中，并选择近期发表的高水平研究论文作案例，详细解析了现代植物化学生态学研究策略；同时，兼顾传统方法与新兴手段，对复合种植作物化学生态学研究方法做了系统整理与介绍。

本书可作为高等农业院校学生教材，也可作为各农业科学与生物科技研究机构科技工作者的参考用书。

**图书在版编目（CIP）数据**

复合种植作物化学生态学/刘江著. —北京：科学出版社，2020.1
ISBN 978-7-03-060433-0

Ⅰ. ①复… Ⅱ. ①刘… Ⅲ. ①农业生态学-研究 Ⅳ. ①S181

中国版本图书馆 CIP 数据核字（2019）第 014092 号

责任编辑：张 展 叶苏苏 / 责任校对：杜子昂
责任印制：罗 科 / 封面设计：墨创文化

科学出版社 出版
北京东黄城根北街 16 号
邮政编码：100717
http://www.sciencep.com
成都锦瑞印刷有限责任公司 印刷
科学出版社发行 各地新华书店经销

*

2020 年 1 月第 一 版 开本：720 × 1000 1/16
2020 年 1 月第一次印刷 印张：14 3/4 插页：4
字数：310 000

**定价：149.00 元**

（如有印装质量问题，我社负责调换）

# 《博士后文库》编委会名单

# 《博士后文库》序言

1985 年，在李政道先生的倡议和邓小平同志的亲自关怀下，我国建立了博士后制度，同时设立了博士后科学基金。30 多年来，在党和国家的高度重视下，在社会各方面的关心和支持下，博士后制度为我国培养了一大批青年高层次创新人才。在这一过程中，博士后科学基金发挥了不可替代的独特作用。

博士后科学基金是中国特色博士后制度的重要组成部分，专门用于资助博士后研究人员开展创新探索。博士后科学基金的资助，对正处于独立科研生涯起步阶段的博士后研究人员来说，适逢其时，有利于培养他们独立的科研人格、在选题方面的竞争意识以及负责的精神，是他们独立从事科研工作的“第一桶金”。尽管博士后科学基金资助金额不大，但对博士后青年创新人才的培养和激励作用不可估量。四两拨千斤，博士后科学基金有效地推动了博士后研究人员迅速成长为高水平的研究人才，“小基金发挥了大作用”。

在博士后科学基金的资助下，博士后研究人员的优秀学术成果不断涌现。2013 年，为提高博士后科学基金的资助效益，中国博士后科学基金会联合科学出版社开展了博士后优秀学术专著出版资助工作，通过专家评审遴选出优秀的博士后学术著作，收入《博士后文库》，由博士后科学基金资助、科学出版社出版。我们希望，借此打造专属于博士后学术创新的旗舰图书品牌，激励博士后研究人员潜心科研，扎实治学，提升博士后优秀学术成果的社会影响力。

2015 年，国务院办公厅印发了《关于改革完善博士后制度的意见》(国办发〔2015〕87 号)，将“实施自然科学、人文社会科学优秀博士后论著出版支持计划”作为“十三五”期间博士后工作的重要内容和提升博士后研究人员培养质量的重要手段，这更加凸显了出版资助工作的意义。我相信，我们提供的这个出版资助平台将对博士后研究人员激发创新智慧、凝聚创新力量发挥独特的作用，促使博士后研究人员的创新成果更好地服务于创新驱动发展战略和创新型国家的建设。

祝愿广大博士后研究人员在博士后科学基金的资助下早日成长为栋梁之才，为实现中华民族伟大复兴的中国梦做出更大的贡献。

中国博士后科学基金会理事长

# 前　言

作物间套复种能够充分利用资源、提高作物产量，是世界公认的集约化农业技术；我国人多地少，耕地面积十分有限，复合种植对自然资源相对贫乏的中国农业尤为重要。在生态农业已然成为现代农业发展新趋势的时代大背景下，历史悠久的复合种植因其具有的多重生态效益，焕发出新的生机活力，其对保护农业生态环境、保障国家粮食安全具有重要的战略意义。

复合种植系统中，多种作物和谐共生，光、温、水、气、肥等田间小环境发生显著变化。“作物—环境—病、虫、杂草”之间也发生着各种各样的交互关系，功能结构丰富的化学物质在此间发挥着重要作用。以化学成分的合成、代谢、转导为切入点，探讨、揭示生物种间、种内以化学物质为媒介的相互作用关系，研究复杂环境中的生态学问题，这成为现代生态学研究的热点。当生态学与化学交叉融合，化学生态学应运而生，成为解析复杂种植系统中各种生理生态现象的有力手段，并持续散发出夺目的科学魅力。

本书作者所在研究团队从事作物复合种植研究工作十余年，在复合种植系统的高产高效栽培基础理论与关键技术方面开展了深入系统的研究，但对于复合种植系统中的化学生态学研究尚属起步，研究过程中或多有涉及，但缺乏系统梳理。近年来，本书作者结合自身天然产物化学的专业背景，利用研究团队在复合种植作物研究中的特色优势，在中国博士后科学基金面上项目(2014M560724)、中国博士后科学基金特别资助项目(2017T100707)及国家自然科学基金青年科学基金项目(31401329)的持续资助下，重点围绕玉米-大豆带状复合种植系统开展了一系列作物化学生态学研究工作，取得了部分阶段性成果。为增强对作物化学生态学的认识，促进化学生态学在复合种植系统中的研究和应用，作者将近年来有关复合种植作物化学生态学研究的工作进展及所在团队的相关研究成果整理成《复合种植作物化学生态学》专著，以供学术交流之用。

本书重点围绕玉米-大豆带状复合种植系统中的“荫蔽胁迫”“分根干旱胁迫”“田间霉变”所诱发的大豆化学生态学问题展开论述，主要涉及异质性胁迫、复合胁迫与交叉抗性等科学问题。所采用的研究方法以植物代谢组学和作物生理生化手段为主。全书共八章，分为三部分内容：第一部分(一至三章)，主要介绍复合种植作物化学生态学的相关概念、复合种植大豆化学品质调控、资源评价及品种选育。第二部分(四至六章)，主要介绍复合种植系统荫蔽胁迫与作物苯丙烷代谢调控、复合种植系统异质性干旱胁迫的化学生态学意义、复合种植系统荫蔽-霉变复合胁迫与交叉抗性。第三部分为方法学部分(七、八章)，主要介绍植物代谢组学在作物化学生态学研究中的应用与新兴化学生态学研究方法。

全书收载的百余幅图表，多数来自作者所在团队近年来已经发表或有待发表的学术论文，也包括团队成员在各种场合学术报告中所使用的图表，其余图表则是作者根据相关文献资料总结归纳而成，也有部分图表直接引自他人的研究报道，均逐一进行了相应的引用标注。本书中涉及部分代谢组学研究方法及实施案例的介绍，参考了国内部分商业化代谢组学公司提供的资料，包括广州基迪奥生物科技有限公司、苏州帕诺米克生物科技有限公司、武汉安隆科讯技术有限公司、武汉迈特维尔生物科技有限公司、上海敏芯信息科技有限公司等，在此一并表示感谢。

在本书撰写过程中，部分研究生给予了积极帮助，特别是杨才琼、邓俊才、胡宝予、张潇文、秦雯婷、吴海军、张启辉、肖新力、龙希洋、Nasir Iqbal 等。他们是本书中所记载试验工作的具体实施者，为科研数据的获得及本书的完稿付出了辛勤的劳动，在此表示由衷感谢。

特别感谢四川省作物带状复合种植工程技术研究中心杨文钰教授领衔的“玉米-大豆带状复合种植”科研团队。本书是团队部分工作的总结和凝练，团队前期的研究成果为复合种植作物化学生态学的研究奠定了坚实的基础，团队全体成员为本书的完成提供了丰富的素材和切实的帮助，在此表示衷心感谢。

感谢农业部西南作物生理生态与耕作重点实验室及四川农业大学提供的优越试验条件。感谢中国博士后科学基金、国家自然科学基金的持续资助。

由于作者水平有限、时间仓促，恐有不足，敬请批评指正。

刘　江<br>2018 年 8 月

# 目　　录

# 第一章　绪　　论

1909 年，美国土壤学家 F. H. King 教授探访中国、日本和朝鲜，寻求东亚农民数千年来如何成功保持土壤肥力和健康的秘诀。他提出这样的疑问：中国农民没有投入大量的外部资源，几千年的耕作没有让土壤肥力降低太多，同时又养活了高密度的人口，为什么美国仅仅耕作几百年的历史，就已经面临着如何保护土壤健康的问题，并面临着农业如何可持续下去的危机呢？基于对上述东亚三国古老农耕体系的考察报告，F. H. King 撰写了 *Farmers of Forty Centuries, or Permanent Agriculture in China, Korea, and Japan*(《四千年农夫：中国、朝鲜和日本的永续农业》)一书；书中详细记录了东方国家良好的农耕方法，并对中国农民给予了高度评价：短缺的自然资源和庞大的人口塑造了资源节约、循环利用、精耕细作的中国传统农业生产模式，也形成了中国农民勤俭节约、克制欲望、任劳任怨的品性[1]。

100 多年前美国学者到访中国，探求可持续农业的东方智慧，但并未改变此后西方国家以石油为基础，高投入、高产出的高度工业化农业的迅速发展；这一被称为“石油农业”的模式也一度暴露出生态环境恶化等严重问题。而今的中国农业已然步了美国后尘，百年前 F. H. King 教授所高度赞赏的中国传统农耕技术，已被依赖化肥、农药的现代农耕所取代，随之而来的是土地退化、水资源枯竭、生态链断裂、重度污染等环境问题凸显；在现代农业耕作方式的弊端纷纷显现的时刻，东亚传统的耕作方式再一次引起了世界人民的重视，“自然农法”“生态农业”“可持续农业”成为关注热点。

近年来，诸多以生态农业为核心的农业发展新理念相继被提出，其中也融合了更多的中国传统智慧，如“中医农业”，即将中医原理和方法应用于农业领域，实现现代农业与传统中医的跨界融合，优势互补，集成创新；其运作机制包括：①利用动植物、微生物等生物体或提取物实现农业的绿色防控；②利用生物元素和其他天然元素的组合搭配达到农业动植物的生长调理效果；③利用动植物、微生物等生物群落之间的相生相克机理促进农业动植物的健康生长[2]。不难看出，其核心理念即为生态循环，这与百年前 F. H. King 教授总结的中日朝农民天人合一、顺应自然、培肥土壤、轮作间种等方面的经验在内涵上是一致的[3]。

## 第一节 作物复合种植系统概述

### 一、复合种植概念与设计原则

(一) 复合种植概念

间套复合种植由于能够充分利用资源、提高作物产量，在世界各国被广泛应用，是世界公认的能够提高土地产出率的集约化农业技术，在我国具有悠久的应用历史。西汉《氾胜之书》中即谈到瓜豆间作经验；北魏贾思勰所著《齐民要术》中总结了豆科作物和禾本科作物间套轮作优势，即豆根上之根瘤菌可肥田，根系分泌物益桑。元代《农桑辑要》中指出“桑间可种田禾，与桑有宜与不宜。如种谷必揭得地脉亢干，至秋桑叶先黄，到明年桑叶涩薄，十减(二)三……若种蜀黍，其梢叶与桑等，如此丛杂，桑亦不茂；如种绿豆、黑豆、芝麻、瓜、芋，其桑郁茂，明年叶增(二)三分”。至明清时期，间作套种全面发展，《群芳谱》中讲述了苜蓿与荞麦混作，《农政全书》中记载了棉薯间作“扑地成蔓，风无所施其威也”。可见，古代农民早已认识到复合种植中的种间关系，并对其搭配规律加以利用。

1986年，美国内布拉斯加大学Francis教授出版的*Multiple Cropping Systems*(《复合种植系统》)一书中将复合种植系统定义为：在时间和空间上的集约化种植，即在同一田地上种植两种或两种以上的作物，包括间作、套作、混作、立体种植等多种不同的种植模式[4]。间作是指在同一块土地上，同时或同季节成行或成带状(若干行)间隔地种植两种或两种以上的生育季节相近的作物。套作则是指在同一块田地上，于前季作物生长后期在其行间播种或移栽后季作物，即不同季节播种或移栽两种或两种以上生育季节不同的作物。而混作即是将两种或两种以上的作物，不分行或同行混合种植方式，其特点是简便易行，能集约利用空间，但不便于管理收获，是较为原始的种植方式。立体种植是指在同一农田上，两种或两种以上作物从平面上、时间上多层次利用空间的种植方式，实际上立体种植是间、套、混作的总称，也包括种植与养殖的组合。套作和间作都有作物共生期，不同的是，套作共生期短，少于全生育期的1/2，能提高复种指数，有效利用时间；间作共生期长，多于全生育期的1/2，可有效利用空间[5]。

以玉米-大豆带状复合种植模式为例，我国西南地区多以套作为主，一般3月下旬育苗移栽玉米，于6月中旬玉米处于大喇叭口期前后播种大豆，玉米于7月下旬收获，大豆于10月底收获，共生期42天[图1-1(a)，附图1]；西南及黄淮海地区夏季玉米-大豆间作模式下，玉米、大豆于6月初同时播种，玉米于9月初收获，大豆于10月底收获，共生期90天[图1-1(b)]；西南地区春季玉米-大豆间作模式下，玉米于 4 月初播种，大豆于 4 月中旬播种，两者于 7 月中旬相继收获，共生期约 100 天[图 1-1(c)，附图 2]。

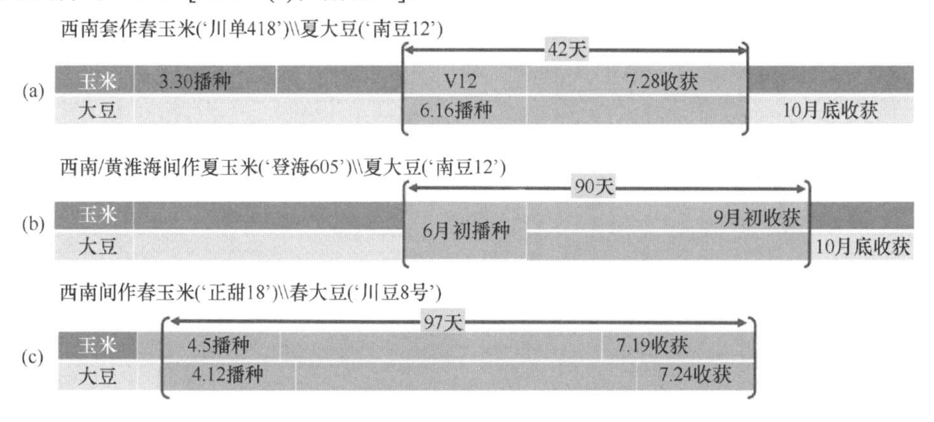


图 1-1 玉米-大豆带状复合种植模式图

### (二) 复合种植原则

复合种植能提高光能利用率和土地产出率，但并非任意类型的间作套种作物都能创造好的经济效益，只有科学搭配，才能实现增产增效。人们在长期的农业实践中，总结出一系列复合种植原则，包括：①高秆与矮秆作物搭配，以改善田间通风，充分利用空间，如小麦间作大蒜，玉米套作甘薯；②喜光与耐荫作物搭配，以缓和作物争光矛盾，创造更有利于作物生长的环境，例如，喜光的玉米与耐荫的马铃薯间作，玉米可获得充分的光照，同时荫蔽又能降低土温，促进马铃薯块茎膨大；玉米与喜荫的麦冬间作，减少夏季高温对麦冬的伤害；③豆科与非豆科作物搭配，有利于提高土壤肥力，如大豆与玉米间套混作，大豆固氮可为玉米提供氮素营养，而大豆主要需磷、钾大量元素，可平衡营养元素的吸收；小麦与草木樨等豆科绿肥套作，可为下茬提供氮素营养和有机质，提高土壤肥力；④深根与浅根作物搭配，能充分利用土壤资源，如浅根的玉米与深根的豆类作物间套作，能使土壤中不同层次的养分、气体和水分等得到充分利用；⑤圆叶和尖叶作物搭配，有利于提高光能利用率，作物叶形不同，吸收和反射日光的角度也不同，如小麦与棉花或花生间套作能充分利用光能；⑥早熟与晚熟作物搭配，以减缓共生期争光和争肥、争水的矛盾，同时还有利于农事安排；⑦应遵循趋利避害原则，即在考虑根系分泌物时，要根据相关效应或异株克生原理，趋利避害，如小麦与豌豆、马铃薯与大麦、大蒜与棉花之间的化学作用是无害(或有利)的，因此，这些作物可以搭配；相反，黑麦与小麦、大麻与大豆、荞麦与玉米间则存在不利影响，它们不宜搭配在一起种植[6]。

但上述复合种植的作物搭配原则也非绝对。多数情况下，我们追求共生作物

“双高产”，但在某些时候，可通过适当调整，“牺牲”其中某一作物产量，实现另一作物的高产、高效、生态。尤其是在考量某一作物良好的生态效应的情况下，搭配原则也可灵活调整；如某些豆科植物间套作虽然不能获得籽粒高产，但可实现优质绿肥还田，使其养地的生态功能得以充分发挥[7]。

## 二、复合种植系统优势

科学合理的复合种植模式能够充分利用光照、热量、水分、养分资源，提高单位面积作物产量,在提高经济效益的同时,也具有多重的生态效益与社会效益。

### (一) 提高土地产出率

我国人多地少，耕地面积十分有限，间套作种植对自然资源相对贫乏的中国农业尤为重要，经过长期的农业实践，形成了诸多复合种植模式，如玉米-大豆、玉米-花生、玉米-马铃薯、高粱-大豆、甘蔗-大豆、烟草-大豆以及各种药用植物与大田作物的间套作种植模式。玉米-大豆带状复合种植模式即是其中的优秀代表，经过多年研究应用，该模式种植技术日趋成熟，其光能利用率达 3.0%以上，增产效果显著，高产示范的土地当量比(land equivalent ratio，LER)达到 1.8 以上，土地产出率成倍提高，在国内外处于领先水平。在我国粮食需求中，玉米、大豆需求缺口最大，进口最多。玉米年均需求量 1.6 亿吨，供需缺口 800 万吨左右；大豆年均需求量 6000 万吨以上，供需缺口 5000 万吨左右，是我国粮食危机最大的作物。我国现有玉米种植面积 5 亿亩①，净作大豆种植面积 1.2 亿亩，两者共计 6.2 亿亩。若能全部发展玉米-大豆带状复合种植，可实现玉米总产 2.4 亿吨、大豆总产 6200 万吨，完全能够满足我国未来的粮豆需求。而且，玉米、大豆籽粒是养猪配合饲料的最佳搭档，秸秆是牛羊的好饲料，研究推广带状复合种植技术对畜牧产业发展亦具有十分重要的作用。

### (二) 改良土壤、培肥地力

禾谷类作物与豆科作物间套作种植也是一种可持续的土地管理模式，其有助于实现长期固氮，缓解目前农业生产对氮肥的日益依赖[8]。此外，它还有助于维持和改善土壤肥力，研究表明，大豆、豇豆、花生等豆类作物每公顷可固氮 80～350kg[9]，禾谷类作物与豆科作物间套作不仅可促进氮的吸收，而且可减少氮的损失，增加作物生物量。玉米-大豆套作模式下，当氮肥施用量从 240kg · hm$^{-2}$ 减少到 180kg · hm$^{-2}$ 时，大豆单株根瘤数、根瘤干重、根瘤固氮潜力及总吸氮量均比习惯施氮处理显著提高，氮肥农学利用率和吸收利用率比习惯施氮处理分别高

① 1 亩≈666.67m$^2$。

73.5%和 20.1%；玉米-大豆套作减量一体化施肥可促进大豆根瘤固氮，提高套作大豆和整个玉米-大豆套作系统的氮肥吸收利用率[10]。减量施氮水平下，玉米-大豆套作系统的周年籽粒总产量、地上部植株 N、P、K 总吸收量均高于玉米和大豆净作，土地当量比达 2.28；玉米-大豆套作系统的氮肥吸收利用率比玉米净作高20.2%，比大豆净作低30.5%，土壤氮贡献率比玉米和大豆净作分别低20.0%和8.8%，玉米-大豆套作减量一体化施肥有利于提高系统周年作物产量和氮肥吸收利用率[11]。

带状复合种植通过免耕秸秆覆盖、根瘤固氮、分带轮作等技术，有效降低了能源消耗，减少了温室气体排放，减轻了连作障碍，培肥了地力。以玉米-大豆带状复合种植模式为例，据多年定点观察，与传统玉米-甘薯套作模式相比，土壤流失量和地表径流量分别减少 10.6%和 85.1%，土壤有机质含量增加 5.56%，玉米和大豆带土壤总氮分别提高 4.11%和 7.29%；套作大豆通过根瘤固氮，每亩减少尿素施用量 4.4kg 左右，氮肥吸收利用率提高 39.21%。这对有效保护耕地、促进农业可持续发展具有积极的作用。

### (三) 病虫草害生态防控

应用生物多样性与生态平衡的原理，进行农作物遗传多样性、物种多样性的优化布局和种植，能增强农田的物种多样性和农田生态系统的稳定性，有效减轻作物虫害的危害[12]。与净作木薯相比，木薯与花生、豇豆和绿豆间作均降低了木薯病毒性花叶病的发病率和病情指数，间作对木薯病毒性花叶病的控制效果依次为木薯-绿豆>木薯-豇豆>木薯-花生[13]；小麦与西瓜间作，增加了西瓜根际类黄酮及总酚类物质含量，保护西瓜免受尖孢镰刀菌侵染[14]；玉米与大豆间作可显著降低大豆红冠腐病发病率和病情指数，玉米根系分泌物能抑制帚梗柱孢菌的生长，并诱导大豆病程相关蛋白基因的表达，最终减轻了大豆红冠腐病的发生[15]；对玉米净作、玉米-木薯间作、大豆-豇豆间作等复合种植作物虫害调查结果显示，净作玉米中的天牛幼虫密度比间作玉米更高，遭受的损伤更大，这导致了净作玉米减产[16]。玉米-大豆间作种植模式下，白蚁攻击程度明显低于玉米与普通豆类或花生间作种植模式，大豆表现出比其他豆科植物更有效的白蚁抑制作用[17]。此外，有效控制杂草也是复合种植模式的一项优势，研究表明，间作种植模式下的杂草数量、种类均比净作模式下要少[18]；玉米-大豆行比 1∶3 间作模式下所观察到的杂草生长要比行比 1∶1 和 1∶2 的低[19]。合理配置复合种植模式，可有效控制病虫草害对作物的侵害，提高作物产量。

### (四) 提高劳动生产率

我国主要农区都有各种各样的间套复合种植模式，其中西南地区光热资源丰富，是典型的多熟间套复合种植区域，适合发展多种带状复合种植模式。以玉米

-大豆带状复合种植模式为例，2011 年，四川省农业厅组织专家对眉山仁寿县珠嘉乡玉米-大豆双季高产创建田进行验收，全乡玉米平均亩产达 638.5kg，较非项目区增产 60%以上，大豆平均亩产则达 154kg。2012 年在山东、河南、安徽、吉林、黑龙江、甘肃和宁夏等地试验示范了玉米-大豆带状间种，玉米平均亩产 608.2kg，大豆平均亩产 87.9kg，在保证玉米高产的前提下，每亩多收大豆近 100kg，增收 300～400 元，深受农民喜爱。同时，我们对玉米-大豆带状复合种植模式进行创新发展，克服其不适应机械化的弊端，初步实现了全程作业机械化和玉米、大豆双高产，大幅提高了劳动生产率。

## 第二节　作物化学生态学概述

### 一、化学生态学概念与发展历程

#### (一) 化学生态学的定义

现代生态学正以多维视野尺度与多学科融合交叉，并成为支撑 21 世纪可持续发展的核心学科之一[20]。生物和非生物之间的化学联系在自然界普遍存在，各种生态要素间直接或间接的相互作用，也是一种化学作用关系。化学生态学是应用现代化学方法和技术，并用化学的观点对宏观和微观生态学现象进行研究的学科，其重点关注生物间化学联系的现象、机理和应用[21, 22]。

闫凤鸣教授将化学生态学定义为：化学生态学属于生态学的分支，是生态学与化学融合交叉的学科，其探讨并揭示生物种间、种内以化学物质为媒介的相互关系及其作用机制，并将学科原理加以应用[22]。孔垂华教授在《21 世纪植物化学生态学前沿领域》一文中指出：无论是自然生态系统还是人工生态系统，生物和生物、生物和环境之间都存在着以化学物质为媒介的相互作用关系，探讨发现并充分利用这些自然的化学作用规律对实现 21 世纪的可持续发展具有重要价值。如果说 20 世纪化肥农药的发明应用是科学给人类带来巨大贡献的同时又带来困扰的话，那么 20 世纪 70 年代兴起的研究探讨生物和生物、生物和环境间化学作用关系的新兴学科——化学生态学，正是科学对这一困扰的反思[23]。

我国人均耕地面积少，土地承受压力大，农业生产片面追求产量，造成生产结构单一，土壤肥力减退，资源日趋贫乏。加之过垦、化肥农药不当施用等人为因素，致使自然灾害逐年加剧，生态系统恶性循环，使农业不可持续发展[24]。如何在生态安全的前提下，提高农产品产量和品质，在追求经济效益的同时，兼顾生态效益和社会效益，成为我国农业生产中亟待解决的关键问题。伴随着农业生态环境不断恶化的残酷现实，生态文明建设被提到了前所未有的高度，坚持人与自然和谐共生成为新时代坚持和发展中国特色社会主义的基本方略之一。在此过程中，化学生态学，尤其是以植物次生代谢为中心的化学生态学研究与实际应用，将为现代绿色生态农业的发展注入新的活力。

### (二) 化学生态学的发展历程

化学生态学是生态学与化学协调发展的结果，技术成熟和社会需求推动了化学生态学发展。当代化学生态学研究学者多具有化学学科背景，尤其是天然产物化学的研究经历；而化学生态学的发展始终贯穿着分析化学技术的进步，这种规律从化学生态学的发展历程中亦可窥见。

1966 年，法国化学家 Florkin 在《分子在适应性与系统发生中的作用》中指出“在生物化学的连续网络中，有一种明显的分子或大分子流，它们携带着一定量的信息”，首次提出了化学分子在生物生态系统中存在潜在的信息转导作用[22]；1970 年，美国植物化学家 Sondheimer 等出版了 *Chemical Ecology*[25]；1975 年，国际化学生态学会主办的《化学生态学杂志》(*Journal of Chemical Ecology*)创刊，标志着化学生态学已经独立成为生态学的一个分支；1976 年，法国化学家 Barbier 出版 *Introduction to Chemical Ecology*，将化学生态学定义为“研究活着的生物间，或生物世界与矿物世界之间化学联系的科学”[26]；1988 年，中国成立中国生态学会化学生态学专业委员会，并于 1999 年 11 月和 2011 年 10 月分别在上海和北京举办了第一届和第六届亚太地区化学生态学研讨会。

1996 年，纽约州立大学化学与分子生态学教授 I. T. Baldwin 应邀到德国创建马普化学生态研究所，使其成为专门从事化学生态学研究的国际知名机构，由于 I. T. Baldwin 在化学生态学领域的杰出成就，他于 2013 年当选为美国科学院院士。1998 年，美国昆虫学家 Millar 出版专著 *Methods in Chemical Ecology*，将化学生态学具体定义为：研究在生物种内和种间关系中发挥作用的天然化学物质的结构、功能、来源和重要性的科学[27]。

2001 年，李绍文主编的《生态生物化学》由北京大学出版社出版[28]；同年，中国农业出版社出版了孔垂华、胡飞主编的《植物化感(相生相克)作用及其应用》，该书系统介绍了植物化学生态学研究的重要研究领域——植物化感作用机制及其应用[29]；2003 年，闫凤鸣主编的《化学生态学》由科学出版社出版，包括化感作用、诱导抗性在内的植物化学生态学研究内容被收录其中，并对化学生态学研究方法进行了系统介绍；2006 年，西班牙植物学家 Reigosa 等出版专著 *Allelopathy: A Physiological Process with Ecological Implications*，重点阐释了化感作用与植物生理生态间的关系，包括植物逆境生理、海洋生态、林业生态、农业生态等方面的应用[30]。2010 年，孔垂华、娄永根主编的《化学生态学前沿》由高等教育出版社出版；同年，德国波恩大学植物细胞生物学家 František Baluška 等出版专著 *Plant Communication from an Ecological Perspective*，以生态学视野展示了以植物化感物质、挥发性代谢物为代表的植物化学信息交流机制，并介绍了植物化学信号在可持续农业中的应用。

2011 年[31]和 2014 年[32]，美国生物学家 Blum 相继出版了两册 *Plant-Plant Allelopathic Interactions* 专著，分别从室内试验与田间试验两方面，详细总结了植物间以化感物质相互作用的科研工作方法，是迄今为止较为完整的有关植物化感作用研究的方法学专著。2014 年，德国生物学家 Krauss 教授等出版专著 *Ecological Biochemistry: Environmental and Interspecies Interactions*，系统梳理了植物各类次生代谢产物生物合成途径及其系统进化、生物多样性与生态学功能特征；并详细归纳总结了植物在应对氧化、光照、水分、动物侵扰等抗逆生理进程中，以化学物质为媒介的相互作用关系；同时介绍了基因组、转录组、代谢组等系统生物学方法在上述研究中的应用(图 1-2)[33]。2015 年，英国化学会期刊 *Natural Product Reports* 以化学生态学研究为主题，出版了一期专刊，专题综述了近年来化学生态学领域的最新研究进展[34]，其中作为该期首页封面论文，Kuhlisch 等首次系统总结了代谢组学方法在化学生态学研究中的应用，并展望了系统生物学方法的应用前景及综合代谢组学思想[35]。

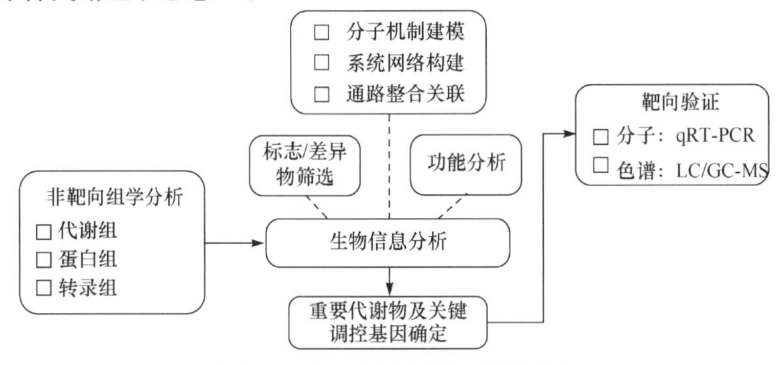


图 1-2　多组学整合分析示意图[36]

2016 年，高等教育出版社再版《植物化感(相生相克)作用》，孔垂华教授从基本概念入手，从陆生植物到水生植物、从地上到地下，全面完整地阐述了植物化感作用的基础理论，并通过具体的研究实例和对自然现象的剖析，展现了植物化感作用在农业生态系统中的应用潜力[37]；该书已然成为国内系统介绍植物化感作用基础理论及应用研究的经典著作。

同年 9 月，国际化学生态学会主席、法国昆虫学家 Bagnères 出版了化学生态学领域的最新专著 *Chemical Ecology*[38]，该书共九章，系统整理了化学生态学在生物多样性、生物入侵、化学保护，以及动物-微生物-植物间的化学信息交流等方面的最新研究方法及典型案例。尤其值得关注的是，作者在该书中占用了三章的篇幅，重点介绍了组学方法在化学生态学研究中的应用。其中第六章“Omics in

Chemical Ecology”分别介绍了各种组学方法与信号分子、化学交流、分子基础、代谢生理、生态环境、遗传进化间的关系(图 1-3)。第七章“Metabolomic Contributions to Chemical Ecology”重点论述了代谢组学方法的应用策略、试验设计与分析步骤，介绍了代谢组学方法在化学生物多样性与化学分类学、代谢途径调控、功能生态学、环境协调响应等方面的具体应用案例。第八章“Chemical, Biological and Computational Tools in Chemical Ecology”重点介绍了组学策略在化学生态学研究中的数据采集与处理方法，包括固相微萃取、液相色谱、气相色谱、核磁共振波谱、质谱等在内的化学分析手段，以及新一代测序(NGS)技术及全基因组关联等生物信息学手段的应用，并总结归纳了化学生态学研究中常用的数据库和网站信息，为未来化学生态学的研究提供了方法学参考。

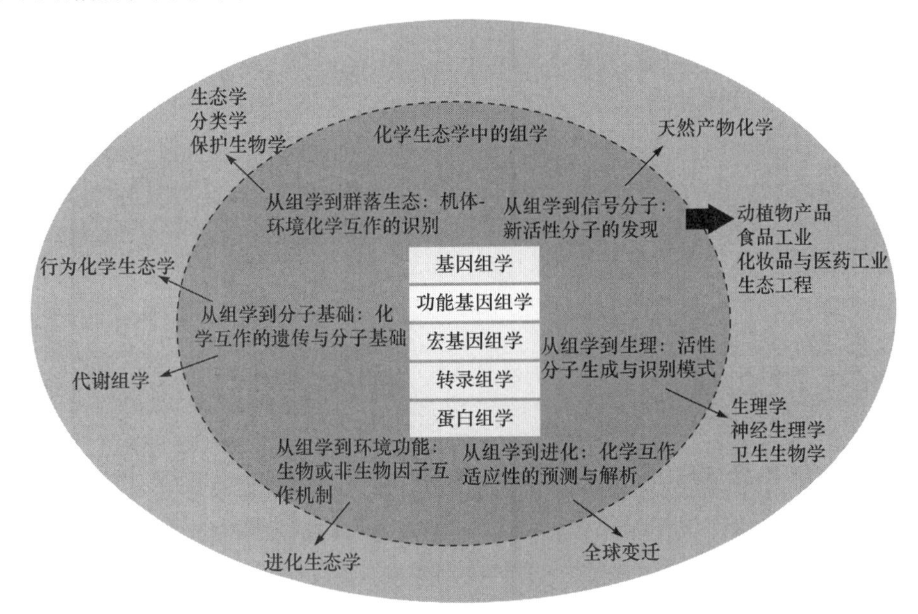


图 1-3 化学生态学中的组学关系[39]

通过梳理国际化学生态学的研究历程不难看出，正如本章前面部分所述，化学生态学的发展依赖于分析监测手段的进步；伴随着基因组学、转录组学、蛋白组学、代谢组学、表型组学等系统生物学研究手段的成熟应用，化学生态学的研究已然从单一化学成分的关注，走向了更加广阔的关注面(代谢群体)，而分子生物学手段的渗入，尤其是高通量测序与生物信息学的应用，为化学生态现象背后的深层次(分子)作用机理的探究提供了新的动能。也正如笔者在 2014 年中国博士后科学基金面上项目申请书中所述：“代谢组学为植物次生代谢研究提供了整体、多维的视角，为人们全面理解植物代谢过程、应答环境胁迫等方面提供了有力的技术支持，但依然存在诸多局限；色谱、质谱、光谱、波谱等不同原理仪器分析方法的运用，基因组学、转录组学、蛋白组学等不同层次研究手段的有机结合，综合性研究平台的建立，已成为植物系统生物学研究的发展趋势。”

当代化学生态学与系统生物学研究交叉融合的特征愈加突显[40]，化学生态学已然进入了大数据时代。因此，化学生态学即可定义为：应用多维分析化学手段，揭示生物种间、种内及其与生存环境间以化学物质为媒介的相互作用关系，进而阐释生态学原理的交叉学科；其运用微观手段(分析化学：色谱/质谱)解决宏观(生态学：生物/非生物)科学问题；采用宏观研究策略(系统生物学：组学思维)阐释微观作用机理(代谢调控：酶、基因功能)。

## 二、作物化学生态学研究内容

化学生态作用体现在生物的各个组织层次，包括个体、种群、群落和生态系统。过去化学生态学研究以个体水平的化学相互作用为主[41]，随着化学生态学与其他学科研究的交叉融合，当代化学生态学研究涉及更广泛水平上的生物/非生物互作，其与植物分子生物学、植物生理学、遗传学、进化生物学等基础学科的联系更加紧密(图 1-4)；基于代谢组学、生物信息学等系统生物学研究策略，化学生态学原理在作物栽培学、作物育种学等应用学科中也实现了较广泛的应用，为现代生态农业的可持续发展提供了有力支撑。

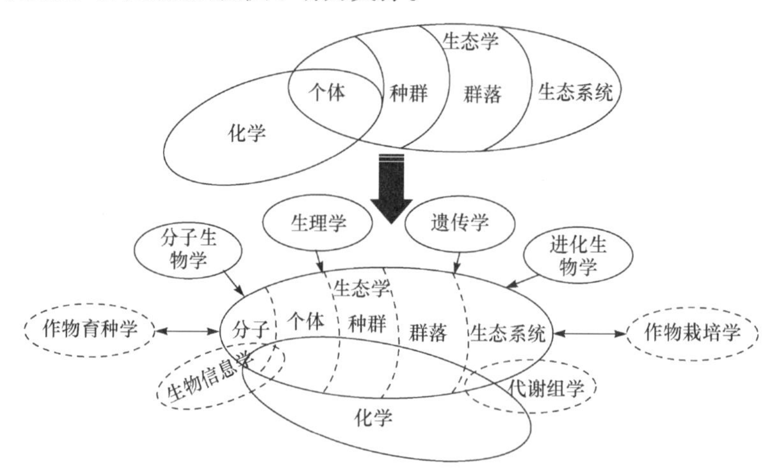


图 1-4　化学生态学变迁[22]

作物化学生态学研究以各类作物为研究对象，围绕作物生产中的具体生理生态问题，以植物化学成分及其生物/非生物代谢调控为切入点，开展系统的研究工作。其研究内容包括以下几个方面。

### (一) 品质调控

次生代谢产物是作物品质及外观性状的重要组成部分，如大豆异黄酮、花色苷、脂肪酸、皂苷等代谢产物是大豆重要的品质性状，具有丰富的药食同源功能。类胡萝卜素、花色苷等色素物质，糖、酸等风味物质，抗坏血酸、苦味素等功能性物质是柑橘、苹果、番茄等园艺植物果实色泽、风味、营养品质形成的重要化学载体。以作物品质性状为研究对象，揭示重要代谢物在收获部位的积累规律，阐明代谢物受光、温、水、气、肥等外界环境影响，在不同组织部位间的源、库、流关系(作物栽培学)；筛选其生物合成的关键酶调控基因，阐明上游调控元件及关键调控因子,解析关键基因和调控因子对作物品质形成的调控机制和互作网络，以及代谢组谱、积累动态、遗传规律、环境响应和调控机制等。此外，也可根据作物种质资源在不同环境下的品质响应特征，有针对性地选育特用优质品种，如特殊光源条件下的“光驯化”大豆品种(作物育种学)。

(二) 诱导抗性

植物在长期进化过程中形成了一系列复杂的防御机制，次生代谢产物可作为生化壁垒抵御病原物侵染或作为信号物质参与植物的抗病反应[42]。植物抗病机制可分为组成抗性和诱导抗性两类，组成抗性是植物在与病原菌接触以前就存在的潜在抗性成分，是植物细胞表面的物理屏障以及细胞内部固有的对病原菌有毒的物质[43]。而诱导抗性则是当植物受害时才被激活的防御机制，主要包括植保素(phytoalexins)的诱导产生[44]、木质化作用[45]、胼胝质[46]的形成等。这两种防御反应通常协同发挥作用。例如，大豆抗毒素、玉米倍半萜类代谢物对多种真菌病害均有极佳的抑制活性，基于分子生物学方法解析诱导抗性成分的生物合成通路、调控规律及其系统抗性机理，采用天然产物化学方法，阐释诱导抗性成分的构效关系等[47]。

(三) 生理调节

小分子代谢产物对植物体内其他内源物质发挥着直接或间接的调控作用。在作物形态建成中，植物内源激素发挥着重要的调控作用，各种内源激素间也存在不同程度的相互作用，而植物代谢产物在内源激素相互作用中起到了平衡调控功能[48]，如类黄酮可调控植物生长素极性运输进而影响植株形态[49]。部分代谢物具有较好的抗氧化活性，能够有效防御活性氧毒害，该类代谢物的积累、转导、修饰可实现植物细胞内氧化还原系统的平衡调节[50]，如抗坏血酸-谷胱甘肽(ASA-GSH)循环系统[51]、叶黄素循环(VAZ 循环)[52]等。基于综合代谢组学方法，并结合植物生理学研究手段，筛选具有内源激素调节功能的代谢产物，并阐明其作用机理；基于代谢物结构的修饰转化，挖掘其在植物生理调控中的积极作用，并在作物生产中加以利用等。

### (四) 化感作用

植物化感作用(allelopathy)是植物在生长过程中通过植物、微生物或残体分解产生的化学物质，对该种植物或周围植物、微生物产生间接或直接的有害或有利的作用。植物化感作用通过向环境释放化感物质实现，常见的化感物质包括酚类(黄酮、单宁、蒽醌)、萜类(单萜、倍半萜、皂苷、类胡萝卜素)、含氮物质(生物碱、胺类、非蛋白质氨基酸、生氰苷)等有机代谢物以及金属离子在内的无机元素。基于现代分析化学技术，研究植物种内、种间及微生物互作的化感物质产生、迁移、作用机理；环境因子对植物化感作用的影响、植物化感作用和植物-土壤反馈(自毒作用、连作障碍)；寄主-寄生植物的化学识别、共存植物的化学通信、植物自我及亲属的化学识别；利用植物化感作用调控杂草与病虫害；化感品种的选育、化感除草剂的研发等[37]。

### (五) 信号转导

代谢产物也可作为植物内源信号物质，发挥各种信息交流功能。例如，植物花青素、花色苷、叶黄素、类胡萝卜素等代谢产物使水果、花卉和种子拥有鲜艳颜色、良好风味。一方面，这使它们成为昆虫、鸟类或哺乳动物的引诱物，从而帮助植物进行花粉或种子的传播；另一方面，植物释放各种化学物质，以遏制或吸引昆虫、调节昆虫产卵和摄食习性、调节土壤线虫寄生和侵食规律等。另外，作物根系分泌的代谢产物，也可作为植物生长发育信号，从而实现植物的系统调控，如大豆类黄酮对大豆根瘤形成的调控[53]。此外，类胡萝卜素等代谢产物可作为信号分子对脱落酸、独脚金内酯等内源激素发挥作用，实现对植物的反馈调控[54]。利用代谢流通量分析、同位素示踪、代谢物-基因共表达等方法，阐释植物由化学小分子介导的信号转导途径、代谢调控规律及化学识别机理。

以玉米-大豆复合种植为例，现阶段我们主要关注以下两部分工作。

#### 1. 复合种植大豆响应逆境胁迫的化学生态学机理

植物次生代谢产物的形成往往伴随着机体内外诸多重要抗性机制的发挥，如防御病、虫、杂草侵害，抵御不良环境胁迫。复合种植系统中，异质性荫蔽、干旱等非生物胁迫与病、虫、杂草等生物胁迫并存，对大豆产生了诸多不利影响，大豆以异黄酮、抗毒素、木质素、脂肪酸、角质蜡质、类胡萝卜素、皂苷等代谢产物为媒介响应上述不良环境，并通过自身的代谢调控或与伴生作物、微生物的相互作用，实现防御、预警、记忆及信号转导功能。大豆次生代谢产物在复合种植系统中发挥着怎样的抗逆功能？这些功能的发挥受到哪些关键基因的调控？复合种植作物种间、种内以化学物质为媒介的相互关系如何？有怎样的生态学意义？这些是复合种植作物化学生态学研究的重点。

2. 复合种植大豆品质的时空异质性调控

大豆异黄酮、花色苷、脂肪酸、类胡萝卜素、皂苷等代谢产物是大豆重要的品质性状，具有丰富的药食同源功能。玉米-大豆带状复合种植模式下，由于高位作物玉米的影响，低位作物大豆处于独特的田间环境中(例如，大豆两侧所受光照、水分条件的空间分配不均；间、套作不同种植模式导致大豆受到玉米荫蔽的时空性差异)，因此大豆生理代谢发生了诸多变化，并最终影响着大豆的品质形成。不同复合种植模式下，大豆品质性状发生了怎样的规律性变化？时空异质性环境条件如何系统调控大豆次生代谢过程，并最终决定大豆品质？品质性状的改变在大豆代际间又发挥着怎样的生态学功能？这也是我们关注的重点。

# 第三节 复合种植系统中的化学生态学问题

## 一、复合种植系统的环境特征

### (一) 地上部环境特征

复合种植系统中，不同类型作物共生互作，作物冠层光照、温度、水分、土壤养分等田间环境均发生变化。以玉米-大豆复合种植系统为例，玉米-大豆套作共生期间，大豆冠层光合有效辐射(photosynthetically active radiation，PAR)极显著低于净作(表 1-1)；套作生长带气温在各时期均显著低于净作生长带；套作生长带各时期相对湿度都维持在 75%以上，均极显著高于净作生长带。复合种植系统田间小气候改变，典型的套作模式会导致低位作物生长环境气温下降、透光率降低、土壤水分含量升高等，并进一步导致大豆品质的差异。以大豆异黄酮为例，田间环境对叶片和籽粒总异黄酮含量的直接效应：PAR>温度>相对湿度，叶片和籽粒总异黄酮含量均与 PAR 呈极显著正相关[55]。

**表 1-1 净、套作大豆生长的田间小气候[55]**

| | 种植方式 | 6 月 28 日 | 7 月 8 日 | 7 月 18 日 | 7 月 28 日 | 8 月 7 日 |
|---|---|---|---|---|---|---|
| 温度(℃) | 净作 SC | 26.8Aa | 26.1Aa | 30.2Aa | 28.2Aa | 29.5Aa |
| | 套作 RC | 25.5Bb | 24.7Bb | 27.8Bb | 26.5Bb | 28.4Bb |
| 相对湿度(%) | 净作 SC | 73Bb | 70Bb | 69Bb | 69Bb | 71Bb |
| | 套作 RC | 79Aa | 82Aa | 83Aa | 76Aa | 80Aa |
| 光合有效辐射 | 净作 SC | 325Aa | 253Aa | 516Aa | 302Aa | 202Aa |
| | 套作 RC | 27Bb | 32Bb | 35Bb | 29Bb | 29Bb |

注：同一类型指标中相同大小写字母分别表示在 0.01 和 0.05 水平不显著

对带状套作大豆冠层光质变化的监测发现，光谱辐照度净作高于套作，净作大豆冠层从红光区域到远红光区域光谱辐照度下降，而套作大豆变化正好相反[图 1-5(a)]；对带状套作大豆冠层光强变化规律的研究发现，光合有效辐射净作大豆高于套作大豆，从上午 8 点到下午 6 点，净套作大豆光合有效辐射均呈先升后降，在 12 点到 14 点间最高[图 1-5(b)][56]。

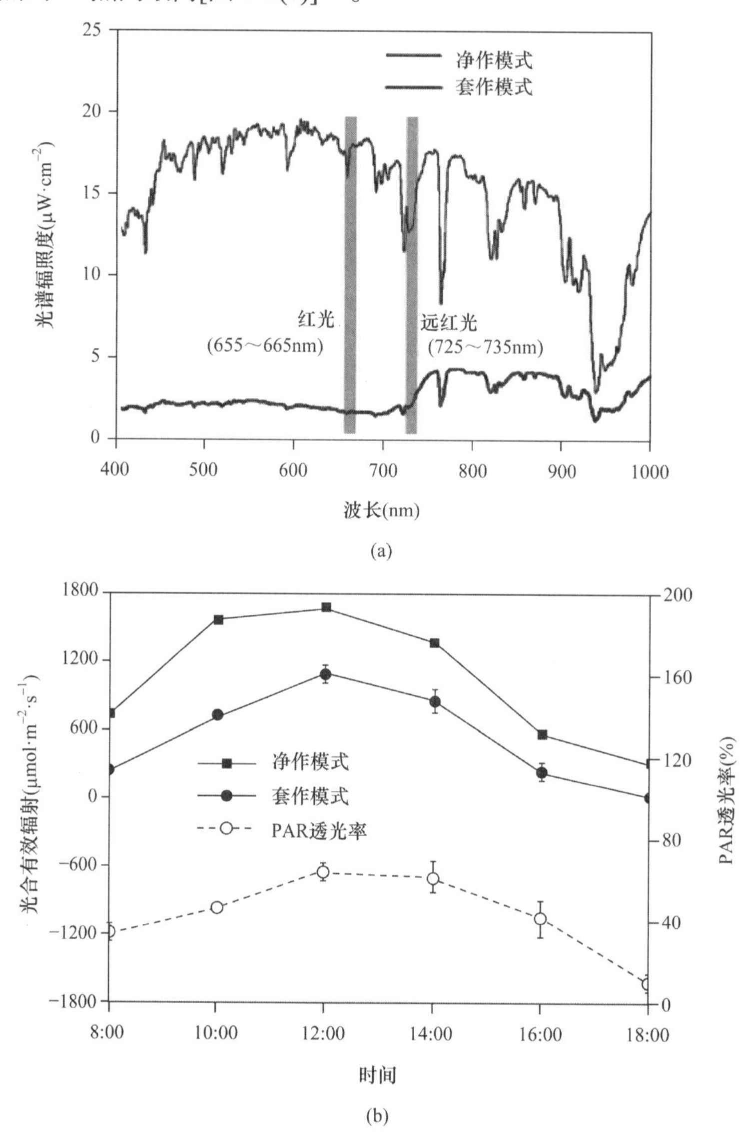


图 1-5　不同种植模式下大豆冠层光质、光强变化规律[56]

### (二) 地下部环境特征

复合种植系统中，作物生长所在的地下部环境特征主要涉及土壤含水量及养分变化。一方面，间作套种多熟种植模式内土壤水分的分布存在时间的变异性和空间的非均衡性，距离高秆植物越远，土壤含水量越高。玉米-大豆带状复合种植系统内大豆行的近玉米侧与近大豆侧土壤含水量存在显著差异(附图 3)；核桃-大豆、核桃-花生农林间作系统内土壤水分分布的比较试验表明，花生与大豆行的土壤含水量随着离核桃植株距离的增加而增加[57]；白蜡树、杨梅与油菜间作系统的研究表明，油菜距离林木 7m 的土壤含水量高于 1m 和 4m 的土壤含水量，低于净作油菜的土壤含水量[58]；小麦-玉米共生期间 0～20cm 土层内小麦行间土壤含水量高于小麦与玉米行间以及玉米行间的土壤含水量[59]；小麦-大豆套作系统内，共生期间 0～30cm 土层内小麦行间土壤含水量高于小麦与大豆行间的土壤含水量[60]。

另一方面，复合种植模式可促进豆科植物根瘤固氮，特别是禾豆间套作可显著提高作物的氮素利用率，增产节肥效果明显，玉米与大豆套作，大豆利用根瘤固氮向玉米转移的氮素是玉米向大豆转移的 1.7 倍[61]。玉米-大豆套作模式下，两种作物共生期间，玉米对磷素养分的竞争较强；大豆对土壤残留磷具有较强的活化作用，与玉米套作种植，能够促进作物对磷的吸收利用，提高磷素利用率，进而提高玉米和大豆地上部生物量及玉米籽粒产量[62]。此外，套作与茬口效应显著影响了作物根际土壤微生物数量，相较于净作，在套作效应与大豆茬口效应的双重影响下，小麦-玉米-大豆套作体系中小麦、玉米、大豆等作物的根际、非根际土壤细菌、真菌和放线菌数量均增加，总体表现为套作>净作、大豆茬口>甘薯茬口、边行>中行，尤其是根际土壤的变化规律十分明显[63]。这些土壤环境差异也直接或间接影响着复合种植作物所处的化学生态环境。

## 二、复合种植作物化学生态学问题

### (一) 互利竞争

复合种植系统中，不同作物共生互作，存在多种形式的种间资源竞争。种间竞争在空间上划分为地上部和地下部的相互作用，地上部相互作用主要包括光、热、水、气资源的竞争[64]；地下部种间竞争主要是根系间营养、水分的竞争及土壤微生物、土壤酶环境的不利互作等[65]。但竞争与促进并存，多种复合种植体系中存在的间套作优势，即是种间资源竞争作用小于促进作用的结果[66]。在复合种植作物的竞争-促进作用中，各类化学分子发挥着信号转导、生理调控的功能，系统阐释这些化学分子所介导的化学调控规律及其作用机理，并在复合种植系统中加以利用，合理调节种间竞争，强化种间促进作用，以实现复合种植模式的优化提升，是作物化学生态学研究的重点。

### (二) 时空异质

复合种植系统中，不同性状作物共生互作，与净作作物相比，其最典型的差异即是光照、水分等资源因子的时空异质性。这种人为的异质性现象在时间与空间两个维度上均有不同程度体现，以玉米-大豆带状复合种植模式为例进行介绍。

#### 1. 时间维度异质性

我国南方丘陵和山区大面积推广的玉米-大豆复合种植模式包括套作与间作两种类型。玉米-大豆套作模式下，玉米一般于 3 月下旬育苗移栽，于 6 月中旬玉米处于大喇叭口期前后播种大豆，玉米 7 月下旬收获，大豆 10 月底收获[图 1-1(a)]；这导致套作大豆受玉米荫蔽的生育时期自出苗开始，至始花期或盛花期结束；7 月下旬，由于玉米收获，大豆结荚期间所受光环境由弱转强，存在一个较大落差的复光过程，该过程对大豆生长发育尤为重要[67]。与套作模式相对应的，典型的玉米-大豆间作模式下，玉米于 4 月初播种，大豆于 4 月中旬播种，两者于 7 月中旬相继收获，苗期大豆受到玉米荫蔽的影响较小(该时期玉米也处于苗期)，当玉米叶片逐渐伸展，对大豆造成明显荫蔽的时期，由大豆始花期或盛花期开始，至完熟期结束。

#### 2. 空间维度异质性

玉米宽窄行配置使降雨在间套作复合群体内重新分配，导致玉米和大豆根系两边的土壤水分含量一高一低；在同一土层深度考察土壤含水量，可以看出，套作模式下，不同位置土壤含水量：大豆行间>玉米与大豆行间>玉米行间；以传统净作大豆行间降雨量为 100%参照，套作玉米、大豆左右两侧的降雨量差异均较大(玉米：50% *vs.* 20%；大豆：115% *vs.* 50%)，导致作物所处水分环境的空间异质性(附图 3)。此外，由于高位作物玉米的遮挡，低位作物大豆处于荫蔽环境中，但这种荫蔽环境与普通的全荫蔽环境有所不同；与水分分布的空间异质性类似，玉米采用宽窄行种植，大豆植株一侧与玉米相邻，受到玉米荫蔽影响，处于深度荫蔽环境，而另一侧邻近大豆，光照环境相对较好，大豆左右两侧所受荫蔽程度不同，由此导致光照条件的空间异质性[68]。

不同间套作种植模式下，高位作物对低位作物在时间、空间维度上均造成了资源的分布不均，导致低位作物并非一直处于稳定的生态环境中，部分生育阶段的生态位差异很大，由此必然导致作物生长代谢的特异性响应，这是复合种植系统中最为典型的生态学问题。

### (三) 复合胁迫

复合种植模式下，各种环境因子对作物共同发挥作用的概率大幅增加。与净作模式相比，复合种植作物将面临更加复杂的胁迫环境。从复合胁迫发生的时间序列来看，复合胁迫可分为两大类。一类是“组合胁迫”(combined stresses)，即一种以上的逆境胁迫同时发生，如玉米-大豆套作模式下，苗期大豆同时受到玉米荫蔽和分根干旱胁迫的影响，其往往导致逆境间的协同互作(synergistic interactions)，这将导致胁迫加剧，即比任何一种单一逆境胁迫对作物的有害作用更大，这实际上反映了多种逆境对植物造成的复合伤害[69]。另一类是“相继胁迫”(sequential stresses)或称“多重独立胁迫”(multiple individual stresses)，即一种以上的逆境胁迫相继发生[70]，如玉米-大豆套作模式下，大豆在苗期受到来自玉米的荫蔽胁迫及分根干旱胁迫，而到了后期受到梅雨季节影响，低温高湿环境诱导了大豆收获期田间霉变发生，这种非生物胁迫与生物胁迫相继发生的现象即为相继胁迫。与组合胁迫往往导致不利后果不同，相继胁迫所导致的后果对作物而言有可能是有利的，这取决于植物应对胁迫的抗性机制。相继胁迫可能促使作物发生拮抗互作(antagonism interactions)，即作物对一种逆境胁迫的适应或者驯化为另一种胁迫提供保护，提高了作物对其他逆境的抗性，也可称为“交叉抗性”(cross-stress tolerance)[71]。

交叉抗性机理包括共同信号转导途径、抗逆基因的多功能性、逆境诱导共同代谢产物、活性氧平衡调控、内源激素交叉互作等[72]。另外一类重要的交叉抗性机理为胁迫记忆(stress memory)，其涉及复合种植作物的表观遗传机制[73]。复合种植模式下，生物、非生物胁迫会造成作物基因组和表型的变化，这种变化或许可以传递给下一代(传代记忆)，实现这种记忆功能的载体往往是基因修饰[74]，但从化学生态学的角度来看，植物次生代谢产物极可能也发挥了胁迫记忆的载体功能，而胁迫记忆不仅仅在作物不同代间发生，也可能在同一代内出现，尤其是在相继胁迫中或许发挥着重要作用。

### (四) 生物多样性

长期单一高产品种大面积种植导致农田生态系统日趋单一、脆弱，生物多样性锐减、作物病害极易暴发，而且发生周期短、危害重[75]。相较于净作模式，复合种植系统中生物多样性增加，有利于生态系统的稳定，复合种植系统内共生作物间相互作用，在一定程度上能够有效地降低病虫害的发生[66]。其生物多样性体现在地上、地下两部分：一方面，地上部作物多样性增加，形成了新的物理屏障，对病原菌的传播起到了阻挡作用；另一方面，地下部根系分泌物的多样性，对病原菌具有化感作用，对病原菌的侵染传播具有抑制效果[76]。尽管间套作种植能够降低单一作物某些病虫害的发生和发展，但复合种植系统中的生物多样性，尤其是病虫草害的多样性也是动态变化的，随着复合种植面积的扩大，套作大豆病虫害呈现逐年加重的趋势。以玉米-大豆带状复合种植模式为例，复合种植模式下大豆、玉米病虫草防治技术的研究才刚起步，病虫害的发生规律尚不清楚，防治技术缺乏。围绕复合种植过程中存在的主要病虫草害，明确其发生规律，阐明其基于生物多样性的化学生态学作用机理，研究形成复合群体病虫草害防治技术，是实现复合种植高产高效可持续发展的保障。

### (五) 化感优势

复合种植系统的化感优势主要体现在两方面。一方面是杂草控制：①合理搭配(如豆科-非豆科)，可实现杂草控制，如蚕豆-玉米间作，蚕豆具有比杂草更强的竞争优势，蚕豆-玉米间作可有效控制玉米种植中的杂草[75]；②化感育种，在明确控制作物化感作用的遗传行为和机制后，利用生物技术和基因工程手段，将控制化感性状的基因导入丰产优质作物品种基因组中，培育出既能实现高产优质高效，又能在田间条件下自动抑制杂草的优良作物品种[77]，将这类转基因品种与其他常规非转基因品种按照一定比例复合种植，从而利用化感作用优势，实现杂草控制。复合种植系统化感优势的另一方面，主要体现在克服作物连作障碍和自毒作用。合理间套作不仅能促进作物生长发育，提高寄主作物的生理抗性，而且还可恢复原有正常微生物群落结构和多样性，改善土壤微生态环境。连作障碍中化感自毒效应及间作缓解机理，主要包括提高寄主植物抗性、促进根系分泌物多样化、增加土壤微生物、抑制病原菌等方面[78]。

## 参 考 文 献

[1] 富兰克林 · H. 金. 四千年农夫：中国、朝鲜和日本的永续农业. 程存旺，石嫣，译. 上海：东方出版社，2016.

[2] 章力建，朱立志，王立平. 发展“中医农业”促进农业可持续发展的思考. 中国农业信息，2016, (22): 3-4.

[3] 陈凡. 生态农业新方向“中医农业”领航行 记中国农业科学院资源环境经济与政策创新团队首席科学家朱立志的“中医农业”观. 海峡科技与产业, 2017, (3): 14-15.

[4] Francis C A, Porter P. Multicropping A2-Thomas//Thomas B, Murray B G, Murphy D J. Encyclopedia of Applied Plant Sciences. S2 ed. Oxford: Academic Press, 2016: 29-33.

[5] 董钻，沈秀瑛. 作物栽培学总论. 北京：中国农业出版社，2000.

[6] 赵红利. 作物科学间套六原则. 山西科技报, 2004-10-26.

[7] 杜青峰，王党军，于翔宇，等. 玉米间作夏季绿肥对当季植物养分吸收和土壤养分有效性的影响. 草业学报, 2016, 25(3): 225-233.

[8] Regehr A, Oelbermann M, Videla C, et al. Gross nitrogen mineralization and immobilization in temperate maize-soybean intercrops. Plant and Soil, 2015, 391(1-2): 353-365.

[9] Mobasser H R, Vazirimehr M R, Rigi K. Effect of intercropping on resources use, weed management and forage quality. International Journal of Plant, Animal and Environmental Sciences, 2014, 4(2): 706-713.

[10] 刘文钰, 雍太文, 刘小明, 等. 减量施氮对玉米-大豆套作体系中大豆根瘤固氮及氮素吸收利用的影响. 大豆科学, 2014, 33(5): 705-712.

[11] 雍太文, 刘小明, 刘文钰, 等. 减量施氮对玉米-大豆套作体系中作物产量及养分吸收利用的影响. 应用生态学报, 2014, 25(2): 474-482.

[12] 董文霞, 肖春, 李成云. 作物多样性种植对农田害虫及天敌的影响. 中国生态农业学报, 2016, 24(4): 435-442.

[13] Uzokwe V N E, Mlay D P, Masunga H R, et al. Combating viral mosaic disease of cassava in the Lake Zone of Tanzania by intercropping with legumes. Crop Protection, 2016, 84: 69-80.

[14] Xu W, Wang Z, Wu F. Companion cropping with wheat increases resistance to *Fusarium wilt* in watermelon and the roles of root exudates in watermelon root growth. Physiological & Molecular Plant Pathology, 2015, 90: 12-20.

[15] Gao X, Wu M, Xu R, et al. Root interactions in a maize/soybean intercropping system control soybean soil-borne disease, red crown rot. PLoS One, 2014, 9(5): e95031.

[16] Chabi-Olaye A, Nolte C, Schulthess F, et al. Relationships of intercropped maize, stem borer damage to maize yield and land-use efficiency in the humid forest of Cameroon. Bulletin of Entomological Research, 2005, 95(5): 417-427.

[17] Sekamatte B, Ogenga-Latigo M, Russell-Smith A. Effects of maize-legume intercrops on termite damage to maize, activity of predatory ants and maize yields in Uganda. Crop Protection, 2003, 22(1): 87-93.

[18] Dolijanovic Ž, Oljača S, Simić M, et al. Weed populations in maize and soybean intercropping. Proceedings of the Proceedings 43rd Croatian and 3rd International Symposium on Agriculture Opatija Croatia, 2008: 567.

[19] Kavil K, Reddy M, Sivasankar A, et al. Yield and economics of maize (*Zea mays*) and soybean (*Glycine max*) in intercropping under different row proportions. Indian Journal of Agricultural Science, 2003, 73(2): 69-71.

[20] 孔垂华. 化学生态学前沿. 北京: 高等教育出版社，2010.

[21] 郑度. 地理区划与规划词典. 北京: 中国水利水电出版社，2012.

[22] 闫凤鸣. 化学生态学. 北京: 科学出版社，2011.

[23] 孔垂华. 21 世纪植物化学生态学前沿领域. 应用生态学报, 2002, 13(3): 349-353.

[24] 祝心如. 植物化学生态研究促进生态农业建设. 生态学杂志, 1993, 12(4): 36-40.

[25] Sondheimer E, Simeone J B, Sondheimer E, et al. Chemical Ecology. New York: Academic Press, 1970.

[26] Barbier M. Introduction to chemical ecology. Biochemical Society Transactions, 1976, 8(5): 673-674.

[27] Millar J G, Haynes K F. Methods in Chemical Ecology Volume 1. Chemical Methods. New York: Springer, 1998.

[28] 李绍文. 生态生物化学. 北京: 北京大学出版社, 2001.

[29] 孔垂华, 胡飞. 植物化感(相生相克)作用及其应用. 北京: 中国农业出版社, 2001.

[30] Reigosa M J, Pedrol N, González L. Allelopathy: A Physiological Process with Ecological Implications. Berlin: Springer, 2006.
[31] Blum U. Plant-Plant Allelopathic Interactions: Phenolic Acids, Cover Crops and Weed Emergence. Dordrecht: Springer, 2011.
[32] Blum U. Plant-Plant Allelopathic Interactions Ⅱ: Laboratory Bioassays for Water-Soluble Compounds with an Emphasis on Phenolic Acids. Netherlands: Springer, 2013.
[33] Krauss G J, Nies D H. Ecological Biochemistry: Environmental and Interspecies Interactions. New Jersey: Algorithms for Molecular Biology, 2015.
[34] Schulz S, Kubanek J, Piel J. Editorial: chemical ecology. Natural Product Reports, 2015, 32(7): 886-887.
[35] Kuhlisch C, Pohnert G. Metabolomics in chemical ecology. Natural Product Reports, 2015, 32(7): 937-955.
[36] Morenorisueno M A, Busch W, Benfey P N. Omics meet networks-using systems approaches to infer regulatory networks in plants. Current Opinion in Plant Biology, 2010, 13(2): 126-131.
[37] 孔垂华, 胡飞, 王朋. 植物化感 (相生相克) 作用. 北京: 高等教育出版社，2016.
[38] Bagnères A G, Hossaert-Mckey M. Chemical Ecology. New York: Wiley-ISTE, 2016.
[39] Baudino S, Smadja C. Omics in Chemical Ecology. New York: John Wiley & Sons, Inc., 2016.
[40] Hossaert-McKey M. Conclusion: Looking Forward: the Chemical Ecology of Tomorrow. New York: John Wiley & Sons, Inc., 2016.
[41] Vet L E M. From chemical to population ecology: infochemical use in an evolutionary context. Journal of Chemical Ecology, 1999, 25(1): 31-49.
[42] Bednarek P, Osbourn A. Plant-microbe interactions: chemical diversity in plant defense. Science, 2009, 324(5928): 746-748.
[43] Rasmann S, Chassin E, Bilat J, et al. Trade-off between constitutive and inducible resistance against herbivores is only partially explained by gene expression and glucosinolate production. Journal of Experimental Botany, 2015, 66(9): 2527-2534.
[44] Guest D I. Phytoalexins, Natural Plant Protection A2-Thomas//Thomas B, Murray B G, Murphy D J. Encyclopedia of Applied Plant Sciences. 2nd ed. Oxford: Academic Press, 2017: 124-128.
[45] Gill U S, Uppalapati S R, Gallego-Giraldo L, et al. Metabolic flux towards the (iso)flavonoid pathway in lignin modified alfalfa lines induces resistance against *Fusarium oxysporum* f. sp. medicaginis. Plant Cell and Environment, 2017.
[46] Han X, Hyun Tae K, Zhang M, et al. Auxin-callose-mediated plasmodesmal gating is essential for tropic auxin gradient formation and signaling. Developmental Cell, 2014, 28(2): 132-146.
[47] 邓俊才, 杨才琼, 吴海军, 等. 黑豆种皮抗田间霉菌活性成分的分离纯化与鉴定. 四川农业大学学报, 2017, 35(4): 449-554.
[48] Silva-Navas J, Moreno-Risueno M A, Manzano C, et al. Flavonols mediate root phototropism and growth through regulation of proliferation-to-differentiation transition. Plant Cell, 2016, 28(6): 1372-1387.
[49] Besseau S, Hoffmann L, Geoffroy P C, et al. Flavonoid accumulation in *Arabidopsis* repressed in lignin synthesis affects auxin transport and plant growth. Plant Cell, 2007, 19(1): 148.

[50] Nakabayashi R, Saito K. Integrated metabolomics for abiotic stress responses in plants. Current Opinion in Plant Biology, 2015, 24: 10-16.

[51] Begara-Morales J C, Sánchez-Calvo B, Chaki M, et al. Differential molecular response of monodehydroascorbate reductase and glutathione reductase by nitration and S-nitrosylation. Journal of Experimental Botany, 2015, 66(19): 5983-5996.

[52] Esteban R, Moran J F, Becerril J M, et al. Versatility of carotenoids: an integrated view on diversity, evolution, functional roles and environmental interactions. Environmental and Experimental Botany, 2015, 119: 63-75.

[53] Li B, Li Y Y, Wu H M, et al. Root exudates drive interspecific facilitation by enhancing nodulation and $N_2$ fixation. Proceedings of the National Academy of Sciences of the United States of America, 2016, 113(23): 6496-6501.

[54] Hou X, Rivers J, León P, et al. Synthesis and function of apocarotenoid signals in plants. Trends in Plant Science, 2016, 21(9): 792-803.

[55] 叶茂颖. 净、套作大豆异黄酮积累规律及风干期含量动态变化研究. 雅安: 四川农业大学, 2010.

[56] Yang F, Huang S, Gao R, et al. Growth of soybean seedlings in relay strip intercropping systems in relation to light quantity and red:far-red ratio. Field Crops Research, 2014, 155: 245-253.

[57] Yun L, Bi H, Gao L, et al. Soil moisture and soil nutrient content in walnut-crop intercropping systems in the loess plateau of China. Arid Soil Research and Rehabilitation, 2012, 26(4): 285-296.

[58] Beaudette C, Bradley R, Whalen J, et al. Tree-based intercropping does not compromise canola (*Brassica napus* L.) seed oil yield and reduces soil nitrous oxide emissions. Agriculture, Ecosystems & Environment, 2010, 139(1): 33-39.

[59] 黄高宝, 张恩和. 调亏灌溉条件下春小麦玉米间套农田水、肥与根系的时空协调性研究. 农业工程学报, 2002, 18(1): 53-56.

[60] 张恩和, 吴圣龙, 黄高宝. 施肥对小麦/大豆间套农田土壤水分时空分布的调节. 土壤侵蚀与水土保持学报, 1999, 5(3): 64-68.

[61] Yong T, Liu X, Yang F, et al. Characteristics of nitrogen uptake, use and transfer in a wheat-maize-soybean relay intercropping system. Plant Production Science, 2015, 18(3): 388-397.

[62] 宋春, 毛璐, 徐敏, 等. 玉米-大豆套作体系作物根际土壤磷素形态及有效性. 水土保持学报, 2015, 29(5): 226-230.

[63] 雍太文, 杨文钰, 向达兵, 等. 不同种植模式对作物根系生长、产量及根际土壤微生物数量的影响. 应用生态学报, 2012, 23(1): 125-132.

[64] 刘广才, 李隆, 黄高宝, 等. 大麦/玉米间作优势及地上部和地下部因素的相对贡献研究. 中国农业科学, 2005, 32(9): 477-484.

[65] 柴强, 黄高宝. 间套种植对根系土壤酶及养分复合系统的影响研究. 土壤与作物, 2004, 20(3): 208-211.

[66] 苏本营, 陈圣宾, 李永庚, 等. 间套作种植提升农田生态系统服务功能. 生态学报, 2013, 33(14): 4505-4514.

[67] 吴雨珊, 龚万灼, 廖敦平, 等. 带状套作荫蔽及复光对不同大豆品种(系)生长及产量的影响. 作物学报, 2015, 41(11): 1740-1747.

[68] Liu J, Yang C Q, Zhang Q, et al. Partial improvements in the flavor quality of soybean seeds using intercropping systems with appropriate shading. Food Chemistry, 2016, 207: 107-114.

[69] Ramegowda V, Senthil-Kumar M. The interactive effects of simultaneous biotic and abiotic stresses on plants: mechanistic understanding from drought and pathogen combination. Journal of Plant Physiology, 2015, 176: 47-54.

[70] Pandey P, Irulappan V, Bagavathiannan M V, et al. Impact of combined abiotic and biotic stresses on plant growth and avenues for crop improvement by exploiting physio-morphological traits. Frontiers in Plant Science, 2017, 8(119): 537.

[71] Munné-Bosch S, Alegre L. Cross-stress tolerance and stress "memory" in plants: an integrated view. Environmental and Experimental Botany, 2013, 94: 1-2.

[72] 张正斌. 植物对环境胁迫整体抗逆性研究若干问题. 西北农业学报, 2000, 9(3): 112-116.

[73] Chinnusamy V, Zhu J K. Epigenetic regulation of stress responses in plants. Current Opinion in Plant Biology, 2009, 12(2): 133-139.

[74] Molinier J, Zipfel C, Ries G, et al. Transgeneration memory of stress in plants. Nature, 2006, 442(7106): 1046.

[75] 李隆. 间套作强化农田生态系统服务功能的研究进展与应用展望. 中国生态农业学报, 2016, 24(4): 403-415.

[76] 朱锦惠, 董坤, 杨智仙, 等. 间套作控制作物病害的机理研究进展. 生态学杂志, 2017, 36(4): 1117-1126.

[77] He H, Wang H, Fang C, et al. Barnyard grass stress up regulates the biosynthesis of phenolic compounds in allelopathic rice. Journal of Plant Physiology, 2012, 169(17): 1747-1753.

[78] 陈玲, 董坤, 杨智仙, 等. 连作障碍中化感自毒效应及间作缓解机理. 中国农学通报, 2017, 33(8): 91-98.

# 第二章　复合种植作物次生代谢与化学品质的时空调控

## 第一节　作物次生代谢产物生物合成途径

随着国民健康水平的提高，人们对作物药食功能的关注度日益增加。次生代谢产物是作物品质的重要组成部分，其合成、积累受到遗传基因及外界环境的多重影响。复合种植模式下，光、温、水、气、肥等非生物因素与病虫草害等生物胁迫共存，对作物次生代谢产生了重要影响，这些环境因子通过对各类次生代谢产物合成通路中的途径基因及相关的重要调控因子(转录因子)的调控，直接或间接地影响着作物次生代谢过程，并最终实现对作物品质的系统调控。以大豆为例，其品质性状主要由异黄酮、花色苷、木质素等苯丙烷类代谢物，类胡萝卜素、皂苷等萜类代谢物，以及脂肪酸、角质蜡质等长链烷烃代谢物组成。其中，异黄酮、花色苷、不饱和脂肪酸、皂苷类代谢物是大豆重要的功能性成分，具有较高的药食兼用价值；异黄酮、类胡萝卜素也是调控大豆子叶色泽的主要代谢物，对提升大豆附加营养具有重要作用；而花色苷、木质素、角质蜡质则是大豆种皮的主要化学成分，决定着大豆外观颜色和硬度。

### 一、苯丙烷类

苯丙烷代谢通路是植物次生物质合成、代谢的一条重要途径，苯丙烷类次生代谢产物是植物在长期进化中与环境相互作用并适应环境的结果，对植物在逆境中生存至关重要[1]。植物的许多天然产物，如黄酮、花色苷、木质素类代谢物等都是由苯丙烷代谢途径产生，并在植物体中广泛参与各种生理活动。苯丙烷代谢通路是以苯丙氨酸为起始物质，在苯丙氨酸解氨酶(PAL)、肉桂酸-4-羟化酶(C4H)、4-香豆酸辅酶 A 连接酶(4CL)等一系列酶催化下，形成苯丙烷类成分合成共同前体物 *p*-香豆酰辅酶 A(*p*-coumarate CoA)，之后在不同酶作用下形成不同下游代谢产物。苯丙烷代谢途径下游有两个重要分支：木质素合成途径和类黄酮合成途径[2]。木质素主要在细胞壁中积累，类黄酮(黄酮苷、花色苷、原花青素)主要存在于植物液泡中(图 2-1)。

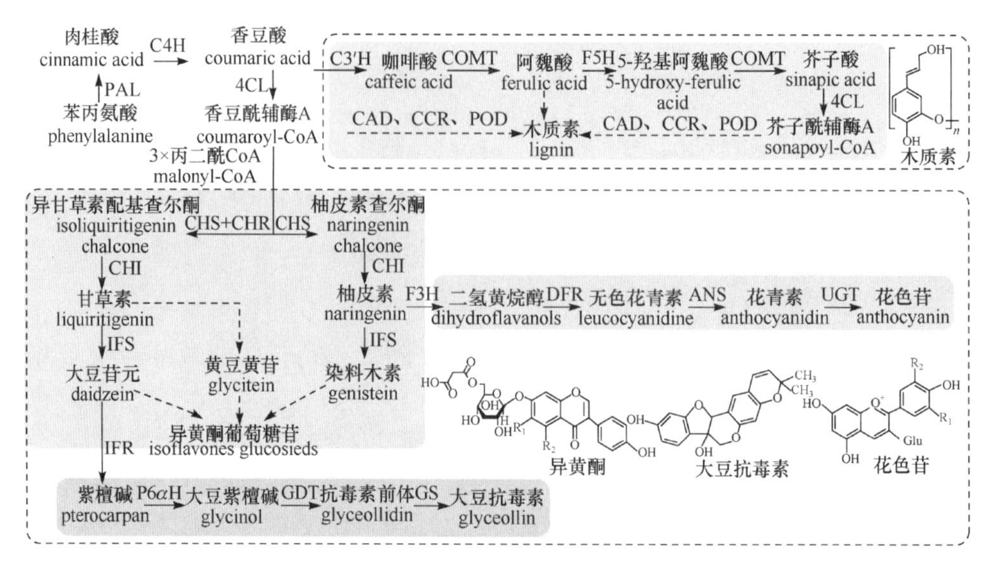


图 2-1　植物苯丙烷代谢通路[2]

PAL: phenylalanine ammonia-lyase, 苯丙氨酸解氨酶; C4H: cinnamate 4-hydroxylase, 肉桂酸-4-羟化酶; 4CL: 4-coumarate CoA ligase, 4-香豆酸辅酶 A 连接酶; CHS: chalcone synthase, 查尔酮合酶; CHR: chalcone reductase, 查尔酮还原酶; CHI: chalcone isomerase, 查尔酮异构酶; IFS: isoflavone synthase, 异黄酮合酶; IFR: isoflavone reductase, 异黄酮还原酶; P6αH: pterocarpan 6α-hydroxylase, 紫檀素-6α-羟化酶; GDT: glycinol dimethylallyl transferase, 大豆紫檀碱二甲基烯丙基转移酶; GS: glyceollin synthase, 大豆抗毒素合酶; F3H: flavanone 3-hydroxylase, 黄烷酮-3-羟化酶; DFR: dihydroflavonol reductas, 二氢黄酮醇还原酶; ANS: anthocyanidin synthase, 花色苷合酶; UGT: UDP-glucuronosyltransferase,尿苷二磷酸葡萄醛酸转移酶; C3′H: *p*-coumaroylshikimate 3′-hydroxylase, 对香豆酰莽草酸-3′-羟化酶; COMT: caffeic acid 3-*O*-methyltransferase, 咖啡酸-3-*O*-甲基转移酶; F5H: ferulic acid 5-hydroxylase, 阿魏酸-5-羟化酶; CAD: cinnamyl alcohol dehydrogenase, 肉桂醇脱氢酶; CCR: cinnamoyl CoA reductase, 肉桂酰辅酶 A 还原酶; POD: peroxidase, 过氧化物酶

### (一) 木质素

木质素是一种具芳香族特性的三维高分子化合物，是维管植物细胞壁的重要组分之一，主要沉积在导管或管胞等输导组织、木质纤维等机械组织和表皮等保护组织的次生壁中。木质素填充于纤维素构架中，可与细胞壁中的纤维素、半纤维素等多糖分子相互交联，增加植物细胞和组织的机械强度；其疏水性使植物细胞不易透水，利于水分及营养物质在植物体内的长距离运输；木质素与纤维素共同形成的天然的物理屏障能有效阻止各种病原菌的入侵，增强植物对各种生物及非生物胁迫的防御能力。

木质素的生物合成途径包括三部分：苯丙烷途径、木质素单体合成特异途径和木质素单体聚合为木质素途径。在细胞质中，*p*-香豆酰辅酶 A 在羟基肉桂酸酰基转移酶(HCT)作用下进入木质素合成特异途径，经阿魏酸-5-羟化酶(F5H)、肉桂醇脱氢酶(CAD)等作用生成香豆醇(coumaryl alcohol)、松柏醇(coniferyl alcohol)和芥子醇(sinapyl alcohol)等木质素单体(monolignol)；木质素单体在细胞质合成后转运到细胞壁，在细胞壁经过氧化物酶(POD)、漆酶(laccase)作用聚合成木质素。木质素分为愈创木基木质素(G 型)、紫丁香基木质素(S 型)和对羟基苯基木质素(H 型)三种类型[3]，不同植物中木质素的组成和含量不同。一般双子叶植物中的木质素主要由 G-木质素、S-木质素和微量的 H-木质素组成；单子叶植物中的木质素主要由 G-木质素和 S-木质素组成，还含有少量 H-木质素；裸子植物木质素则以 G-木质素为主，同时有少量 H-木质素和微量 S-木质素(图 2-2)。木质素的组成不同，其降解能力也有差别。G 结构单元具有 1 个甲氧基基团，C5 位置可以与其他单体形成较为稳定的 C—C 键连接，在分离工艺中较难去除；而 S 结构单元具有 2 个甲氧基基团，无游离的 C5，使木质素缺少 C—C 键连接而比较疏松，较容易去除。

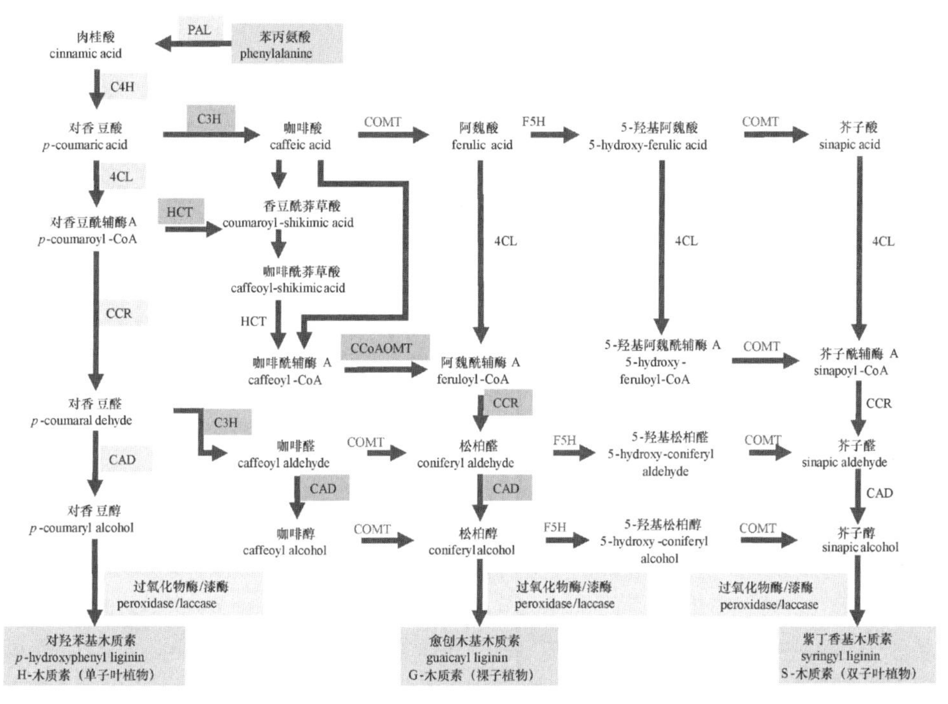


图 2-2　植物木质素合成通路

研究表明，肉桂酰辅酶 A 还原酶(CCR)是催化木质素合成特异途径的第一个关键酶，调节碳素流向，控制木质素单体生物合成；若沉默其相关合成基因 CCR 的表达，木质素含量显著降低，同时木质素组分发生变化；肉桂醇脱氢酶参与木质素单体合成最后一步还原反应，抑制 CAD 基因表达将导致木质素含量显著下降；过氧化物酶是木质素合成的最后一种酶，与木质素单体聚合密切相关[4]。此外，COMT、CCoAOMT、F5H 这些酶活性的高低都将直接影响各木质素单体占总量的比例，如抑制 *CCoAOMT* 表达，G 型和 S 型木质素含量降低；抑制 *F5H* 表达，S 型木质素含量降低，过表达 *F5H*，S 型木质素含量显著上升[5]。

木质素作为植物体中仅次于纤维素的一种重要高分子有机物质，具有重要的生物学功能。木质素填充于纤维素构架中赋予细胞壁坚硬的结构特征，植物细胞机械强度增强[6]。同时，木质素的疏水性可防止细胞内的水分流失，保证了植物体内的水分和矿物质的长距离运输[7]。此外，在植物与病原菌相互作用过程中，植物细胞壁的木质化作用能阻止病原菌对植物的进一步侵染[8]。木质化作用阻碍真菌侵染的机理主要包括以下几个方面：第一，木质素增加了细胞壁抗真菌穿透的压力；第二，由于病原菌不能分泌分解木质素的酶类，木质化增强了抗酶溶解作用；第三，木质化限制真菌酶和毒素从真菌向寄主扩散及水和营养物质从寄主向真菌扩散；第四，木质素的低分子量酚类前体物以及多聚作用时产生的游离基可以钝化真菌的膜、酶和毒素[9]。

### (二) 异黄酮

异黄酮是豆科植物体内重要的次生代谢产物，大豆固有异黄酮主要以糖苷形式存在，是其组成型抗性的重要来源[10]。研究表明，大豆异黄酮对金黄色葡萄球菌、肺炎双球菌、大肠杆菌等细菌具有较强的抑制活性[11]；对炭疽病菌、疫霉病菌、立枯丝核菌和尖孢镰刀菌等病原菌也有抑制作用[12-14]。黄酮类成分的抗菌能力与其化学结构密切相关，研究表明，黄酮苷元通常具有更强的抑菌活性，羟基化和甲基化会降低其活性，甲基化类黄酮抑菌活性强于羟基化类黄酮[15]。大豆异黄酮主要由 12 个单体化合物组成，分为游离型苷元和结合型糖苷两大类，结合型糖苷又分为葡萄糖苷型、丙二酰基葡萄糖苷型和乙酰基葡萄糖苷型三种形式[16]。

大豆异黄酮及其糖苷衍生物的生物合成主要包括三大步骤(图 2-3)：第一步是黄酮类成分生物合成共同前体物 *p*-香豆酰辅酶 A，该部分主要由苯丙氨酸解氨酶、肉桂酸-4-羟化酶、4-香豆酸辅酶 A 连接酶等一系列酶催化实现。第二步是大豆异黄酮苷元的合成，该部分主要由 *p*-香豆酰辅酶 A 在查尔酮合酶(CHS)和查尔酮还原酶(CHR)的催化下形成柚皮素查尔酮(naringenin chalcone)或异甘草素(isoliquirtigenin)，然后在查尔酮异构酶(CHI)的催化下形成甘草素或柚皮素，最后在异黄酮合酶(IFS)的催化下形成染料木素、大豆苷元和黄豆黄素等三大类异黄酮苷元，该部分涉及大豆异黄酮合成的三个关键酶：查尔酮合酶、查尔酮异构酶和异黄酮合酶，是调控大豆异黄酮生物合成的关键步骤[12]。研究表明，豆科植物中含有 8 种查尔酮合酶[13]，其表达具有组织特异性，种皮中主要是 CHS7、CHS8，子叶中主要是 CHS2，叶片中主要是 CHS1、CHS7 和 CHS8，而 CHS4 和 CHS6 在所有组织中均有微量表达；豆科植物中含有两种类型的查尔酮异构酶(CHI)，CHI-Ⅰ主要在叶片中表达，与花青素和黄酮的生物合成有关，CHI-Ⅱ与结瘤和异黄酮的生物合成相关[14]；异黄酮合酶(IFS)属于 P450 家族，是将苯丙烷代谢途径引入异黄酮代谢支路的关键酶，催化底物柚皮素和甘草素的一个芳香基从 C2 位迁移到 C3 位的反应，大豆中含有两种高度同源的异黄酮合酶，IFS1 主要在根和种皮中表达，IFS2 主要在胚芽和豆荚中表达[15]，二者均受到病原物侵蚀的诱导[16]。第三步是大豆异黄酮糖苷化、酰基化的后修饰过程，主要通过尿苷二磷酸葡萄醛酸转移酶(UGT)、乙酰基转移酶(AT)和丙二酰基转移酶(MT)对上游生成的黄酮苷元进行后修饰，从而催化生成葡萄糖苷异黄酮、乙酰基葡萄糖苷异黄酮、丙二酰基葡萄糖苷异黄酮，该步骤是豆科植物异黄酮合成的特征途径，所涉及的尿苷二磷酸葡萄醛酸转移酶、丙二酰基转移酶等是催化大豆异黄酮苷生成的重要修饰酶，是调控大豆呈味性化学成分生物合成的关键步骤[17](图 2-3)。

(三) 抗毒素

植物化学防御策略可分为组成型和诱导型两类。组成型抗性主要来源于植物固有的抗性成分[17]，异黄酮即是大豆组成型抗性的重要来源[10]，对多种病原菌都有较好的抑制作用，其抑菌能力与化学结构密切相关，糖基化、甲基化等均会改变其活性[15, 18]。而诱导型抗性则是当植物受害时才被激活的防御机制，大豆抗毒素(glyceollin)即是大豆诱导型抗性发挥的重要物质基础[19]；其对大豆锈菌、镰刀菌、壳球孢菌、菌核病和立枯丝核菌等诸多病原真菌均具有强烈的抑制作用[8, 20]。Wang 等对田间劣变大豆进行蛋白组学研究，筛选出的黄酮及抗毒素存在重要抗性潜力[21]。研究表明，这两种防御策略存在互为消长的关系，尤其存在于具有共同合成途径的代谢物之间，它们在一定情况下会发生代谢流的平衡转导，从而导致其防御策略发生改变[22]。大豆组成型异黄酮与诱导型异黄酮(抗毒素)同属于苯丙烷代谢通路，具有相同的代谢前体物和共同的上游合成通路[23]，当胁迫发生时，异黄酮苷元可分流合成抗毒素[24](图 2-4)。采用分子生物学手段，调控大豆自身合成抗毒素是实现其抗性功能的重要途径。目前，已经报道的大豆抗毒素共 7 种，包括大豆抗毒素Ⅰ、Ⅱ、Ⅲ、Ⅳ、Ⅴ、Ⅵ以及呋喃型大豆抗毒素(glyceofuran)[24, 25](图 2-4)。大豆抗毒素是豆科植物防御真菌侵染的重要诱导型代谢物，但其在植物体内的含量极低，直接分离纯化难度大，迄今仅实现了抗毒素合成前体物大豆紫檀碱(glycinol)在大豆籽粒中的微量纯化[26]。现在虽已实现了抗毒素Ⅰ的化学合成，但其合成效率低、成本高，至今尚未实现商品化[27]。采用分子生物学手段，调控大豆自身合成抗毒素是实现其抗性功能的重要途径。

大豆抗毒素生物合成起始于苯丙烷代谢，上游通路与大豆苷元合成通路相同，但在第三步异黄酮糖基化前转向合成紫檀素前体物[24](图 2-4)。近期研究表明，大豆抗毒素主要通过异黄酮-2′-羟化酶(I2′H)、异黄酮还原酶(IFR)、紫檀素合酶(PTS)和紫檀素-6$\alpha$-羟化酶(P6αH)对上游合成的大豆苷元进行羟基化和还原修饰，催化形成(–)-glycinol[29]。随后在异戊烯转移酶 G4DT 或 G2DT 的作用下，生成异戊烯

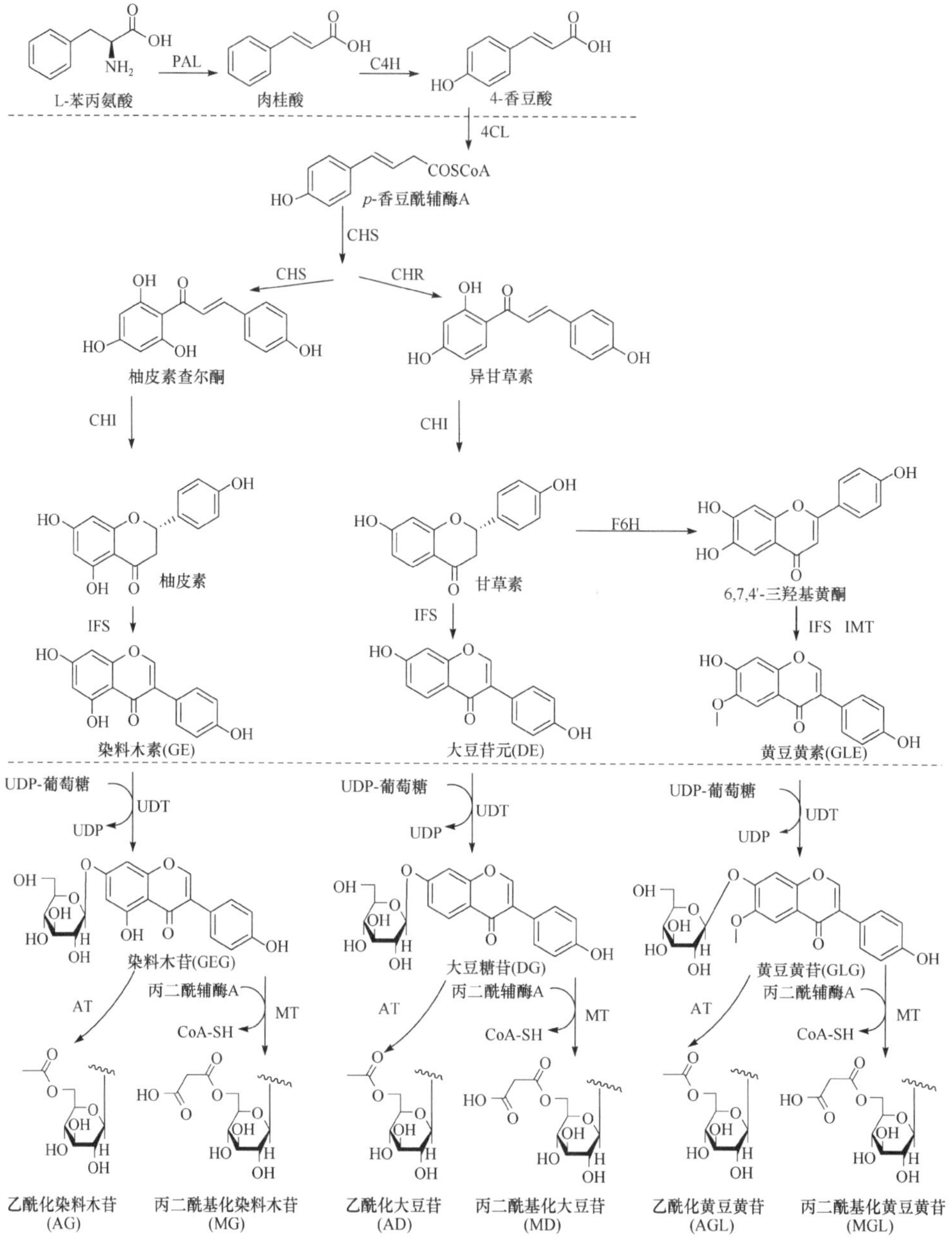

图 2-3 大豆异黄酮生物合成途径

PAL: phenylalanine ammonialyase, 苯丙氨酸解氨酶; 4CL: 4-coumarate-CoA-ligase, 4-香豆酸辅酶 A 连接酶; C4H: cinnamate-4-hydroxylase, 肉桂酸-4-羟化酶; CHI: chalcone isomerase, 查尔酮异构酶; CHR: chalcone reductase, 查尔酮还原酶; CHS: chalcone synthase, 查尔酮合酶; F6H: flavonone-6-hydroxylase, 二氢黄酮-6-羟化酶; UGT: glycosyl-transferase, 尿苷二磷酸葡萄醛酸转移酶; IFS: 2-hydroxyisoflavanone synthase, 2-羟基异黄酮合酶; IMT: isoflavone methyl-transferase, 异黄酮转甲基酶; MT: malonyl-transferase, 丙二酰基转移酶; AT: acetyl-transferase, 乙酰基转移酶

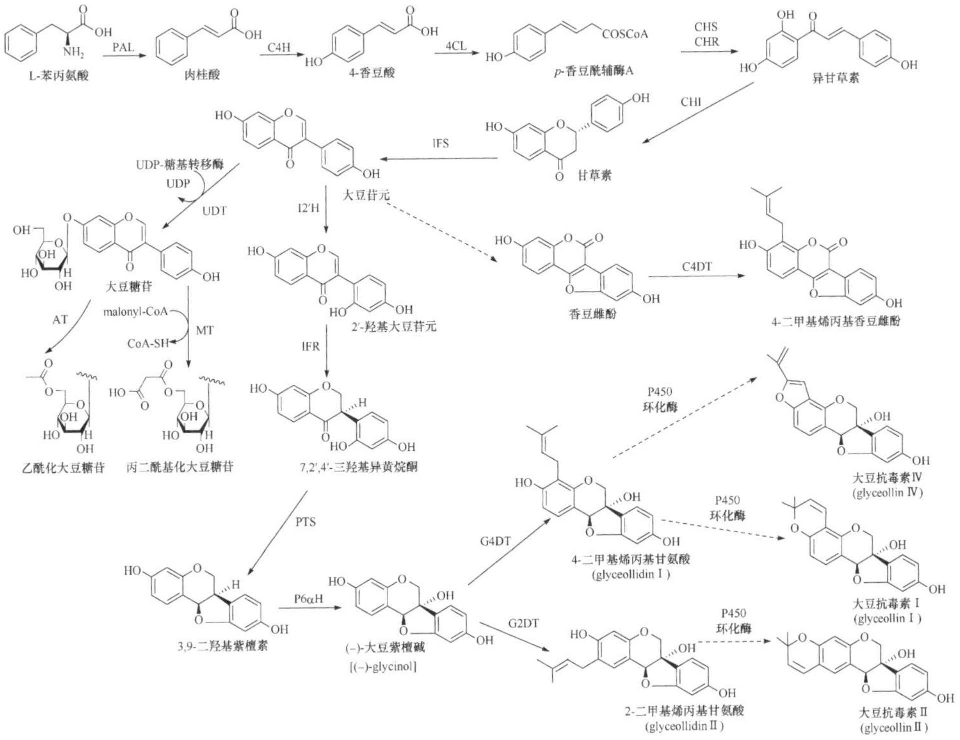

图 2-4　大豆异黄酮及其诱导抗毒素生物合成通路[24, 28]

虚线部分为推测通路

基化的抗毒素前体物 glyceollidin Ⅰ 和 glyceollidin Ⅱ[29]。最后，在细胞色素 P450 单加氧酶系统的催化下完成抗毒素前体物的环化，最终实现大豆抗毒素合成[30]。大豆抗毒素上游异黄酮生物合成主干通路的研究较为清楚，但下游抗毒素的合成修饰途径较为复杂，至今尚未完全阐明[31]。此外，大豆异黄酮合成受多基因控制[32]，且受到生育时期的影响[33]；其基因表达具有组织特异性[34]，在叶片、种皮、子叶、根等不同部位中的表达情况差异较大[28, 35]。已有大豆抗毒素的研究多集中于大豆籽粒，对于种荚的关注鲜有报道，大豆异黄酮组织特异性生物合成的研究亟待深入。

### (四) 花色苷

儿茶素(catechin)、花青素(anthocyanidin)、花色苷、原花青素(proanthocyanidins)是黑豆种皮的主要化学组分[36]。花青素与原花青素都是一大类化合物的总称，不是单一化合物；花青素根据官能团变化，分为多种类型，花青素通常在 C3 位置被糖基化，即变为花青素苷(花色苷)；花青素与儿茶素的结构类似，区别仅在于花青素在 C3 到 C4 位置多了一个双键。原花青素是植物中广泛存在的一大类多酚化合物的总称，由不同数量的儿茶素或表儿茶素(epicatechin)结合而成(图 2-5)。最简单的原花青素是儿茶素或表儿茶素，或儿茶素与表儿茶素形成的二聚体，按聚合度的大小，通常将二聚体到五聚体称为低聚原花青素(OPC)，将五聚体以上的称为高聚原花青素(PPC)。

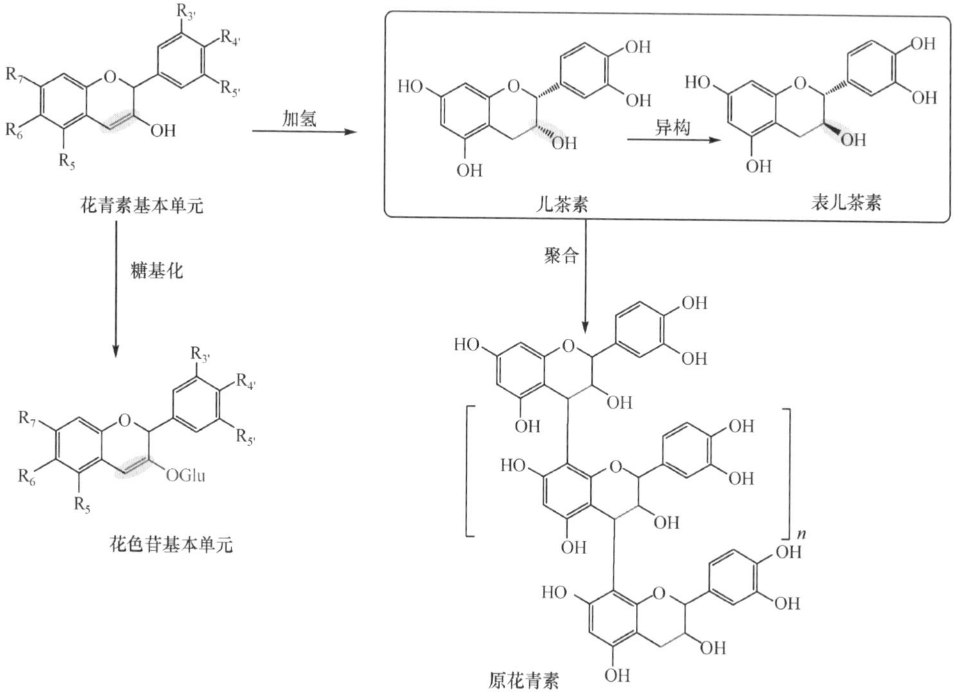

图 2-5　花色苷类代谢物的化学结构特征

花色苷是由花青素与一个或多个糖以糖苷键结合而成的一类植物中广泛存在的水溶性天然色素，使植物的花和果实呈现出不同的颜色。花青素的母核结构为 3,5,7-三羟基-2-苯基苯并吡喃，自然界已知的花青素有 22 大类，250 多种。根据花青素母核 B 环各碳位取代基(羟基或甲氧基)数量和位置的不同，衍生出 6 种主要的花青素：天竺葵素(pelargonidin)、矢车菊素(cyanidin)、飞燕草素(delphinidin)、芍药素(peonidin)、牵牛花素(petunidin)和锦葵色素(malvidin)。而后花青素连接上不同种类和数量的糖，形成不同类型的花色苷，再经糖基化、甲基化、酰基化等修饰，最终发生不同的颜色变化[37]。

在类黄酮代谢途径中，若柚皮素被黄烷酮-3-羟化酶(F3H)所催化生成二氢山柰酚，则可将类黄酮代谢途径引入花色苷合成支路。二氢山柰酚在类黄酮-3′-羟化酶(F3′H)和类黄酮-3′,5′-羟化酶(F3′5′H)的催化下分别生成二氢槲皮素和二氢杨梅素。F3H、F3′H 和 F3′5′H 是花色苷合成途径的 3 个关键酶，将花色苷引入不同的分支。3 种二氢黄酮醇在二氢黄酮醇-4-还原酶(DFR)的催化下生成无色花青素。DFR 是花色苷合成途径中的关键限速酶，可控制类黄酮合成途径中生成花色素苷、黄烷醇和原花青素支路的通量[38]。原花青素在花青素合成酶(ANS)的催化下进一步形成花青素。在细胞质中合成的花青素不稳定，为了便于储藏和运输，在类黄酮-3-*O*-葡糖基转移酶(UFGT)的作用下将无色花青素转变成砖红色的天竺葵素、红色的矢车菊素和蓝色的飞燕草素糖苷。UFGT 是第一个使无色、不稳定的花青素形成有色、稳定的花色苷的酶，该酶受 *UFGT* 基因调控且独立控制花色素苷的合成，在花色素苷合成和储藏中起着关键的作用[39]。

花色苷除了赋予植物花瓣或果实五彩缤纷的颜色来吸引昆虫帮助授粉或者传播种子外，还具有多种生物学功能。花色苷能减轻光对植物损伤的程度，特别是减轻高能量蓝光对发育中的原叶绿素的损伤[40]。花色苷的抗氧化作用可清除植物体在遭受逆境胁迫时产生的自由基和活性氧，减轻活性氧对植物体 DNA、蛋白质及细胞膜造成的损伤。表皮细胞液泡中积累的花色苷可以促进糖类转移到液泡，降低细胞冰点，减轻植物在低温下的冻害[41]。另外，花色苷还能阻止病原菌在植物表皮细胞上的附着，同时可通过透化病原菌质膜，降低病原菌胞内酶活性和代谢而抑制病原菌的生长[42]。

同时，花色苷也具有良好的保健功能。花色苷对人体低密度脂蛋白氧化具有显著的抗氧化活性，从而可降低冠心病的发生率[43]。花色苷能诱导肿瘤坏死因子的产生，并能调节激活的巨噬细胞的免疫反应，从而抑制肿瘤发生[44]。经常食用富含花色苷的食物可明显改善视力、减缓老年斑的沉积、增强心肺等功能，而且能延缓皮肤衰老，有效预防感染性疾病，并对由糖尿病引起的诸多疾病有辅助治疗作用[45]。

## 二、萜类

萜类化合物是自然界广泛存在的一大类异戊二烯衍生物(isoprenoids)，萜类及其衍生物具有广泛的生物学功能和药用价值。萜类化学式可表示为$(C_5H_8)_n$($n$ 为异戊二烯单元数)。根据异戊二烯单元数，萜类化合物可分为半萜($C_5$)、单萜($C_{10}$)、倍半萜($C_{15}$)、二萜($C_{20}$)、二倍半萜($C_{25}$)、三萜($C_{30}$)、四萜($C_{40}$)和多萜($n$>5)等[46]。倍半萜、单萜类化合物多具有挥发性芳香气味，赤霉素为典型的二萜类化合物，具有植物生理调理的诸多功能；典型的植物类胡萝卜素则是由 8 个异戊二烯单位首尾相连形成的，含有 40 个碳原子的类异戊烯聚合物，即四萜化合物[47]；其下游裂解形成的倍半萜类代谢产物也是具有多种功能的内源激素类“明星分子”，如脱落酸、独脚金内酯[48]；而大豆皂苷则是一类五环三萜类齐墩果酸型皂苷，由三萜类同系物的羟基和糖分子环状半缩醛上的羟基失水缩合而成。植物萜类可由异戊二烯首尾相接或成环合成，异戊烯焦磷酸(isopentenyl pyrophosphate, IPP)和二甲基丙烯基二磷酸(dimethylallylpyrophosphate, DMAPP)是所有萜类的共同前体物。不同分子数的 IPP 和 DMAPP 在异戊烯转移酶(prenyltransferase)作用下生成不同的萜类前体物[49]；这些前体物在各种萜类合酶(terpene synthases, TPS)催化下被合成各类萜类骨架(图 2-6)[50]。

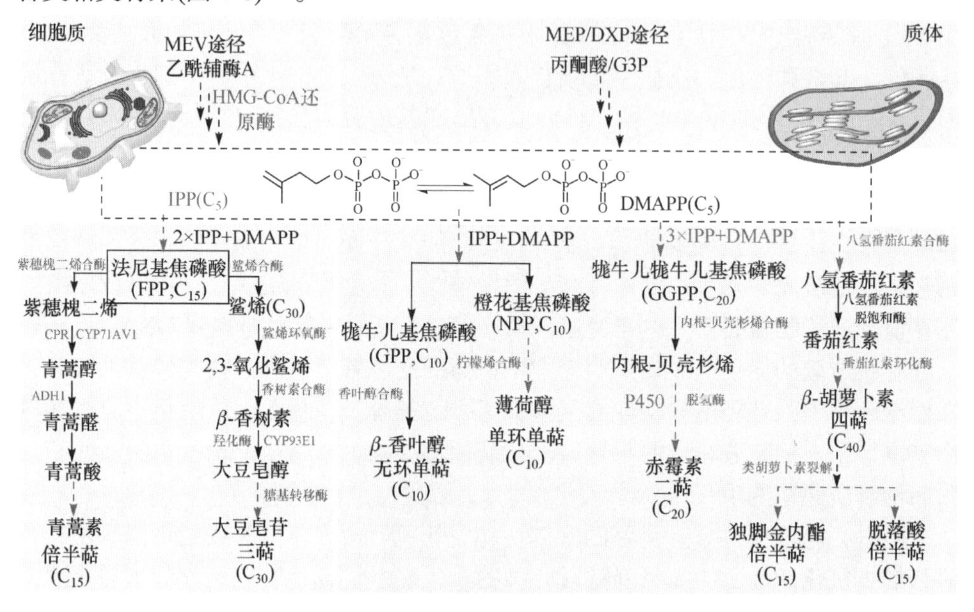


图 2-6　植物萜类生物合成途径[53]

植物主要采用两种途径来合成 IPP 和 DMAPP：由 3 个乙酰辅酶 A 形成的甲羟戊酸(mevalonate acid-dependent, MEV)途径，以及由丙酮酸(pyruvate)或 3-磷酸甘油醛(glyceraldehyde 3-phosphate, G3P)形成的甲基赤藓醇(2C-methyl-D-erythritol-4-phosphate，MEP; deoxyxylulose 5-phosphate, DXP)途径。其中，MEV 途径主要用于植物细胞质中的倍半萜、三萜以及多萜的合成，MEP/DXP 途径主要用于植物质体中的单萜、二萜和四萜的合成[47]。

## (一) 类胡萝卜素

类胡萝卜素是重要的四萜脂溶性抗氧化剂，普遍存在于整个生物界。植物中类胡萝卜素通过其氧化酶催化裂解形成的脱辅基类胡萝卜素及其衍生物在影响农作物颜色、风味[51]，吸引昆虫、鸟类传播花粉、种子[52]，调控植株形态建成，参与脱落酸形成等方面具有重要调控作用[48]。

类胡萝卜素按照化学结构可分为两大类：胡萝卜素(非含氧类胡萝卜素)和叶黄素(含氧类胡萝卜素)。植物类胡萝卜素生物合成通路已比较清楚，首先由 MEP

途径提供的异戊二烯前体物，由八氢番茄红素合成酶(PSY)催化生成 15-顺式八氢番茄红素，然后该无色类胡萝卜素通过八氢番茄红素脱饱和酶(PDS)、15-顺式-$\beta$-胡萝卜素异构酶(ZISO)、$\beta$-胡萝卜素脱饱和酶(PDS)、$\zeta$-胡萝卜素脱氢酶(ZDS)和类胡萝卜素异构酶(CRTISO)，发生一系列的脱氢反应和异构反应形成微红色的全反式番茄红素(天然番茄红素均为全反式)[54]。由于环化反应的位置不相同，番茄红素环化反应成为整个合成通路上的分支点(图 2-7)。番茄红素分子链状结构末端可被番茄红素$\beta$-环化酶(LCYB)和$\varepsilon$-环化酶(LCYE)催化形成$\beta$环和$\varepsilon$环，当番茄红素的一端被 LCYB 催化形成一个$\beta$环后则形成了$\gamma$-胡萝卜素，而当番茄红素的两个环都被 LCYB 催化形成$\beta$环即$\beta$-胡萝卜素；当番茄红素的一端被 LCYE 催化形成一个$\varepsilon$-环后则形成了$\delta$-胡萝卜素，而当番茄红素的一个环被 LCYE 催化形成$\varepsilon$环而另一端被 LCYB 催化形成$\beta$环，这就形成了$\alpha$-胡萝卜素。这两个分支分别被称为$\beta, \beta$分支和$\beta, \varepsilon$分支。在$\beta, \beta$分支上，$\beta$-胡萝卜素在$\beta$胡萝卜素羟化酶(CHYB)的作用下，经中间产物$\beta$-隐黄质($\beta$-cryptoxanthin)生成玉米黄质(zeaxanthin)[54]；$\beta$-胡萝卜素也可由类胡萝卜素裂解双加氧酶(CCD)催化生成独脚金内酯(strigolactone, SL)[55]。而通过$\beta$和$\varepsilon$羟化酶进行的$\alpha$-胡萝卜素的羟基化，主要由细胞色素 P450(CYP97)型酶催化生成玉米次黄质(zeinoxanthin)及叶黄素(lytein)。在$\beta$，$\beta$分支中，玉米黄质在玉米黄质环氧化酶(ZEP)作用下进行环氧化作用生成花药黄质(antheraxanthin)，继而再在 ZEP 的作用下生成紫黄质(violaxanthin)。而这个反应过程是可逆的，紫

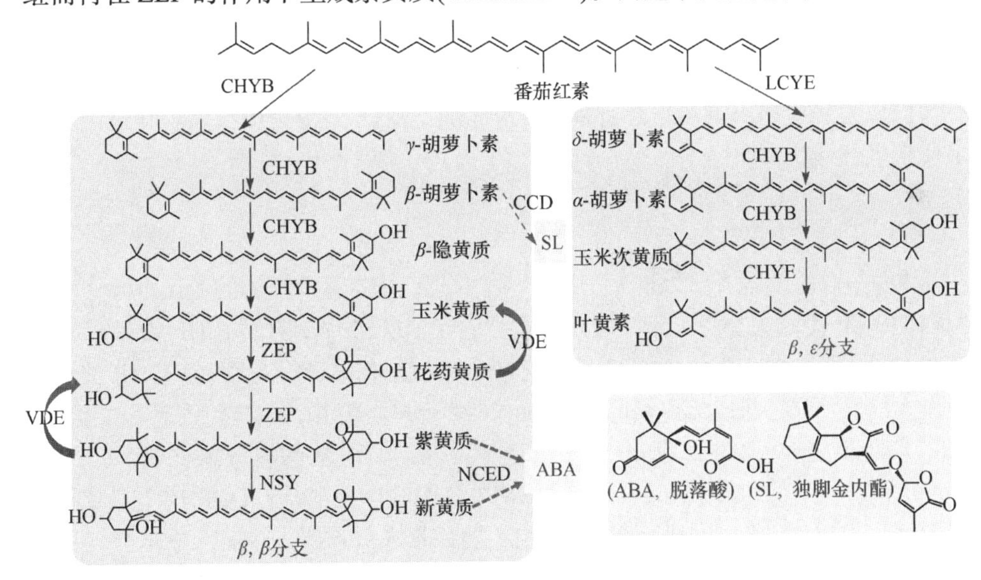


图 2-7 植物类胡萝卜素生物合成途径

黄质会在紫黄质脱环氧化酶的作用下逐步生成花药黄质和玉米黄质。同时紫黄质又能在新黄质合成酶(NSY)的作用下生成新黄质。新黄质是类胡萝卜素合成通路上$\beta,\beta$支路的最后一个产物，同时也是脱落酸(abscisic acid, ABA)和独脚金内酯(strigolactones, SL)的合成前体物[56]；新黄质、紫黄质可被 9-顺式-环氧类胡萝卜素双加氧酶(NCED)催化生成 ABA[55]。

研究表明，在植物发育初期，它们的颜色被光合组织的叶绿色所掩盖，但在植物发育后期，类胡萝卜素使得鲜花、水果以及胡萝卜根有了鲜艳颜色[55]。类胡萝卜素具有保护光合有机体免受过量光氧化损害的功能，是光合器官的基本结构组分[57]；它们在太阳最大辐射光谱区域的更广范围内吸收太阳光，并且将能量传递给叶绿素，引起光合作用的光化学反应。植物光合过程中吸收足够光能，但却避免了过氧化对细胞膜和蛋白的损伤[58]，这一过程中类胡萝卜素发挥了重要作用，其通过调节膜的物理特性来保护植物免受高光胁迫和低温胁迫。通常，类胡萝卜素使凝胶状态的膜流体化，并使其在液晶状态下更加刚性，这导致相变扩大。类胡萝卜素与膜相互作用的最重要结构特征是其分子的刚性和极性含氧基团的存在。膜流动性的变化在紫黄质对花药黄质的去环氧化中起着重要的调节作用，从而影响高光胁迫下叶黄素循环(VAZ 循环)和玉米黄质形成速率[59]。VAZ 循环在植物抗逆生理中扮演着重要角色，其诸多功能均源于 VAZ 循环的热消耗效应。VAZ 循环同时能够防止膜脂过氧化，稳定内囊体膜结构。在植物遭受水分胁迫、高温胁迫、盐胁迫等多种胁迫时，植物光合器官通过 VAZ 循环消耗过剩光能的能力显著提升，充分表明 VAZ 循环对植物光合器官具有重要的保护作用[60]。因而，类胡萝卜素被认为是植物对逆境信息存储的化学载体，VAZ 循环是植物实现胁迫记忆的重要生理代谢机制[61]。

### (二) 皂苷

大豆皂苷主要以齐墩果烷型三萜为基本骨架，根据其官能团的变化，可分为 A 型和 DDMP 型两大类：A 型皂苷是以大豆皂苷 A($3\beta,21\beta,22\beta$,24-tetrahydroxyolean-12-ene)为配基，在 C3 位和 C22 位连有两个糖链结构的双糖皂苷；DDMP 型皂苷是以大豆皂苷 B($3\beta,22\beta$,24-trihydroxyolean-12-ene)为配基，在 C3 位连有一个糖链，C22 位连有一个 2,3-二氢-2, 5-二羟基-6-甲基-4(*H*)-吡喃-4-酮(2,3-dihydro-2,5-dihydroxy-6-methyl-4*H*-pyran-4-one, DDMP)结构的单糖皂苷；DDMP 型皂苷降解后即转化为 B 型和 E 型皂苷[62](图 2-8)。皂苷是大豆重要的生物活性成分，但也是其苦涩味的重要来源，不同类型大豆皂苷的苦涩程度差别较大，其中尤以 A 型皂苷的苦涩味最重，限制或降低大豆中 A 型皂苷的含量成为改善大豆食品口感的重要方向[63]。

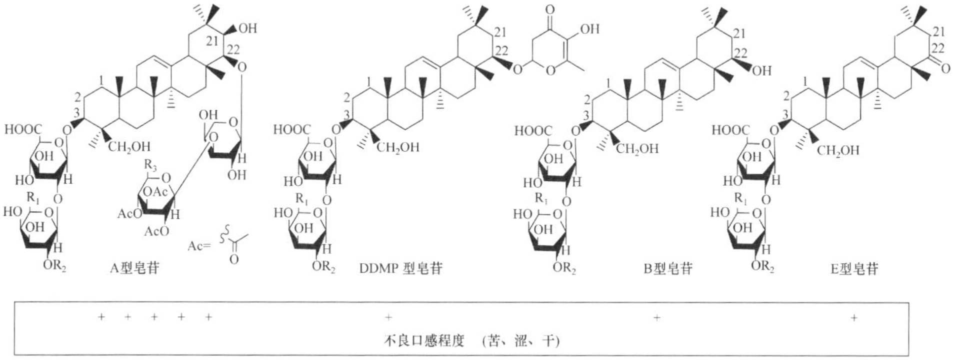

图 2-8　大豆皂苷的化学结构及其呈味特性

大豆皂苷为齐墩果烷型三萜皂苷，其生物合成由异戊二烯途径(isoprenoid pathway)完成，主要包括三大步骤(图 2-6)[64]：第一步是前体物形成，由甲羟戊酸(mevalonic acid)生成异戊烯二磷酸(isopentenyl pyrophosphate, IPP)，IPP 在香草二磷酸合成酶(GPS)的作用下形成牻牛儿基焦磷酸(geranyl pyrophosphate, GPP)，而法尼基焦磷酸合成酶(farnesyl pyrophosphate synthase, FPS)使 GPP 转化成法尼基焦磷酸(farnesyl pyrophosphate, FPP)(图 2-6)。第二步是骨架构建，FPP 在鲨烯合成酶(squalene synthase, SS)的作用下合成鲨烯，然后经鲨烯环氧酶(squalene epoxidase, SE)催化转变为 2,3-氧化鲨烯(2,3-oxidosqualene)；最后，在 2,3-氧化鲨烯环化酶(2,3-oxidosqualene cyclases, OSCs)作用下，2,3-氧化鲨烯环化形成三萜骨架。第三步是末端修饰，经细胞色素 P450 依赖性单加氧酶(cytochrome P450-dependent monooxygenase)、糖基转移酶等介导进行氧化、置换及糖基化等化学修饰，最终形成不同类型的三萜皂苷终产物[65]。大豆合成途径中主要涉及三个关键酶：2,3-氧化鲨烯环化酶、细胞色素 P450(PDMO)、糖基转移酶(UGT)，是调控大豆呈味性皂苷生物合成的关键步骤(图 2-9)[66]。

A 型皂苷 C22 位糖链端头糖不同程度的酰化特征成为其典型的结构标志，并受到基因调控的影响，也是其化学结构多样性的重要来源[67]；基因分析和绘图发现，其糖基化的多样性由复等位基因 *Sg-1* 所决定，并鉴定得到一个糖基转移酶 UDP-sugar-dependent 基因 *Glyma07g38460*。虽然 *Sg-1*$^{a}$ 和 *Sg-1*$^{b}$ 的序列高度同源，并均能调控非酰化皂苷 A0-αg，但 *Sg-1*$^{a}$ 等位基因编码木糖转移酶(UGT73F4)，而 *Sg-1*$^{b}$ 编码葡萄糖转移酶(UGT73F2)。体外重组酶测试和转基因互补验证试验结果表明，*Sg-1*$^{0}$ 是 *Sg-1* 的功能缺失基因[68]。对大量大豆种质资源的调查发现，自然界存在 A 型皂苷缺失的大豆突变体，其受到位于大豆 15 号染色体微卫星标记 *Satt117* 附近的单隐性基因 *Sg-5* 的调控；*Sg-5* 为 *Sg-1* 的上位基因(图 2-9)，负责调控大豆皂醇 A C22 位糖链中端头糖的变异，该位点等位基因的差异也导致了

DDMP 型皂苷及其衍生物 B 型和 E 型皂苷的积累量的变化[63, 69]。

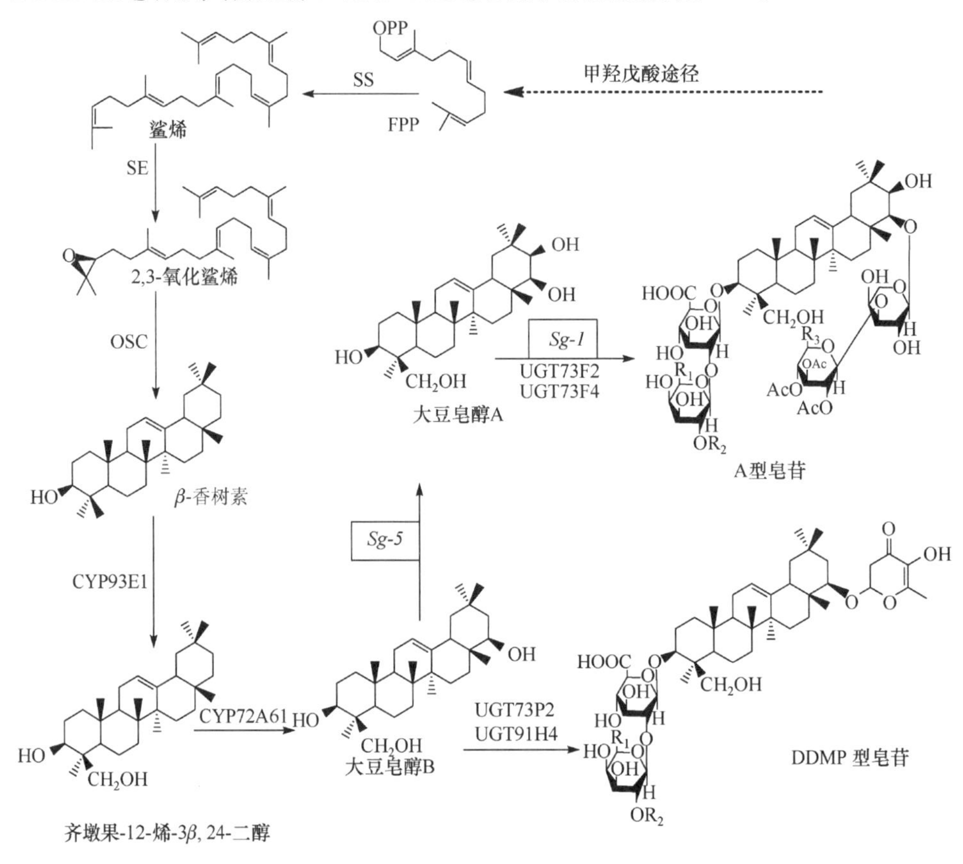


图 2-9　大豆皂苷生物合成途径

糖基化和酰基化广泛存在于植物次生代谢过程中，其改变了植物小分子化合物的生物活性、水溶性、稳定性及其在植物体内的运输、积累特性，还具有降低或除去内源/外源物质毒性的作用[70]。糖基转移酶(UGT)则是专门负责催化糖基化修饰反应的酶类，它将活性糖分子从供体转移到植物小分子化合物苷元受体上[71]。根据所催化的底物特异性和序列同源性，至 2018 年 4 月，已登录的糖基转移酶可分为 105 个家族，其中第一家族(GT family number 1)包含的成员数量最多，与植物次生代谢极为相关，主要以尿嘧啶核苷二磷酸-葡萄糖(UDP-glucose)作为糖基供体，被称为 UDP-糖基转移酶[72]。已有研究表明，糖基化和酰基化是植物糖苷合成修饰的关键步骤，是许多代谢产物重要的最后一步，与大豆的食用口感密切相关，对大豆糖苷修饰酶关键基因表达的调控研究具有重要的现实意义。但植物次生代谢过程是一个极其复杂的系统工程，代谢产物合成主线上的各个环节紧密相连，却又受到更多“支路”的相互影响；对于大豆糖苷代谢途径中的主线和支路均尚未阐述完全，呈味性糖苷合成的基因调控机理还存在诸多的研究空白，亟须进一步完善。

## 三、脂肪酸类

脂肪酸(fatty acid)由碳、氢、氧三元素组成，是中性脂肪、磷脂和糖脂的主要成分。脂肪酸按饱和度区分，可分为饱和脂肪酸和不饱和脂肪酸，其中不饱和脂肪酸又可按不饱和程度分为单不饱和脂肪酸和多不饱和脂肪酸；单不饱和脂肪酸在分子结构中仅有一个双键，多不饱和脂肪酸含有多个双键。脂肪酸根据碳链长度的不同可分为短链、中链、长链及超长链脂肪酸。碳链上碳原子数小于 6 的脂肪酸为短链脂肪酸(short chain fatty acid, SCFA)，也称挥发性脂肪酸(volatile fatty acid，VFA)；碳链上碳原子数为 6～12 的脂肪酸为中链脂肪酸(medium-chain fatty acid，MCFA)，主要成分是辛酸($C_8$)和癸酸($C_{10}$)；碳链上碳原子数大于 12 的脂肪酸为长链脂肪酸(long chain fatty acid，LCFA)；此外，碳原子数超过 18 的脂肪酸被称为超长链脂肪酸(very long chain fatty acid, VLCFA)。越来越多的研究表明，脂肪酸衍生物及其下游聚合物在植物抗逆生理中发挥着重要作用，包括小分子脂肪酸的植物抗病信号转导功能，超长链脂肪酸参与种子甘油酯、生物膜膜脂及鞘脂的合成，并为角质层蜡质的生物合成提供前体物质，因而使得植物具有极好的物理防御与自我清洁功能等。

### (一) 脂肪酸

脂肪酸不仅是生物体储藏能量的主要来源，还是细胞膜脂的重要组成成分。大豆脂肪酸主要含有棕榈酸($C_{16:0}$)、硬脂酸($C_{18:0}$)等饱和脂肪酸，约占总脂肪酸含量的 15%，亚油酸($C_{18:2}$)、油酸($C_{18:1}$)、$\alpha$-亚麻酸($C_{18:3}$)等不饱和脂肪酸，约占总脂肪酸含量的 85%，均为长链脂肪酸[18]。在所有的生物中，脂肪酸的合成基本相似，只是酵母和动物的脂肪酸在细胞质中合成，而植物的脂肪酸在质体中合成，合成的脂肪酸通过运输进入细胞质和内质网进行加工形成三酰甘油。乙酰辅酶 A 是各种脂肪酸合成的前体物，它在乙酰辅酶 A 羧化酶(ACC)的作用下生成丙二酰辅酶 A，丙二酰辅酶 A 再经脂肪酸合酶(FAS)催化形成脂酰-酰基载体蛋白(ACP)，再经脂肪酸硫酯酶(FATA)形成相应的脂肪酸，一些短链的脂肪酸通过脂肪酸延长酶(FAE)形成长链脂肪酸(图 2-10)[73, 74]。

越来越多的研究证明，脂肪酸及其衍生物也参与调控植物对多种生物、非生物胁迫的响应[75]。脂肪酸的初级代谢物对植物抗病信号转导具有重要作用[76]。脂肪酸具有复杂的合成过程，其中 $C_{18}$ 和 $C_{16}$ 是植物脂肪酸的主要组成部分。$C_{16}$ 脂肪酸主要包括饱和棕榈酸($C_{16:0}$)、单不饱和棕榈油酸($C_{16:1}$)以及多不饱和 $C_{16:2}$ 和

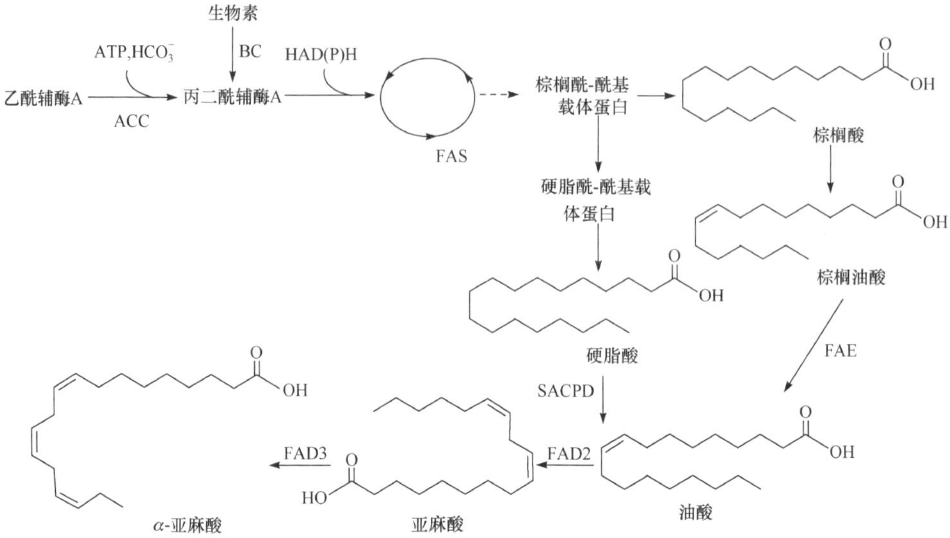

图 2-10　大豆脂肪酸生物合成途径[79]

ACC：乙酰辅酶 A 羧化酶；BC：生物素羧化酶；FAS：脂肪酸合酶；SACPD：硬脂酰-酰基载体蛋白脱饱和酶；FAE：脂肪酸延长酶；FAD：脂肪酸脱饱和酶

$C_{16:3}$。研究表明，$C_{16}$脂肪酸参与介导植物对病原微生物的应激反应；例如，丛枝菌根真菌自身脂肪酸的合成依靠寄主植物的 $C_{16}$ 脂肪酸[77]。离体试验也证明，$C_{16:1}$ 能够抑制黄萎病菌的生长[78]。同样地，$C_{18}$ 脂肪酸也分为饱和 $C_{18:0}$(即硬脂酸)、单不饱和 $C_{18:1}$(即油酸)以及多不饱和的亚油酸($C_{18:2}$)和亚麻酸($C_{18:3}$)；研究表明，$C_{18:0}$ 脂肪酸含量的增加能够抑制大豆拟茎点种腐病菌(*Diaporthe phaseolorum*)的定殖[80]。大豆根际细菌诱导的灰霉病菌(*Botrytis cinerea*)抗性与种子中 $C_{18:2}$ 和 $C_{18:3}$ 脂肪酸的累积相关[81]。脂肪酸脱饱和酶(FAD)通过催化脂肪酸链特定位置形成双键产生不饱和脂肪酸，进而调控植物对胁迫产生反应；研究表明，FAD 在植物抗病反应中具有多样性和保守性，如拟南芥 *Atfad7fad8* 双缺失突变体对无毒假单胞菌(*Pseudomonas syringae*)表现出高感病性，而水稻同源 *OsFAD7* 和 *OsFAD8* 的抑制表达却能够提高水稻对稻瘟病菌(*Magnaporthe grisea*)的抗性[82, 83]。大豆 *GmFAD3* 表达受抑制后，随着 $C_{18:3}$ 脂肪酸含量的降低，大豆植株对扁豆花叶病毒的抗性明显减弱[84]。研究表明，西红柿 *FAD7* 功能缺失突变体 *spr2* 具有较高含量的 $C_{18:2}$ 脂肪酸，该突变体可以通过水杨酸(SA)介导的信号途径提高植物对蚜虫的抗性。拟南芥 *Atfad7* 单缺失和 *Atfad7fad8* 双缺失突变体中同样观测到类似抗蚜性，表明 *FAD7* 在不同物种间的相关功能可能具有保守性[85]。

### (二) 角质蜡质

角质是植物表层重要的疏水性组织，对于植物抵御逆境胁迫具有重要意义[86]。

角质层可分为三部分：一是由嵌入细胞壁多糖的角质及蜡质组成的角质层基层；二是由角质和镶嵌在角质内部的蜡质共同组成的真角质层；三是由蜡质膜/蜡质晶体沉积在植物表面形成的蜡质层[87]。角质层由角质和蜡质组成，蜡质又分为表层蜡质和内部蜡质，角质层蜡质由超过 24 个碳原子的超长链脂肪酸及其衍生物构成，包括醛、烷烃、烯烃、伯醇、仲醇、不饱和脂肪醇、酮和蜡酯以及萜类、甾醇类等环状化合物[88]。

质体合成的 $C_{16}$ 和 $C_{18}$ 的脂肪酸是蜡质合成的重要前体物，在长链乙酰辅酶 A 合酶(long chain acyl-coenzyme A synthase, LACS)的作用下以脂酰辅酶 A 的形式运输到内质网，通过内质网上的脂肪酸延长酶复合体进行碳链延伸生成 $C_{20}$ 以上的超长链脂酰辅酶 A，生成的超长链脂酰辅酶 A 通过烷烃合成途径形成醛、烷烃、次级醇和酮等蜡质组分或者通过内质网的醇合成途径形成初级醇和蜡酯等蜡质组分[89,90](图 2-11)。在烷烃合成途径中，拟南芥 *CER1* 和 *WAX2*/*CER3* 突变体显示出醛、烷烃、次级醇和酮含量降低，这与该通路的合成产物一致，并且 *CER1*、*WAX2*/*CER3* 和 *CYTB5* 共表达导致来自超长链脂酰辅酶 A 的超长链烷烃的氧化还原依赖性合成，表明 *CER1*、*WAX2*/*CER3* 和 *CYTB5* 可能编码烷烃合成途径中醛类的合成[86](图 2-11)。烷烃合成途径最终反应被认为是由细胞色素 P450 家族的链烷烃羟化酶 1(MAH1/CYP96A15)催化烷烃氧化产生次级醇，并且可能进一步催化次

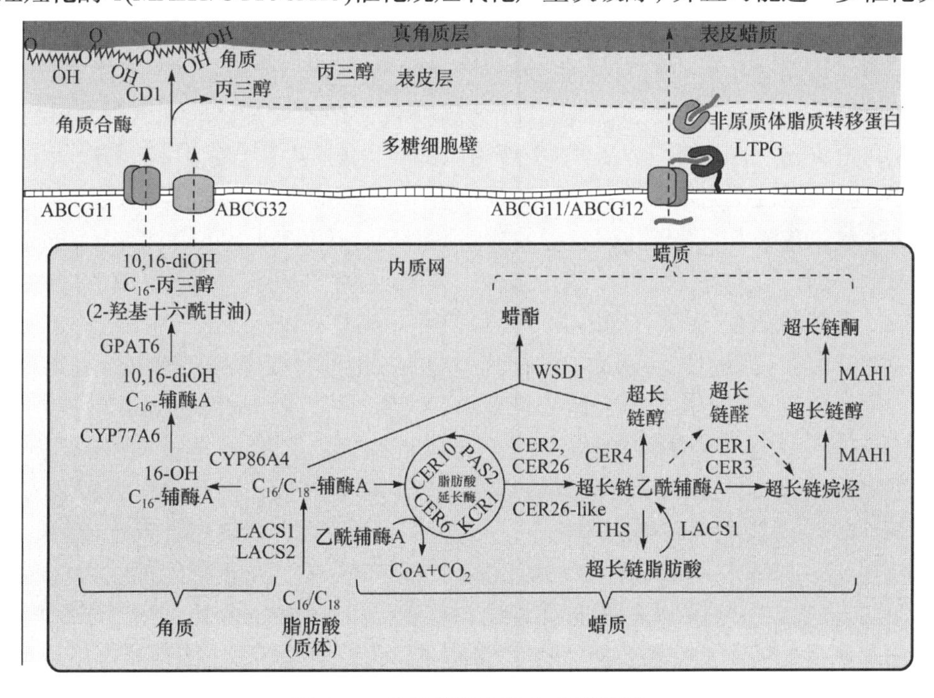


图 2-11　角质蜡质生物合成通路[94]

级醇氧化生成酮类[91]。在醇合成途径中，*CER4* 被报道负责地上部组织表皮细胞和根中初级醇的合成，而拟南芥突变体(*WSD1*)表现出比野生型更低的蜡酯含量，表明 *WSD1* 可能负责蜡酯的合成[92, 93]。

蜡质具有极好的疏水性，在植物抗逆生理(特别是与水分相关的逆境胁迫)中发挥着重要作用[95]。近期，Kurokawa 等[96]研究了水稻应对水淹环境的适应机制，发现水稻叶片可生成极薄的疏水空气薄膜，从而规避由于淹水导致的与环境气体的交换障碍。研究人员基于淹水时叶片表面不形成空气膜的水稻突变体 *dripping wet leaf 7*(*drp7*)，与相关的野生型水稻进行了疏水性及光合特性比较。从中成功克隆到调控 $C_{30}$ 伯醇生物合成的关键基因 *Leaf Gas Film 1*(*LGF1*)，缺失该基因的水稻突变体叶片中，$C_{30}$ 伯醇含量降低，而 $C_{30}$ 醛类含量升高，由此导致叶片表皮层蜡质积累量下调，疏水性空气膜形成障碍；而 *LGF1* 过表达植株的光合效率显著提升，叶片表皮 $C_{30}$ 伯醇含量显著上调，相应的 $C_{30}$ 醛类含量降低，水稻叶片呈现出超疏水特性。*LGF1* 通过调控水稻叶片表皮伯醇合成，增加蜡质积累及叶片疏水性，用以抵御淹水胁迫。

角质是由$\omega$端和中链羟基化的 $C_{16}$ 和 $C_{18}$ 的氧化脂肪酸以及甘油以酯键交联而成的聚合物[97]。角质单体合成是在内质网上进行的，内质网通过对质体产生的 $C_{16}$ 和 $C_{18}$ 脂肪酸进一步修饰合成各种以单酰基甘油酯形式存在的角质单体(图 2-11)。角质单体的合成涉及许多氧化反应，大多与细胞色素 P450 酶相关，其中末端碳链氧化反应涉及 CYP86A 家族成员，而中链氧化反应涉及 CYP77A 家族成员。拟南芥中，*cyp86a2*、*cyp86a4*、*cyp86a7* 和 *cyp86a8* 突变体表现出角质层结构异常和角质成分的改变，这表明这几个基因都涉及角质生物合成中$\omega$链的羟基化[98]。$\omega$-OH 脂肪酸被认为进一步经过脱氢反应会生成脂肪醛，脂肪醛再经过氧化反应最终生成二羧酸，虽然催化该过程的酶尚不清楚，但由于 *cyp86a2* 和 *hth*(*hothead*)这两个基因的拟南芥突变体中缺少二酸，因此认为它们可能涉及$\omega$-OH 脂肪酸氧化成二羧酸的反应[99, 100]。CYP77A6 是目前唯一被鉴定为能够进行中链羟化的酶，对应的基因在花瓣中强烈表达，但在其相应的拟南芥突变体的花瓣中却完全丢失了二羟基角质单体；其异源表达结果显示，该基因可以特异性催化$\omega$-OH 的脂肪酸中链的羟基化，这表明中链羟基化在末端羟基化之后[101]。角质单体合成的最终反应被认为由甘油-3-磷酸酰基转移酶(GPAT)催化完成，主要过程为脂酰辅酶 A 在甘油-3-磷酸酰基转移酶催化下，将酰基转移至甘油-3-磷酸，产生成熟的单酰基甘油角质单体。拟南芥 *GPAT4*、*GPAT6* 和 *GPAT8* 这三个基因被认为有助于角质的合成；与未被取代的脂肪酸相比，这三个基因相应的酶显示出对末端羟基或羧基更强的优先选择性，进而表明它们在氧化反应之后发挥作用[98]。

角质层的基本功能是控制植物的水分和气体交换，减少植物的蒸腾作用和水分散失；其作为植物的天然物理屏障，在维持植物生长发育和适应外界环境方面也发挥着重要的作用。角质层赋予植物体一定的机械强度维持植物正常生长，拟南芥中 *LACERATA*(*LCR*)、*BODYGUARD*(*BDG*)、ATP 结合盒蛋白 *G11* 和 *G13* 以及 *HOTHEAD*(*HTH*)这几个涉及角质层合成的基因与防止器官融合关系密切，表明角质层作为器官边界在器官发育中也发挥了重要作用[102]。此外，角质是植物适应环境的表现特征，角质层可以保护植物免受多种环境胁迫；许多研究表明，当高光、紫外、低温、高盐和干旱胁迫出现时，植物角质层蜡质的合成积累都会增加[86]。此外，角质层还在植物-病原体互作中发挥了重要的防御功能；角质突变体番茄'cd1'、'cd2'和'cd3'的果实都表现出对真菌灰葡萄孢(*Botrytis cinerea*)更高的感染敏感性[103]。上述研究结果都表明，角质层在植株个体发育和抗性生理中发挥了重要作用；目前，也有研究发现，*BODYGUARD1* 角质层缺陷的种子，休眠程度降低和种子活力下降，这表明，角质层在子代成熟种子的生理活性中可能发挥了重要的调控作用[104]，但角质层在种子抗逆生理方面的具体作用机制还有待进一步研究。

## 第二节　复合种植对大豆风味品质的调控

### 一、研究背景[105]

大豆富含异黄酮、皂苷、不饱和脂肪酸、蛋白质等功能性成分，具有较高的营养价值[106]。诸多研究表明，这些次生代谢产物具有补充膳食、抗氧化、抗癌等药用价值[107-109]；近期研究表明，肺功能的改善与大豆异黄酮和多不饱和脂肪酸的摄入关系密切；在日本，高大豆饮食对烟草致癌具有一定的保护功能[110]。风味多样的大豆食品在当前人类饮食模式中扮演着重要角色[111, 112]。然而，大豆醛类成分也会导致豆腥气味的产生[113]，而异黄酮和皂苷类成分也是大豆苦涩味的主要来源[114]。鉴于上述优缺点，许多研究者致力于通过遗传育种方式改良大豆代谢物组分，如选育异黄酮、皂苷含量高或含量低的大豆品种[67, 115]；国际上诸多研究机构都致力于创制低含量亚麻酸及脂肪氧化酶缺失的大豆种质[116, 117]。

此外，已有研究也充分表明，温度[118]、施肥[119]、栽培模式[120]等环境因子对大豆籽粒化学成分具有重要影响。间套作作为一种生态型种植模式，对农业可持续发展和粮食生产具有重要的作用，玉米-大豆复合种植即是在中国西南地区广泛推广的一种生态种植模式[121]。研究表明，复合种植模式下，大豆冠层田间小气候发生变化，光照强度降低，光谱组成也发生了变化[122]。我们前期的研究表明，玉米-大豆套作模式下，大豆籽粒异黄酮积累模式发生了显著变化[120]。但玉米、大豆不同行距配置下，大豆冠层光环境变化调控大豆籽粒代谢物积累的规律尚不清楚。本研究测定了玉米-大豆套作模式下，不同行距配置的大豆籽粒异黄酮、脂肪酸含量，并分析了光环境变化与其积累规律之间的关系。

## 二、研究方案

### (一) 试验设计

2012 年 3 月至 2013 年 10 月在四川农业大学(雅安)教学农场进行试验。玉米-大豆套作种植模式采用单因素随机区组设计，因素为玉米行距与玉米-大豆间距配置组合，设置 4 个水平，分别是：A1(20cm+70cm)，A2(40cm+60cm)，A3(60cm+50cm)，A4(80cm+40cm)，套作处理的带宽均为 200cm，大豆行距均为 40cm；大豆净作(SC，行距 40cm)为对照，共 5 个处理，每个处理重复 3 次，共 15 个小区，每带种植两行玉米和两行大豆，每个小区种植 3 带，带长 5m(图 2-12)。大豆品种选用‘南豆 12’，于 6 月 16 日播种；玉米品种选用‘川单 418’，于 3 月 30 日播种，7 月 28 日收获；玉米-大豆共生期约 42 天。各处理玉米种植密度均为 $6.0\times10^4$株 · $hm^{-2}$，穴植单株；各处理大豆种植密度均为 $10.0\times10^4$ 株 · $hm^{-2}$，穴植单株。在大豆 V3 期的晴天中午测定套作各处理条件下大豆冠层透光率，测定位置为两行大豆正中间，垂直位置为大豆冠层上方 5cm 处；采用 LI-191SA 光量子仪测定冠层光合有效辐射(photosynthetically active radiation, PAR)透光率，透光率=测定处光强/自然光强×100%；以净作大豆冠层 PAR 透光率为 100%计，A1～A4 处理下，大豆冠层 PAR 透光率分别为 54.7%、47.5%、38.7%、30.3%。

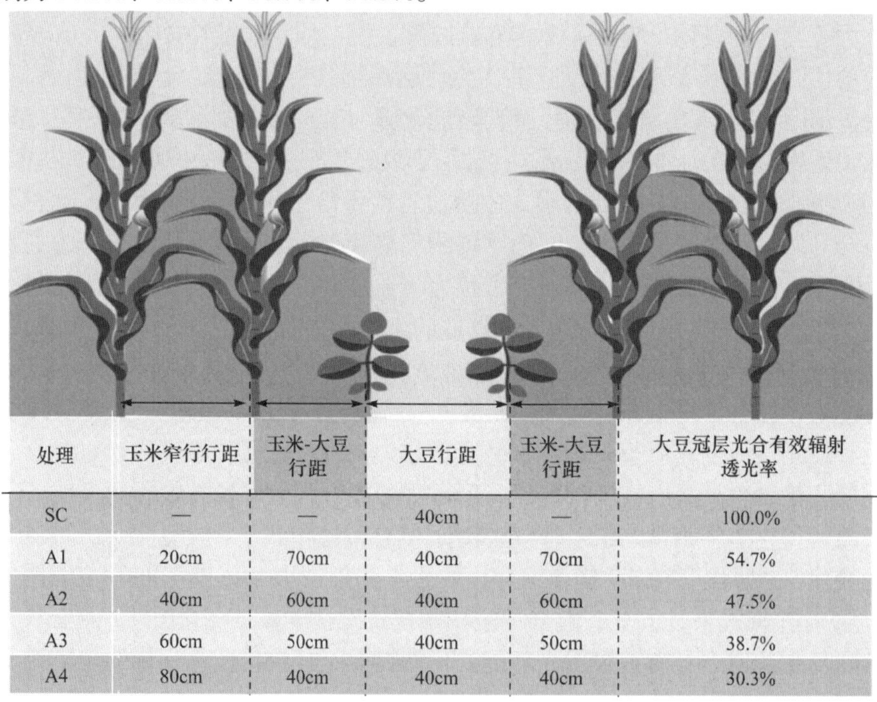

| 处理 | 玉米窄行行距 | 玉米-大豆行距 | 大豆行距 | 玉米-大豆行距 | 大豆冠层光合有效辐射透光率 |
|---|---|---|---|---|---|
| SC | — | — | 40cm | — | 100.0% |
| A1 | 20cm | 70cm | 40cm | 70cm | 54.7% |
| A2 | 40cm | 60cm | 40cm | 60cm | 47.5% |
| A3 | 60cm | 50cm | 40cm | 50cm | 38.7% |
| A4 | 80cm | 40cm | 40cm | 40cm | 30.3% |

图 2-12　田间配置及其光合有效辐射透光率

### (二) 异黄酮定量分析

1. 样品制备

采用高效液相色谱-质谱联用(HPLC-MS)法测定大豆中异黄酮含量[16]。准确称量供试大豆 200mg 至 10mL 带盖离心管中，加入 80%甲醇水溶液 5mL(料液比 1：40)，密封，漩涡振荡 10s，于冰水浴上超声(40kHz，300W)提取 3h，11000*g* 离心 10min，取上清液约 1.5mL 过 0.22μm 有机相滤头至 2mL 进样瓶，即为供试样品溶液，–20℃保存，待上机检测，每个样本重复 5 次。

2. 色谱质谱条件

色谱柱：Waters Xselect HSS T3(2.1mm×100mm×2.5μm)；流动相：乙腈(A)-0.1%(体积分数)乙酸水溶液(B)，梯度洗脱程序为：0～9min，15%～20% A；9～18min，20%～40% A；18～21min，40% A；21～21.01min，40%～15% A；21.01～30min，15% A；流速：0.3mL · $min^{-1}$；柱温：30℃；进样量：1μL。干燥气($N_2$)流速：10L · $min^{-1}$；雾化器压力：35psi①；干燥气温度：350℃；毛细管电压：3800V；离子源：电喷雾离子源(ESI)；电离方式：正离子，选择离子监控模式(selected ions monitoring, SIM)，用于定量分析的目标化合物离子质荷比($m/z$)为 417(DG)、447(GLG)、433(GEG)、503(MD)、533(MGL)、459(AD)、519(MG)、489(AGL)、255(DE)、285(AG)、475(GLE)和 271(GE)。

3. 线性关系考察

精密称取 12 种异黄酮标准品 1.0～2.0mg，分别加入少量二甲基亚砜(DMSO)助溶，用乙腈洗涤数次并转移至 10mL 棕色容量瓶定容，–20℃保存备用。取适量各标准品母液，配制为混合标准品溶液，梯度稀释为 100μg · $mL^{-1}$、50μg · $mL^{-1}$、10μg · $mL^{-1}$、5μg · $mL^{-1}$、1μg · $mL^{-1}$、0.5μg · $mL^{-1}$、0.1μg · $mL^{-1}$、0.05μg · $mL^{-1}$、0.01μg · $mL^{-1}$ 的系列标准溶液，于上述优化条件下测定其总离子流的相对丰度。以标准品质量浓度为横坐标($X$)，相对丰度为纵坐标($Y$)，绘制标准曲线，得其线性回归方程。

### (三) 脂肪酸定量分析

1. 样品制备

采用气相色谱-质谱联用(GC-MS)法测定脂肪酸含量[16]。称取干燥供试大豆粉末 100mg，置于离心管①中，加入 1.5mL 正己烷超声 30min 后，室温浸提 5h，

① 1psi=6894.76Pa。

6000r · min$^{-1}$ 离心 5min，移取上清液于离心管②中，再加入 1.5mL 正己烷超声 30min，离心取上清液合并于离心管②中，加入 3mL 0.4mol · L$^{-1}$ KOH-MeOH 进行酯化反应。室温漩涡振荡 30s，静置 60min，再 6000r · min$^{-1}$ 离心 5min。取上清液定容于 5mL 容量瓶，过 0.45μm 滤膜后至 2mL 进样瓶，–20℃冰箱保存，待上机检测，每个样本重复 5 次。

2. 色谱质谱条件

色谱柱：RTX-5MS(30m × 0.25mm × 0.25μm)；进样量：1μL；分流比：10 ∶ 1；进样口温度：270℃；载气：氦气(He)，40mL · min$^{-1}$；程序升温的方式：130℃保持 2min，以 6.5℃ · min$^{-1}$ 升到 170℃，保持 6min；然后以 3℃ · min$^{-1}$ 升到 215℃，保持 13min；以 3℃ · min$^{-1}$ 升到 230℃保持 10min；信号采集模式：选择离子监控。

3. 线性关系考察

取 37 种脂肪酸甲酯混合标准品，以正己烷稀释为梯度浓度溶液，在上述优化测试条件下进样，建立标准曲线。方法学考察同上。

## 三、结果与分析

### (一) 大豆异黄酮代谢轮廓

大豆异黄酮含量如表 2-1 所示，试验共检测到 12 种异黄酮，净作大豆异黄酮苷元、葡萄糖苷、丙二酰基异黄酮苷、乙酰基异黄酮苷含量分别占总异黄酮含量的 6.92%、37.98%、50.75%和 4.35%。套作模式下，上述四类异黄酮平均含量分别占到总异黄酮含量的 6.17%、40.28%、49.11%和 4.42%；如表 2-1 所示，丙二酰基异黄酮苷和葡萄糖苷是大豆籽粒异黄酮的主要成分。AD(0.064～0.068mg · g$^{-1}$)、MD(0.486～0.521mg · g$^{-1}$)和 MG(0.513～0.569mg · g$^{-1}$)是酰化异黄酮糖苷的主要成分，而 GLE(0.095～0.099mg · g$^{-1}$)和 GEG(0.443～0.546mg · g$^{-1}$)分别是苷元和葡萄糖苷的主要成分。净套作大豆籽粒中，除 GLE 外，其他各类异黄酮含量均存在显著差异；A4 处理下(最小行距)，大豆籽粒总异黄酮含量最高，达到 2.383mg · g$^{-1}$，显著高于净作大豆，这与我们前期的研究相符，套作荫蔽无疑会影响大豆籽粒异黄酮的代谢轮廓[120]。

**表 2-1　不同栽培模式下大豆籽粒异黄酮含量**(mg · g$^{-1}$)

| 组分含量 | | 种植模式 | | | | |
|---|---|---|---|---|---|---|
| | | SC | A1 | A2 | A3 | A4 |
| 异黄酮苷元 | DE | 0.024±0.000$^{a}$ | 0.018±0.000$^{d}$ | 0.020±0.000$^{bc}$ | 0.020±0.000$^{b}$ | 0.019±0.000$^{cd}$ |
| | GLE | 0.099±0.003$^{a}$ | 0.095±0.002$^{a}$ | 0.098±0.003$^{a}$ | 0.099±0.002$^{a}$ | 0.099±0.001$^{a}$ |
| | GE | 0.030±0.000$^{a}$ | 0.026±0.000$^{c}$ | 0.027±0.000$^{b}$ | 0.026±0.000$^{c}$ | 0.027±0.000$^{b}$ |

续表

| 组分含量 | | 种植模式 | | | | |
|---|---|---|---|---|---|---|
| | | SC | A1 | A2 | A3 | A4 |
| 葡萄糖苷 | DG | 0.324±0.009[c] | 0.347±0.001[b] | 0.340±0.009[c] | 0.371±0.003[a] | 0.369±0.009[a] |
| | GLG | 0.072±0.000[b] | 0.075±0.001[a] | 0.071±0.001[b] | 0.068±0.000[c] | 0.075±0.000[a] |
| | GEG | 0.443±0.001[d] | 0.472±0.011[cd] | 0.494±0.012[bc] | 0.518±0.006[ab] | 0.546±0.009[a] |
| 丙二酰基异黄酮苷 | MD | 0.521±0.001[a] | 0.514±0.002[a] | 0.488±0.012[b] | 0.507±0.007[ab] | 0.486±0.008[b] |
| | MGL | 0.087±0.000[a] | 0.082±0.004[a] | 0.084±0.002[ab] | 0.076±0.002[b] | 0.088±0.001[a] |
| | MG | 0.513±0.010[b] | 0.551±0.007[a] | 0.566±0.012[a] | 0.556±0.013[a] | 0.569±0.010[a] |
| 乙酰基异黄酮苷 | AD | 0.064±0.001[b] | 0.068±0.001[a] | 0.067±0.001[ab] | 0.066±0.002[ab] | 0.068±0.001[a] |
| | AG | 0.006±0.000[a] | 0.006±0.000[ab] | 0.006±0.000[b] | 0.006±0.000[b] | 0.006±0.000[ab] |
| | AGL | 0.026±0.000[c] | 0.029±0.000[b] | 0.029±0.001[b] | 0.030±0.001[ab] | 0.031±0.000[a] |
| 总异黄酮 | | 2.209±0.033[b] | 2.283±0.032[ab] | 2.289±0.049[ab] | 2.345±0.030[a] | 2.383±0.021[a] |

注：表中数据表示为平均值±标准差($n$ =9)；同行相同字母标识表示差异不显著($p$>0.05)；
SC=净作大豆；A1=20cm+70cm 套作大豆；A2=40cm+60cm 套作大豆；A3=60cm+50cm 套作大豆；A4=80cm+40cm 套作大豆

### (二) 异黄酮含量与 PAR 透光率的相关性分析

PAR 透光率与不同类型异黄酮含量间的回归分析结果表明，二者呈显著的二次多项式相关性($R > 0.90$)(图 2-13)。如图 2-13 所示，净作大豆异黄酮苷元含量(0.153mg · $g^{-1}$)显著高于套作大豆(最大值 0.145mg · $g^{-1}$)。套作模式下，随着透光率降低(荫蔽加深)，苷元含量逐渐升高，并呈显著的二次多项式相关性($R^2$= 0.9530)；除此之外，其他类型异黄酮及总异黄酮含量均显著高于净作大豆。进一步的回归分析结果也表明，透光率与葡萄糖苷含量[图 2-13(b)]间呈显著的二次多项式相关性($R^2$= 0.9754)；随着荫蔽程度加深，套作大豆葡萄糖苷含量逐渐升高，在深度荫蔽处理 A4 条件下达到最大值 0.990mg · $g^{-1}$。类似的趋势在其他类型异黄酮中也能观察到，如图 2-13(e)、(f)所示，总葡萄糖苷[图 2-13(e)]及总异黄酮[图 2-13(f)]含量随着荫蔽程度加深，均呈上升趋势，并呈显著的二次多项式相关性，二者均在 A4 处理条件下分别达到最大值 2.238mg · $g^{-1}$ 和 2.383mg · $g^{-1}$。上述结果与我们前期的研究结果类似，大豆种子后熟过程中，异黄酮含量均呈上升趋势，而套作大豆的上升幅度更大[120]。套作大豆酰化异黄酮糖苷含量与透光率也呈显著的二次多项式相关性[图 2-13(c)～(d)]，但其变化趋势与其他类型异黄酮略有不同，随着荫蔽程度加深，其含量先降低后上升。

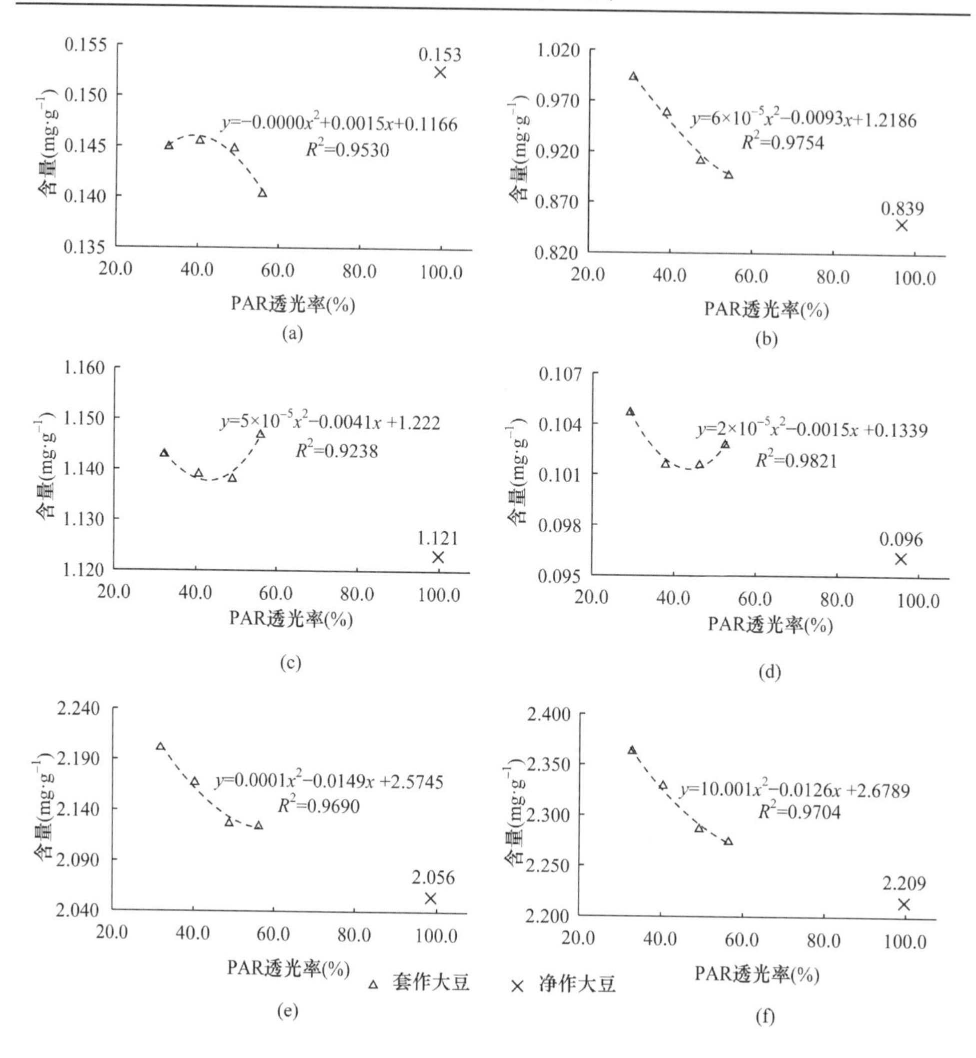


图 2-13　大豆冠层透光率对籽粒异黄酮含量的影响

(a) 异黄酮苷元(DE+GLE+GE)；(b) 葡萄糖苷(DG+GLG+GEG)；(c) 丙二酰基异黄酮苷(MD+MGL+MG)；(d) 乙酰基异黄酮苷(AD+AG+AGL)；(e) 总葡萄糖苷($\beta$-葡萄糖苷+丙二酰基异黄酮苷+乙酰基异黄酮苷)；(f) 总异黄酮(苷元+总葡萄糖苷)

作为一种受体分子，异黄酮在光信号传输中起着重要作用[123]。上述研究结果和已有报道均证实，套作荫蔽会提升大豆异黄酮糖苷的含量，降低异黄酮苷元含量。适当的套作荫蔽能够调控大豆异黄酮的生物合成，其作用机理可能是光照条件的改变调整了异黄酮的合成积累规律；其中，糖基转移酶活性的改变可能是其机理所在，因为其主要的功能为催化异黄酮苷元转化为异黄酮糖苷。套作荫蔽可促进更多异黄酮苷元转化为对应的异黄酮糖苷[124]。

(三) 异黄酮转换与大豆风味提升

大豆含有 12 种异黄酮，分为异黄酮苷元、葡萄糖苷、丙二酰基异黄酮苷、乙酰基异黄酮苷四类。已有研究表明，异黄酮是大豆苦涩味的主要来源之一[124]，其中，酰化糖苷极不稳定，在加工过程中易降解为葡萄糖苷[125, 126]。相对于异黄酮糖苷而言，异黄酮苷元的苦涩味更重[127]，因而异黄酮苷元成为影响大豆风味的主要成分之一(图 2-14)。结合上述研究结果，套作大豆具有更高的异黄酮糖苷含量、更低的异黄酮苷元含量，无疑会降低大豆的苦涩味。异黄酮结构间的转换将影响大豆风味，而套作大豆或许比净作大豆具有更好的口感。

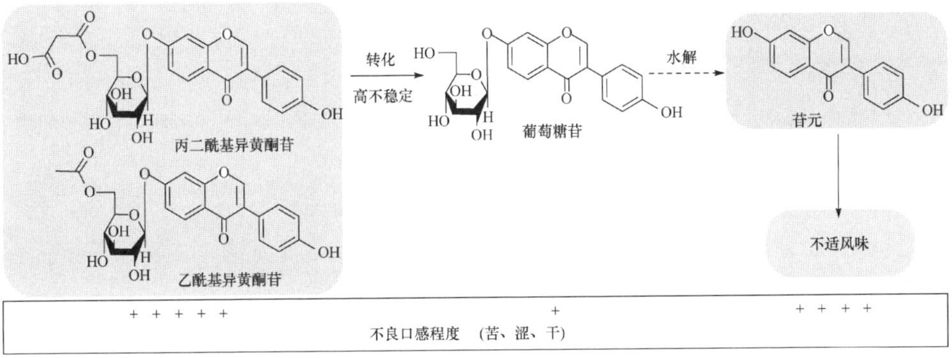

图 2-14　不同类型大豆异黄酮结构与风味

加号多少代表苦涩味程度

(四) 大豆脂肪酸代谢轮廓

本研究在大豆籽粒中共检测到 13 种脂肪酸，包括 2 种饱和脂肪酸：棕榈酸($C_{16:0}$, palmitic acid, PA)含量为 9.160～11.624mg · $g^{-1}$、硬脂酸($C_{18:0}$, stearic acid, SA)含量为 3.359～4.591mg · $g^{-1}$ 及 3 种主要的不饱和脂肪酸：亚油酸($C_{18:2}$, linoleic acid, LA)含量为 35.480～46.555mg · $g^{-1}$、油酸($C_{18:1}$, oleic acid, OA)含量为 18.336～21.123mg · $g^{-1}$ 和$\alpha$-亚麻酸($C_{18:3}$, $\alpha$-linolenic acid, ALA)含量为 11.611～13.186mg · $g^{-1}$，其结果如表 2-2 所示。上述 5 类脂肪酸含量占总脂肪酸含量的 96.27%，其中，PA、SA、LA、OA 和 ALA 分别占 11.128%、4.081%、43.102%、23.854%和 14.105%，这与一般大豆籽粒中脂肪酸含量基本一致。除 ALA 外，其他类型脂肪酸在套作与净作大豆籽粒中的含量均存在显著差异。A3 套作条件下，大豆籽粒总脂肪酸含量最高，达 100.365mg · $g^{-1}$，显著高于净作大豆。已有证据表明，不同行距配置可影响大豆脂肪酸含量[128, 129]。共生玉米对大豆脂肪酸含量的影响与温度、干旱[128]及光照(荫蔽)的调节密切相关，但对于套作大豆脂肪酸的研究尚未见报道[73]。综上所述，套作荫蔽可调控大豆脂肪酸代谢轮廓，其可能机理是荫蔽调控了脂肪酸的生物合成，尤其是乙酰辅酶 A 酯酶(ACCase)、脂肪酸合酶(FAS)、硬脂酰-酰基载体蛋白脱饱和酶(SACPD)及脂肪酸脱饱和酶(FAD)受到了影响[73, 130]。

**表 2-2　不同栽培模式下大豆籽粒脂肪酸含量**(mg · g$^{-1}$)

| 组分 | 种植模式 | | | | |
|---|---|---|---|---|---|
| | SC | A1 | A2 | A3 | A4 |
| 月桂酸($C_{12:0}$) | 0.016±0.000$^{b}$ | 0.017±0.000$^{a}$ | 0.016±0.000$^{b}$ | 0.016±0.000$^{b}$ | 0.0163±0.000$^{b}$ |
| 肉豆蔻酸($C_{14:0}$) | 0.084±0.002$^{b}$ | 0.097±0.002$^{a}$ | 0.101±0.002$^{a}$ | 0.099±0.005$^{a}$ | 0.101±0.003$^{a}$ |
| 十五烷酸($C_{15:0}$) | 0.051±0.002$^{c}$ | 0.053±0.001$^{c}$ | 0.081±0.001$^{a}$ | 0.070±0.001$^{b}$ | 0.053±0.001$^{c}$ |
| 棕榈酸($C_{16:0}$) | 9.160±0.328$^{b}$ | 10.737±0.163$^{a}$ | 11.164±0.270$^{a}$ | 11.624±0.231$^{a}$ | 11.544±0.312$^{a}$ |
| 十七烷酸($C_{17:0}$) | 0.106±0.001$^{d}$ | 0.125±0.002$^{c}$ | 0.140±0.003$^{a}$ | 0.132±0.002$^{b}$ | 0.128±0.002$^{bc}$ |
| 硬脂酸($C_{18:0}$) | 3.359±0.050$^{d}$ | 3.920±0.067$^{b}$ | 4.281±0.110$^{b}$ | 4.591±0.066$^{a}$ | 4.163±0.096$^{bc}$ |
| 花生酸($C_{20:0}$) | 0.325±0.014$^{b}$ | 0.339±0.010$^{bc}$ | 0.369±0.007$^{a}$ | 0.372±0.010$^{a}$ | 0.355±0.008$^{ab}$ |
| 二十二烷酸($C_{22:0}$) | 0.377±0.018$^{a}$ | 0.384±0.012$^{a}$ | 0.420±0.009$^{a}$ | 0.372±0.059$^{a}$ | 0.406±0.005$^{a}$ |
| 棕榈油酸($C_{16:1}$) | 0.117±0.006$^{b}$ | 0.115±0.001$^{b}$ | 0.126±0.005$^{a}$ | 0.121±0.005$^{ab}$ | 0.118±0.003$^{ab}$ |
| 亚油酸($C_{18:2}$) | 35.480±0.697$^{c}$ | 41.792±0.681$^{b}$ | 45.628±0.618$^{a}$ | 46.555±1.098$^{a}$ | 46.038±0.769$^{a}$ |
| 油酸($C_{18:1}$) | 19.636±0.373$^{b}$ | 18.336±0.411$^{c}$ | 20.362±0.224$^{a}$ | 21.123±0.422$^{a}$ | 20.308±0.287$^{a}$ |
| α-亚麻酸($C_{18:3}$) | 11.611±0.216$^{b}$ | 11.779±0.239$^{b}$ | 12.905±0.177$^{a}$ | 13.186±0.291$^{a}$ | 12.737±0.194$^{a}$ |
| 二十二碳三烯酸($C_{20:3}$) | 0.179±0.001$^{d}$ | 0.212±0.002$^{b}$ | 0.218±0.003$^{a}$ | 0.202±0.001$^{c}$ | 0.208±0.003b$^{c}$ |
| 总量 | 82.283±1.679$^{c}$ | 89.581±1.292$^{b}$ | 97.654±1.516$^{a}$ | 100.365±2.161$^{a}$ | 98.220±1.909$^{a}$ |

注：表中数据表示为平均值±标准差($n$=9)；同行相同字母标识表示差异不显著($p$>0.05)；
SC=净作大豆；A1=20cm+70cm 套作大豆；A2=40cm+60cm 套作大豆；A3=60cm+50cm 套作大豆；A4=80cm+40cm 套作大豆

### (五) 透光率对大豆脂肪酸合成的影响

PAR 透光率与不同类型脂肪酸含量间的回归分析结果表明，二者呈显著的二次多项式相关性($R^2$> 0.98)[图 2-15(a)]。净作大豆总脂肪酸与不饱和脂肪酸含量均显著低于套作大豆。套作模式下，当 PAR 透光率≥38.7%时，大豆总脂肪酸和不饱和脂肪酸含量随着 PAR 透光率的降低而上升，在 A3 处理条件下达到最大值后随即降低。不饱和脂肪酸尤其是富含油酸的食物，被广泛认为具有降低血液中低密度脂蛋白水平、抑制肿瘤发生、改善炎症性疾病和降低血压等诸多保健功能[131]。也有研究表明，ALA 和其他一些不饱和脂肪酸具有预防人体心血管疾病和癌症的功能[132]。本研究结果表明，随着 PAR 透光率降低(由 54.7%降至 38.7%)，套作大豆不饱和脂肪酸含量由 73.911mg · g$^{-1}$ 上升至 83.087mg · g$^{-1}$，脂肪酸含量与大豆冠层 PAR 透光率呈显著的二次多项式相关性($R^2$= 0.9911)[图 2-15(b)]。虽然 A1 处理下，套作大豆油酸含量低于净作大豆，但可以清楚地看到，更多的其他套作处理提高了大豆油酸含量[图 2-15(d)]。脂肪酸脱饱和酶在不饱和脂肪酸合成中发挥着重要作用，FAD mRNA 在弱光条件下更为稳定[133]，这可能是 PAR 透光率降低导致大豆不饱和脂肪酸上调的原因。

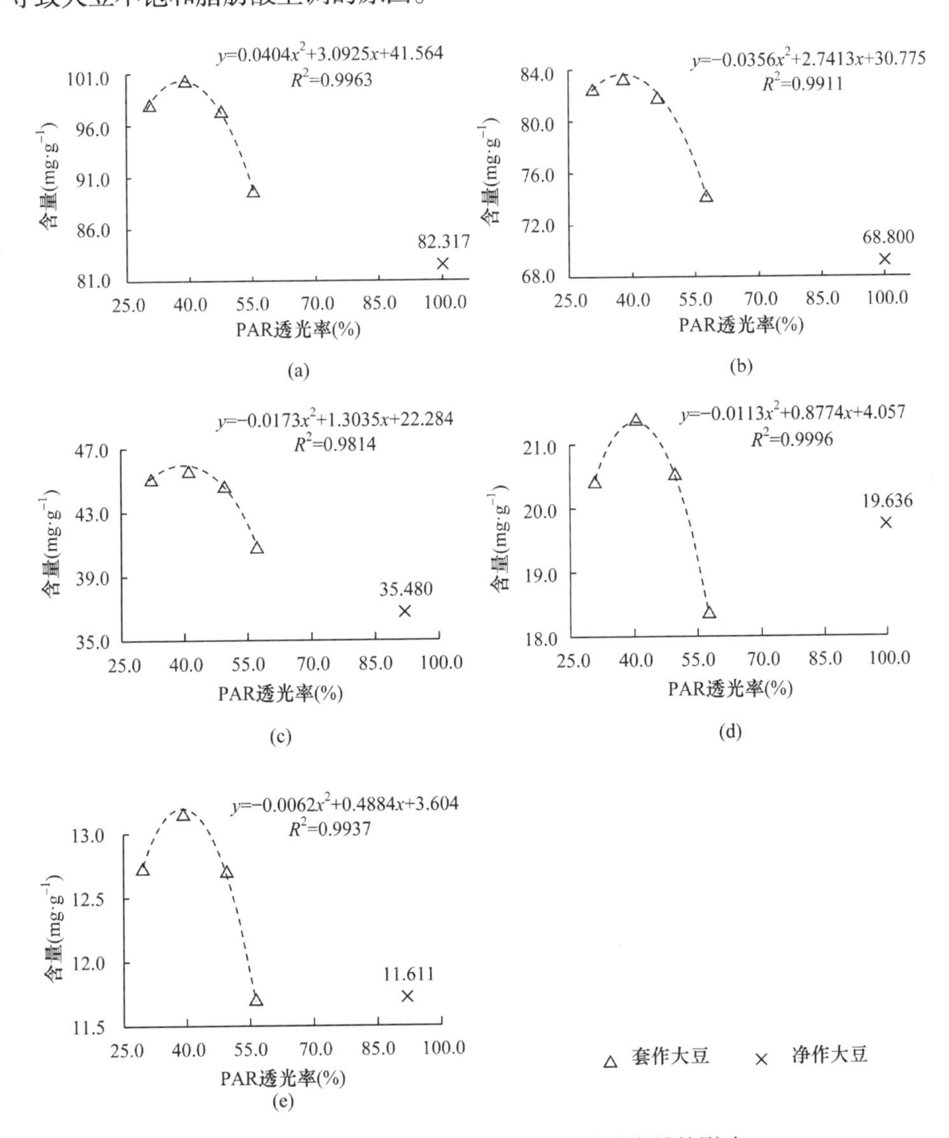


图 2-15 大豆冠层透光率对籽粒脂肪酸含量的影响

(a) 总脂肪酸；(b) 不饱和脂肪酸($C_{16:1}$+$C_{18:2}$+$C_{18:1}$+$C_{18:3}$+$C_{20:3}$)；(c) 亚油酸($C_{18:2}$)；(d) 油酸($C_{18:1}$)；(e) $\alpha$-亚麻酸($C_{18:3}$)

### (六) 脂肪酸修饰与大豆风味品质改善

由本研究结果可以看出，套作荫蔽可实现对大豆脂肪酸含量的有效调控，尤其是具有多种保健功能的 LA、OA 和 ALA。ALA 是一种典型的$\omega$-3 脂肪酸，具有降低心血管疾病、提高认知能力和降低患结肠癌风险等多种保健功能，高$\omega$-3 脂肪酸的摄入与抑制此类疾病密切相关[134]。另外，更多的间接报告显示，ALA 是大豆油氧化稳定性降低的主要原因。ALA 中的 3 个双键结构，使得其极易被氧化，从而导致大豆油产品的不适口感[116]。综上所述，适当的套作荫蔽处理能够优化大豆脂肪酸构成，但作为主要的氧化诱发因子，ALA 也能导致大豆产品不利风味的产生，这在富含 ALA 大豆油中尤为突出。但幸运的是，相较于净作大豆，A1 套作条件下，大豆籽粒 ALA 的含量并无显著变化。

## 四、结论与讨论

大豆异黄酮和不饱和脂肪酸具有多种与人体健康相关的生理活性，但异黄酮苷元和 ALA 是大豆不良风味的主要来源。光照、温度、水分、营养条件等环境因素对异黄酮、脂肪酸的合成具有重要作用。本研究中，大豆异黄酮、脂肪酸代谢轮廓在不同程度套作荫蔽处理条件下，发生了显著变化，其含量和搭配比例均有所优化。随着套作荫蔽程度加深，大豆异黄酮、脂肪酸含量得到显著提高，PAR 透光率与其含量间呈显著的二次多项式相关。套作模式下，引起大豆苦涩味最重的异黄酮苷元含量显著降低，而易氧化导致酸败味的 ALA 含量并未显著提升；因此，套作荫蔽通过对大豆异黄酮、脂肪酸组分的调控，实现了大豆籽粒风味品质和脂质营养的改善。决定大豆风味的因素极其复杂，酚类、脂类以及氨基酸类成分均可能影响大豆风味品质，但适当的套作荫蔽处理为我们未来的工作提供了一个新思路，或许可以通过栽培方式生产符合人们特殊需求的大豆产品。

# 第三节　时空荫蔽对大豆苯丙烷代谢的调控

## 一、研究背景

作物生长发育、产量品质的形成规律受到其遗传基因和环境因素共同调控。光是对作物生长影响最显著的因素之一，一方面可作为能源被光合器官吸收固定，驱动光合作用生成用于构建整个植株的物质基础；另一方面，光也可作为信号被光敏色素、隐花色素等光受体接收，通过光信号转导途径调节植株的光形态建成和生长发育进程[135]。光环境可从光强和光质两个层面对植物产生影响；光强(光合有效辐射)决定光合作用的强弱，影响植株的生物产量；不同波段光质及不同光质配比可引起植物不同的光反应，例如，紫外光能使叶片变小、抑制下胚轴伸长；红光能抑制节间伸长、促进分枝与分蘖；远红光则可逆转红光效应，红光与远红光比例(R/FR)的改变能引起不同程度的避荫反应[136]。

在作物复合种植或者高密度种植系统中，上层叶位对入射光的截获和选择性吸收使到达下层叶位的光合有效辐射和R/FR值降低，对下层叶位造成荫蔽胁迫，引起植物产生避荫反应，如叶柄伸长、茎秆纤细和藤蔓化、分枝减少、花期提前等[137]。荫蔽不仅改变植株形态，还影响作物品质。适度的套作荫蔽可提高大豆籽粒异黄酮含量，且随着荫蔽程度的增加而呈上调趋势，同时还可降低引起豆制品苦涩味的异黄酮苷元的含量[138]。此外，套作还可提高大豆籽粒中11S和7S储藏蛋白比值，改善蛋白质的品质[139]。荫蔽处理能增加旱地红米中花色苷的含量，荫蔽敏感品种中的含量可增加26倍之多，显著提高了红米的营养品质[140]。作物生长发育不同阶段的荫蔽处理对作物品质的影响结果不尽相同；王庆材等[141]研究发现，在棉铃发育的不同时期进行荫蔽处理虽然均能降低棉纤维断裂比强度和纤维成熟度，但各个时期的影响不同，以棉铃发育中期的荫蔽处理影响最大；烤烟生长发育不同时期的荫蔽处理可改变烟叶中性致香成分含量，影响烟叶品质，不同时期荫蔽的影响为：成熟期>旺长期>伸根期>不荫蔽对照[142]。

大豆作为一种在世界范围内广泛种植的粮油作物，为人类生活提供了丰富的植物蛋白和油脂。此外，大豆富含异黄酮、花色苷等多种生物活性成分，具有抗炎、抗肿瘤、抗氧化和缓解妇女更年期综合征等多种营养保健功能[143]。近年来，我国大豆的市场需求量逐年增加，大豆进口依赖度剧增。为缓解我国大豆供需矛盾、保障粮食安全，玉米-大豆带状复合种植模式在我国南方地区得到广泛推广。然而，在玉米-大豆间套作复合系统中，高位作物玉米会对矮秆作物大豆产生荫蔽胁迫[122]。大豆冠层光环境的改变会影响大豆光合同化物的合成与积累，进而影响大豆品质。玉米-大豆套作和玉米-大豆间作是两种不同的复合种植模式，其分别在大豆营养生长期和生殖生长期对大豆产生荫蔽胁迫，对大豆品质的调控规律和代谢响应机理可能有所不同。但目前关于不同生育时期荫蔽对大豆品质，尤其是对苯丙烷类代谢物的调控机理还尚不清楚。因此，本研究对2个不同种皮颜色大豆种质在不同生育时期，采用遮阳网进行荫蔽处理，测定其籽粒中花色苷、原花青素、异黄酮和木质素的积累量，为深入探究时空荫蔽对大豆品质的调控机理奠定基础。

## 二、研究方案

### (一) 试验设计

大豆于6月中旬播种于四川农业大学(雅安)教学科研园区，采用宽窄行模式种植，每小区种植 3 带，带宽 2m，行长 6m。大豆窄行行距 0.4m，宽行行距 1.6m，穴距 0.2m，每穴定苗 2 株，密度为 $10^5$ 株 · $hm^{-2}$。在小区 1.6m 高处搭建透光率为 30%的单层黑色遮阳网以模拟荫蔽环境。试验采用二因素随机区组设计，因素 A 为两个对荫蔽敏感但种皮颜色不同的大豆种质：荫蔽敏感型黄色大豆种质‘A13’和荫蔽敏感型黑色大豆种质‘C103’；因素 B 为不同时期荫蔽处理，设置全生育期荫蔽(B1：VER8)、营养生长期荫蔽(B2：VER1)、生殖生长期荫蔽(B3：R1R8)和全生育期不荫蔽对照(CK)4 个处理(图 2-16)。大豆于完熟期收获自然风干，粉样过 60 目筛，–80℃下冷冻 24h 后用冻干机冷冻干燥备用。

| 处理 | 出苗期(VE) | 第六复叶期(V6) | 始花期(R1) | 盛花期(R2)、始荚期(R3)、全荚期(R4)、始粒期(R5)、鼓粒期(R6)、成熟初期(R7) | 完熟期(R8) |
|---|---|---|---|---|---|
| B1：VER8 | 荫蔽 | | | | |
| B2：VER1 | 荫蔽(模拟套作大豆) | | | | |
| B3：R1R8 | | | 荫蔽(模拟间作大豆) | | |
| CK | | | | | |

图 2-16　不同生育时期荫蔽处理示意图

### (二) 测定方法

#### 1. 花色苷

参考 Wu 等[144]的方法测定籽粒中花色苷的含量。准确称量 50mg 干燥样品粉末置于 10mL 带盖的离心管中，加入 2mL 花色苷提取液[1% HCl+99% MeOH(80%)]，密封漩涡振荡后用锡箔纸遮光于冰水浴上超声提取 3h，4℃下 13000r · $min^{-1}$ 离心 10min，取 1.0mL 上清液过 0.22μm 有机相滤头至进样瓶中，上机 HPLC 测定。Agilent 1260 HPLC 检测色谱柱为 XTerra $C_{18}$ 4.6mm×250mm×5μm。流动相 A 为 10%甲酸水溶液；流动相 B 为甲醇-乙腈-水-甲酸混合液(体积比为 22.5：22.5：40：10)。采用梯度洗脱，0min：83% A，8min：80% A，10min：65% A，20min：52% A。流速：1.0mL · $min^{-1}$。柱温：25℃。进样量：5μL。检测波长：515nm。

以 4 种常见的花色苷：飞燕草素-3-*O*-葡萄糖苷、矢车菊素-3-*O*-半乳糖苷、矢车菊素-3-*O*-葡萄糖苷和矮牵牛素-3-*O*-葡萄糖苷为标准品，配制成不同浓度的工作液后按上述条件的 HPLC 测定，计算峰面积与浓度的线性关系，再根据样品中各花色苷单体的峰面积计算其含量，最后计算样品中花色苷的总量。

#### 2. 原花青素

参考 Xu 等[145]的方法测定籽粒中的原花青素含量。准确称取 100mg 样品于

2mL 的离心管中，加入 1mL 丙酮/水混合液(体积比为 8∶2)，室温下摇床上 $300r \cdot min^{-1}$ 振荡提取 3h，黑暗中静置 12h 后 $3000r \cdot min^{-1}$ 离心 10min，上清液转移到新的离心管中储藏在 4℃下。重复提取一次，合并上清液。取 30μL 提取液于酶标板中，加入 90μL 反应液(4%的香草醛甲醇溶液和浓盐酸体积比为 2∶1)，摇匀后室温下静置 15min。以提取液加反应液调零，500nm 下测吸光度。

配制 $1000\mu g \cdot mL^{-1}$ 的儿茶素标准溶液(溶于丙酮/水混合液中)，梯度稀释成 $500\mu g \cdot mL^{-1}$、$250\mu g \cdot mL^{-1}$、$100\mu g \cdot mL^{-1}$、$10\mu g \cdot mL^{-1}$、$0\mu g \cdot mL^{-1}$ 的标准液，按上述方法测吸光度，绘制标准曲线。根据标准曲线计算样品中原花青素的含量，以 mg 儿茶素 $\cdot g^{-1}$ 当量表示。

3. 异黄酮

采用 LC-MS 法测定籽粒中异黄酮的含量[144]，详见本章第二节相关内容。

4. 木质素

参考 Moreiravilar 等[146]建立的乙酰基溴法测定大豆籽粒中木质素的含量。先称量 2mL 离心管质量($W_1$)，再称取 100mg 样品($W_2$)于离心管中，加入 1.5mL $50mmol \cdot L^{-1}$ pH=7 的磷酸钾缓冲液，超声提取 30min，5000*g* 离心 4min，用 pH=7 的磷酸缓冲液清洗两次，含 1% TritonX-100 的磷酸缓冲液清洗两次，含 $1mol \cdot L^{-1}$ NaCl 的磷酸缓冲液清洗两次，蒸馏水清洗两次，丙酮清洗两次。沉淀在 80℃下干燥 24h，得无蛋白的细胞壁粗提物，称量样品和离心管的质量($W_3$)。

称取 20mg 粗提物($W_4$)于 10mL 螺盖离心管中(以不加样品的作为对照)，加入 0.5mL 25%(体积分数)乙酰基溴-冰醋酸溶液，70℃孵育 30min，冰水中迅速降温，加入 0.9mL $2mol \cdot L^{-1}$ NaOH 溶液、0.1mL $5mol \cdot L^{-1}$ 盐酸羟胺溶液、4mL 冰醋酸，4000*g* 离心 4min，上清液在 280nm 测吸光度(若吸光度过大，在加入各种反应液后先稀释再离心测吸光度)。根据木质素含量($x$)与吸光度($y$)的线性函数 $y=0.3787x+0.0044$ 计算木质素的含量 $W_5$，根据 $\frac{W_3-W_1}{W_4}\times\frac{W_5}{W_2}\times 100\%$计算原始样品中木质素的含量。

## 三、结果与分析

### (一) 不同生育时期荫蔽对大豆籽粒花色苷含量的影响

黄色大豆籽粒中花色苷的生物合成因受到遗传性抑制[147]，本研究只在黑色大豆种质 C103 的籽粒中检测到花色苷成分，未在黄色大豆种质‘A13’的籽粒中检测到花色苷成分。从图 2-17(a)可以看出，不同荫蔽处理下‘C103’籽粒中花色苷的相对含量在 1.00～1.36mg · $g^{-1}$，其中以营养生长期荫蔽处理(前期荫蔽)的含量最高，生殖生长期荫蔽处理(后期荫蔽)的含量最低；而全生育期荫蔽处理与营养生长期荫蔽处理和不荫蔽对照间的差异均不显著，但显著高于生殖生长期荫蔽处理；营养生长期荫蔽处理的含量显著高于不荫蔽对照(升高幅度为 8.07%)，而生殖生长期荫蔽处理的含量则显著低于不荫蔽对照，其下降幅度达 20%以上。该结果表明，营养生长期和生殖生长期荫蔽均能对大豆籽粒花色苷积累量产生影响，其中生殖生长期荫蔽的影响更大，但其抑制效果能被营养生长期的促进效果所弥补。

### (二) 不同生育时期荫蔽对大豆籽粒原花青素含量的影响

原花青素和花色苷同属于植物苯丙烷代谢通路的花色素代谢支路，在生物合成过程中会竞争共同的前体物质无色花青素[148]。本研究虽然未在黄色大豆籽粒中检测到花色苷成分，但在其中检测到了原花青素，尽管如此，其含量仍显著低于黑色大豆[图 2-17(b)]。‘A13’籽粒中原花青素的含量为 0.90～1.34mg · $g^{-1}$，而‘C103’籽粒中的含量可高达 6.47mg · $g^{-1}$。不同时期荫蔽处理对‘A13’籽粒中原花青素积累量的影响效果不同，其中，营养生长期和全生育期荫蔽处理的含量均显著低于生殖生长期荫蔽处理和不荫蔽对照，生殖生长期荫蔽处理与不荫蔽对照间的差异显著，说明在营养生长期的荫蔽处理会显著影响‘A13’籽粒中原花青素的积累，且影响效果大于生殖生长期的荫蔽处理。在‘C103’籽粒中，全生育期荫蔽处理的原花青素含量最高，显著高于其他三个处理；生殖生长期处理的含量最低，且显著低于其他 3 个处理；而营养生长期荫蔽处理与不荫蔽对照之间的差异不显著。由此可知，不同生育时期荫蔽对原花青素积累的影响与对花色苷积累的影响类似，生殖生长期荫蔽处理能抑制籽粒中原花青素的积累，但其抑制效果能被营养生长期的促进效果所弥补，且荫蔽时间越长越有利于籽粒中原花青素的积累。

### (三) 不同生育时期荫蔽对大豆籽粒异黄酮含量的影响

由图 2-17(c)可知，相同处理条件下‘C103’籽粒中总异黄酮的含量高于‘A13’籽粒。不同生育时期荫蔽对两个不同种皮颜色大豆籽粒中异黄酮积累量的影响结果相似，均以营养生长期荫蔽处理的含量最高，且显著高于其他 3 个处理，而生殖生长期荫蔽处理的含量最低，且显著低于其他 3 个处理。不同处理间‘C103’籽粒的差异比‘A13’籽粒更显著，‘A13’籽粒营养生长期和生殖生长期荫蔽处理间的差异幅度达 50%，而‘C103’籽粒的差异幅度达 70%以上。与全生育期荫蔽处理相比，营养生长期荫蔽处理能提高籽粒中异黄酮的含量，而生殖生长期荫蔽能降低异黄酮的含量，这表明营养生长期荫蔽抑制了异黄酮的合成，但荫蔽后的复光能促进其合成，对营养生长期荫蔽的损失具有补偿效应。

### (四) 不同生育时期荫蔽对大豆籽粒木质素含量的影响

木质素是植物苯丙烷代谢通路中合成的重要天然高分子产物，由松柏醇、芥子醇和对香豆醇单体通过聚合反应生成。木质素含量高低决定了植物组织的机械强度，是其防御外界胁迫的初始物理屏障，也是大豆籽粒重要的食用品质指标之一。

由图 2-7(d)可知，不同生育时期荫蔽对大豆籽粒木质素的合成积累具有重要影响。与不荫蔽对照相比，供试的两个大豆品种，其籽粒木质素含量均表现出在荫蔽条件下的上调趋势；其中，黄豆‘A13’在全生育期荫蔽条件下，其籽粒木质素含量最高，并显著高于不荫蔽对照，但与营养生长期和生殖生长期荫蔽相比，其木质素含量差异并不显著；而对于黑豆‘C103’而言，生殖生长期荫蔽使得其籽粒木质素含量达到最高水平，并显著高于其他三种处理(全生育期荫蔽>营养生长期荫蔽>不荫蔽对照)。这与花色苷、原花青素和异黄酮受到荫蔽调控的规律有所不同，生殖生长期荫蔽对黑豆籽粒木质素的积累效果更加显著。

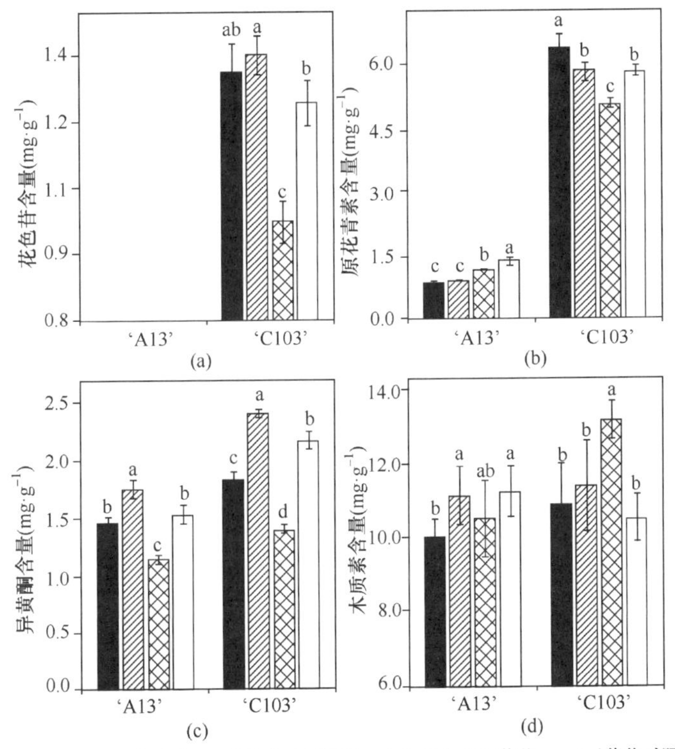


图 2-17　不同生育时期荫蔽大豆籽粒化学成分含量

(a) 花色苷；(b) 原花青素；(c) 异黄酮；(d) 木质素

同一品种相同字母标识表示差异不显著($p>0.05$)

## 四、结论与讨论

### (一) 荫蔽影响大豆籽粒中苯丙烷代谢物的积累

苯丙烷代谢途径是植物最重要的次生代谢途径，该途径中的诸多衍生物，如木质素、异黄酮、花色苷、原花青素等在植物抗逆生理中发挥着重要作用，同时，这些代谢物也是作物品质性状的重要指标，其积累与调控也影响着农产品的风味品质[149]。苯丙烷代谢物的生物合成受到多种环境因素的调控，光是其中最重要的调控因素。套作大豆种植系统的弱光环境降低了大豆茎秆木质素合成途径中相关酶的活性，使木质素在茎秆中的积累量减少，影响茎秆的机械强度和抗倒伏性[150]。不同光强光质处理可调控葡萄中花色苷和原花青素合成过程中相关转录因子和结构基因的表达，改变葡萄果实花色苷和原花青素的含量，而这两种物质是影响葡萄营养品质的重要因子[151, 152]。我们前期的研究也发现，套作荫蔽可提高大豆籽粒中异黄酮的含量，并改变异黄酮的组成，影响大豆的风味品质[138]。在本研究中，荫蔽处理使大豆籽粒花色苷、原花青素、异黄酮和木质素含量均发生了改变，且不同生育时期荫蔽的调控结果不尽相同。生殖生长期荫蔽处理降低了黑豆籽粒中花色苷、原花青素和异黄酮的含量，而营养生长期荫蔽处理则提高了其含量，该提升效果能弥补生殖生长期荫蔽对这些代谢物积累量的影响，使全生育期荫蔽处理的含量与对照差异不显著甚至高于不荫蔽对照。

植物通过光敏色素和隐花色素等光受体接收光信号，再经由复杂的信号转导途径调控植物的生理代谢反应[153]。在光信号转导途径中，MYB 和 bHLH 等转录因子对下游基因的活性起着调控作用，而苯丙烷代谢途径中的多种结构基因可受到 R2R3 类型的 MYB 转录因子和 bHLH 转录因子的调控[154, 155]，但两者之间的直接联系尚不明确。荫蔽环境如何通过光信号转导途径调节大豆籽粒中苯丙烷代谢物的合成与积累，这有待进一步深入阐释。

### (二) “源、库”发育阶段荫蔽调控苯丙烷代谢物在“库”中的积累

在作物的营养生长阶段，充足的光照有利于植株光形态的建成和营养器官的发育，形成强源以保证植株可以积累足够的光合产物；在生殖生长阶段，适宜的光环境促进大豆花荚的发育，并使源器官中积累的光合产物向库器官转移。在玉米-大豆套作种植系统中，虽然大豆营养生长阶段的荫蔽环境使大豆的光合器官发育受阻，降低植株的光合能力，但玉米收获后(此时大豆正转入生殖生长阶段)大豆冠层的荫蔽光环境得以解除，大豆生长前期所遭受的光合抑制得到缓解，植株生长出现补偿效应[156, 157]。因此，仅营养生长阶段的荫蔽处理不仅没有使籽粒中苯丙烷代谢物含量降低，反而使其含量增加。在全生育期荫蔽处理中，虽然荫蔽减弱了源器官生成同化产物的能力，但生育后期的荫蔽也导致落花、落荚而降低

了库容[158]，致使源库的相对强弱没有太大改变，因而籽粒中代谢物含量大多与对照无显著差异。

### (三) 时空荫蔽调控代谢流在苯丙烷代谢各支路中的分配

在苯丙烷代谢途径中，起始底物苯丙氨酸经由苯丙烷中央代谢途径的 PAL、C4H 和 4CL 等酶的催化形成 *p*-香豆酰辅酶 A，而后由 HCT 和 CHS 竞争催化 *p*-香豆酰辅酶 A 分别进入木质素和类黄酮代谢支路。类黄酮代谢支路中，二氢黄酮醇经 F3H 和 IFS 催化分别进入花色素(花色苷和原花青素)和异黄酮代谢支路[159]。苯丙烷代谢物均含有一到多个碳环骨架，其生物合成需要大量的碳同化物。植物在应对逆境胁迫时，会将更多的代谢流分配到可提高其抗逆性的代谢途径中。关于环境刺激下代谢流在苯丙烷各代谢支路间的分配已有研究报道。木质素生物合成基因 *CCoAOMT* 的突变使苜蓿幼苗根中木质素总量减少，在尖孢镰刀菌的刺激下，代谢流更多地流向类黄酮支路，使 7,4′-二氢黄酮、苜蓿紫檀素、柚皮素和大豆黄素等具有抑菌活性的类黄酮物质的含量增加，提高了苜蓿抗病性[22]。

荫蔽胁迫下，植物碳同化能力不足势必会影响到有限的物质和能量在苯丙烷代谢各支路间的分配。以低 R/FR 光照处理番茄植株，其茎秆的光合能力减弱，为保证有足够的能量使茎秆伸长以避开荫蔽环境获取更多的光能，植株苯丙烷代谢下游途径的山柰酚、柚皮素等黄酮醇及花色苷类代谢物的生物合成下调，而作为维持茎秆强度的天然高分子聚合物的木质素含量并未发生太大变化[160]。本研究中，‘C103’籽粒在生殖生长期荫蔽处理下，其籽粒中花色苷、原花青素和异黄酮的含量均显著低于不荫蔽对照，而木质素的含量显著高于不荫蔽对照和其他两个荫蔽处理。木质素在籽粒中的沉积部位主要是种皮的栅栏层，其主要作用是维持种皮的机械韧性和不透水性。荫蔽条件下，籽粒中木质素含量升高可降低种子萌发过程中的吸水速率和胚芽突破种皮的能力，使种子保持休眠以度过不利光环境。由此可见，荫蔽会调控代谢流在大豆籽粒苯丙烷代谢各支路间的分配，使代谢流更多地用以合成木质素，以提高籽粒的抗逆性(机械强度)。

综上所述，荫蔽环境影响花色苷、原花青素、异黄酮和木质素等苯丙烷代谢物在大豆籽粒中的积累。不同生育时期荫蔽对其调控效果不尽相同，生殖生长期荫蔽使大豆花色苷、原花青素和异黄酮的含量降低，而营养生长阶段荫蔽处理则提高了其含量，该提升效果能弥补生殖生长阶段荫蔽对这些代谢物积累的影响，使全生育期荫蔽处理的含量与不荫蔽对照差异不显著甚至高于不荫蔽对照。此外，荫蔽可调控代谢流在苯丙烷各代谢支路间的分配，使代谢底物更多地流向木质素合成，以提高大豆籽粒的抗逆性。

## 参考文献

[1] Vogt T. Phenylpropanoid biosynthesis. Molecular Plant, 2010, 3(1): 2-20.
[2] Gray J, Caparrós-Ruiz D, Grotewold E. Grass phenylpropanoids: regulate before using! Plant Science, 2012, 184: 112-120.
[3] Zhao Q, Dixon R A. Transcriptional networks for lignin biosynthesis: more complex than we thought? Trends in Plant Science, 2011, 16(4): 227-233.
[4] Bonawitz N D, Chapple C. The genetics of lignin biosynthesis: connecting genotype to phenotype. Annual Review of Genetics, 2010, 44(1): 337-363.
[5] Guo D, Chen F, Inoue K, et al. Downregulation of caffeic acid 3-*O*-methyltransferase and caffeoyl CoA 3-*O*-methyltransferase in transgenic alfalfa: impacts on lignin structure and implications for the biosynthesis of G and S lignin. Plant Cell, 2001, 13(1): 73-88.
[6] Popova O V, Serbinovskii M Y. Graphite from hydrolysis lignin: preparation procedure, structure, properties, and application. Russian Journal of Applied Chemistry, 2014, 87(6): 818-823.
[7] Kitin P, Voelker S L, Meinzer F C, et al. Tyloses and phenolic deposits in xylem vessels impede water transport in low-lignin transgenic poplars: a study by cryo-fluorescence microscopy. Plant Physiology, 2010, 154(2): 887-898.
[8] Lygin A V, Li S, Vittal R, et al. The importance of phenolic metabolism to limit the growth of Phakopsora pachyrhizi. Phytopathology, 2009, 99(12): 1412-1420.
[9] 龙书生, 李亚玲, 段双科, 等. 玉米苯丙烷类次生代谢物与玉米对茎腐病抗性的关系. 西北农林科技大学学报(自然科学版), 2004, 32(9): 93-96.
[10] Veitch N C. Isoflavonoids of the leguminosae. Natural Product Reports, 2013, 30(7): 988-1027.
[11] Wang T, Liu Y, Li X, et al. Isoflavones from green vegetable soya beans and their antimicrobial and antioxidant activities. Journal of the Science of Food and Agriculture, 2018, 98(5): 2043-2047.
[12] Formela M, Samardakiewicz S, Marczak L, et al. Effects of endogenous signals and Fusarium oxysporum on the mechanism regulating genistein synthesis and accumulation in yellow lupine and their impact on plant cell cytoskeleton. Molecules, 2014, 19(9): 13392-13421.
[13] Jiang Y N, Haudenshield J S, Hartman G L. Response of soybean fungal and oomycete pathogens to apigenin and genistein. Mycology, 2012, 3(2): 153-157.
[14] Durango D, Pulgarin N, Echeverri F, et al. Effect of salicylic acid and structurally related compounds in the accumulation of phytoalexins in cotyledons of common bean (*Phaseolus vulgaris* L.) cultivars. Molecules, 2013, 18(9): 10609-10628.
[15] Mierziak J, Kostyn K, Kulma A. Flavonoids as important molecules of plant interactions with the environment. Molecules, 2014, 19(10): 16240-16265.
[16] Wu H J, Deng J C, Yang C Q, et al. Metabolite profiling of isoflavones and anthocyanins in black soybean[*Glycine max* (L.) Merr.] seeds by HPLC-MS and geographical differentiation analysis in southwest China. Analytical Methods, 2017, 9(5): 792-802.
[17] Rasmann S, Chassin E, Bilat J, et al. Trade-off between constitutive and inducible resistance against herbivores is only partially explained by gene expression and glucosinolate production.

Journal of Experimental Botany, 2015, 66(9): 2527-2534.
[18] 张潇文, 罗涵, 吴海军, 等. 西南大豆种质资源的化学评价及其与田间霉变抗性的相关性研究. 天然产物研究与开发, 2016, 28(7): 1001-1007.
[19] Guest D I. Phytoalexins, Natural Plant Protection A2-Thomas//Thomas B, Murray B G, Murphy D J. Encyclopedia of Applied Plant Sciences Second Edition. Oxford: Academic Press, 2017: 124-128.
[20] Lygin A V, Hill C B, Zernova O V, et al. Response of soybean pathogens to glyceollin. Phytopathology, 2010, 100(9): 897-903.
[21] Wang L, Ma H, Song L, et al. Comparative proteomics analysis reveals the mechanism of pre-harvest seed deterioration of soybean under high temperature and humidity stress. Journal of Proteomics, 2012, 75(7): 2109-2127.
[22] Gill U S, Uppalapati S R, Gallego-Giraldo L, et al. Metabolic flux towards the (iso)flavonoid pathway in lignin modified alfalfa lines induces resistance against *Fusarium oxysporum* f. sp. medicaginis. Plant Cell & Environment, 2017.
[23] Ahuja I, Kissen R, Bones A M. Phytoalexins in defense against pathogens. Trends in Plant Science, 2012, 17(2): 73-90.
[24] Uchida K, Akashi T, Aoki T. The missing link in leguminous pterocarpan biosynthesis is a dirigent domain-containing protein with isoflavanol dehydratase activity. Plant & Cell Physiology, 2017, 58(2): 398-408.
[25] Aisyah S, Gruppen H, Madzora B, et al. Modulation of isoflavonoid composition of *Rhizopus oryzae* elicited soybean (*Glycine max*) seedlings by light and wounding. Journal of Agricultural and Food Chemistry, 2013, 61(36): 8657-8667.
[26] Boué S M, Tilghman S L, Elliott S, et al. Identification of the potent phytoestrogen glycinol in elicited soybean (*Glycine max*). Endocrinology, 2009, 150(5): 2446-2453.
[27] Kohno Y, Koso M, Kuse M, et al. Formal synthesis of soybean phytoalexin glyceollin I. Tetrahedron Letters, 2014, 55(10): 1826-1828.
[28] Han X, Yin Q, Liu J, et al. GmMYB58 and GmMYB205 are seed-specific activators for isoflavonoid biosynthesis in *Glycine max*. Plant Cell Reports, 2017, 36(12): 1889-1902.
[29] Sugiyama A, Yazaki K. Flavonoids in plant rhizospheres: secretion, fate and their effects on biological communication. Plant Biotechnology, 2014, 31(5): 431-443.
[30] Simons R, Vincken J P, Roidos N, et al. Increasing soy isoflavonoid content and diversity by simultaneous malting and challenging by a fungus to modulate estrogenicity. Journal of Agricultural & Food Chemistry, 2011, 59(12): 6748-6758.
[31] Yoneyama K, Akashi T, Aoki T. Molecular characterization of soybean pterocarpan 2-dimethylallyltransferase in glyceollin biosynthesis: local gene and whole-genome duplications of prenyltransferase genes led to the structural diversity of soybean prenylated isoflavonoids. Plant Cellular Physiology, 2016, 57(12): 2497-2509.
[32] Anguraj Vadivel A K, Sukumaran A, Li X, et al. Soybean isoflavonoids: role of GmMYB176 interactome and 14-3-3 proteins. Phytochemistry Reviews, 2016, 15(3): 391-403.
[33] Song H-H, Ryu H W, Lee K J, et al. Metabolomics investigation of flavonoid synthesis in soybean

leaves depending on the growth stage. Metabolomics, 2014, 10(5): 833-841.

[34] Dastmalchi M, Dhaubhadel S. Proteomic insights into synthesis of isoflavonoids in soybean seeds. Proteomics, 2015, 15(10): 1646-1657.

[35] Dastmalchi M, Dhaubhadel S. Soybean chalcone isomerase: evolution of the fold, and the differential expression and localization of the gene family. Planta, 2015, 241(2): 507-523.

[36] Ito C, Oki T, Yoshida T, et al. Characterisation of proanthocyanidins from black soybeans: isolation and characterisation of proanthocyanidin oligomers from black soybean seed coats. Food Chemistry, 2013, 141(3): 2507-2512.

[37] Castañedaovando A, Pachecohernández M D L, Páezhernández M E, et al. Chemical studies of anthocyanins: a review. Food Chemistry, 2009, 113(4): 859-871.

[38] Zhang Y, Butelli E, Martin C. Engineering anthocyanin biosynthesis in plants. Current Opinion in Plant Biology, 2014, 19: 81-90.

[39] Zhao Z C, Hu G B, Hu F C, et al. The UDP glucose: flavonoid-3-*O*-glucosyltransferase ( UFGT ) gene regulates anthocyanin biosynthesis in litchi(*Litchi chinensis* Sonn.) during fruit coloration. Molecular Biology Report, 2012, 39(6): 6409-6415.

[40] Antonelli F, Bussotti F, Grifoni D, et al. Oak (*Quercus robur* L.) seedling responses to a realistic increase in UV-B radiation under open space conditions. Chemosphere, 1998, 36(4-5): 841-845.

[41] Mckown R, Warren G. Cold responses of arabidopsis mutants impaired in freezing tolerance. Journal of Experimental Botany, 1996, 47(12): 1919-1925.

[42] Puupponenpimiä R, Nohynek L, Hartmannschmidlin S, et al. Berry phenolics selectively inhibit the growth of intestinal pathogens. Journal of Applied Microbiology, 2005, 98(4): 991-1000.

[43] Amorini A M, Fazzina G, Lazzarino G, et al. Activity and mechanism of the antioxidant properties of cyanidin-3-*O*-*β*-glucopyranoside. Free Radical Research, 2001, 35(6): 953-966.

[44] Wang J, Mazza G. Effects of anthocyanins and other phenolic compounds on the production of tumor necrosis factor alpha in LPS/IFN-γ-activated RAW 264.7 macrophages. Journal of Agricultural and Food Chemistry, 2002, 50(15): 4183-4189.

[45] Stintzing F C, Carle R. Functional properties of anthocyanins and betalains in plants, food, and in human nutrition. Trends in Food Science & Technology, 2004, 15(1): 19-38.

[46] 孙丽超, 李淑英, 王凤忠, 等. 萜类化合物的合成生物学研究进展. 生物技术通报, 2017, 33(1): 64-75.

[47] Bouvier F, Rahier A, Camara B. Biogenesis, molecular regulation and function of plant isoprenoids. Progress in Lipid Research, 2005, 44(6): 357-429.

[48] 韦艳萍, 庞欣, 刘云飞, 等. 植物类胡萝卜素裂解氧化酶研究进展. 核农学报, 2014, 28(11): 2071-2078.

[49] Liao P, Hemmerlin A, Bach T J, et al. The potential of the mevalonate pathway for enhanced isoprenoid production. Biotechnology Advances, 2016, 34(5): 697-713.

[50] Keeling C I, Weisshaar S, Lin R P C, et al. Functional plasticity of paralogous diterpene synthases involved in conifer defense. Proceedings of the National Academy of Sciences of the United States of America, 2008, 105(3): 1085-1090.

[51] Llorente B, Martinez-Garcia J F, Stange C, et al. Illuminating colors: regulation of carotenoid

biosynthesis and accumulation by light. Current Opinion in Plant Biology, 2017, 37: 49-55.
[52] 高慧君, 明家琪, 张雅娟, 等. 园艺植物中类胡萝卜素合成与调控的研究进展. 园艺学报, 2015, 42(9): 1633-1648.
[53] Roberts S C. Production and engineering of terpenoids in plant cell culture. Nature Chemical Biology, 2007, 3: 387.
[54] Cazzonelli C I. Carotenoids in nature: insights from plants and beyond. Functional Plant Biology, 2011, 38(11): 833-847.
[55] Rodriguez-Concepcion M, Stange C. Biosynthesis of carotenoids in carrot: an underground story comes to light. Archives of Biochemistry and Biophysics, 2013, 539(2): 110-116.
[56] 霍培, 季静, 王罡, 等. 植物类胡萝卜素生物合成及功能. 中国生物工程杂志, 2011, 31(11): 107-113.
[57] Bartley G E, Scolnik P A. Plant carotenoids: pigments for photoprotection, visual attraction, and human health. Plant Cell, 1995, 7(7): 1027-1038.
[58] Hashimoto H, Uragami C, Cogdell R J. Carotenoids and photosynthesis. Subcell Biochemistry, 2016, 79: 111-139.
[59] Strzałka K, Kostecka-Gugała A, Latowski D. Carotenoids and environmental stress in plants: significance of carotenoid-mediated modulation of membrane physical properties. Russian Journal of Plant Physiology, 2003, 50(2): 168-173.
[60] 王裕. 高等植物体内叶黄素循环的功能分析. 农业科技通讯, 2010, (11): 75-77.
[61] Esteban R, Moran J F, Becerril J M, et al. Versatility of carotenoids: an integrated view on diversity, evolution, functional roles and environmental interactions. Environmental and Experimental Botany, 2015, 119: 63-75.
[62] Takada Y, Tayama I, Sayama T, et al. Genetic analysis of variations in the sugar chain composition at the C-3 position of soybean seed saponins. Breeding Science, 2012, 61(5): 639-645.
[63] Takada Y, Sasama H, Sayama T, et al. Genetic and chemical analysis of a key biosynthetic step for soyasapogenol A, an aglycone of group A saponins that influence soymilk flavor. Theoretical & Applied Genetics, 2013, 126(3): 721-731.
[64] Yendo A C, de Costa F, Gosmann G, et al. Production of plant bioactive triterpenoid saponins: elicitation strategies and target genes to improve yields. Molecular Biotechnology, 2010, 46(1): 94-104.
[65] Sawai S, Saito K. Triterpenoid biosynthesis and engineering in plants. Frontiers in Plant Science, 2011, 2(25): 25.
[66] Zhao C L, Cui X M, Chen Y P, et al. Key enzymes of triterpenoid saponin biosynthesis and the induction of their activities and gene expressions in plants. Natural Products Communications, 2010, 5(7): 1147-1158.
[67] 知玄塚. 大豆種子サポニン成分の化学構造の遺伝育種的改变. 日本食品科学工学会誌, 2012, 59(8): 429-434.
[68] Sayama T, Ono E, Takagi K, et al. The *Sg-1* glycosyltransferase locus regulates structural diversity of triterpenoid saponins of soybean. Plant Cell, 2012, 24(5): 2123-2138.
[69] Takada Y, Sayama T, Kikuchi A, et al. Genetic analysis of variation in sugar chain composition at

the C-22 position of group A saponins in soybean, *Glycine max* (L.) Merrill. Breeding Science, 2010, 60: 3-8.

[70] Lim E K, Doucet C J, Li Y, et al. The activity of *Arabidopsis glycosyltransferases* toward salicylic acid, 4-hydroxybenzoic acid, and other benzoates. Journal of Biological Chemistry, 2002, 277(1): 586-592.

[71] Vogt T, Jones P. Glycosyltransferases in plant natural product synthesis: characterization of a supergene family. Trends in Plant Science, 2000, 5(9): 380-386.

[72] http://www.cazy.org/GlycosylTransferases.html.

[73] Willms J R, Salon C, Layzell D B. Evidence for light-stimulated fatty acid synthesis in soybean fruit. Plant Physiology, 1999, 120(4): 1117-1128.

[74] Guschina I A, Everard J D, Kinney A J, et al. Studies on the regulation of lipid biosynthesis in plants: application of control analysis to soybean. Biochimica et Biophysica Acta (BBA)-Biomembranes, 2014, 1838(6): 1488-1500.

[75] 高岩, 郭东林, 郭长虹. 三烯脂肪酸在高等植物逆境胁迫应答中的作用. 分子植物育种, 2010, 8(2): 365-369.

[76] Rojas C M, Senthilkumar M, Tzin V, et al. Regulation of primary plant metabolism during plant-pathogen interactions and its contribution to plant defense. Frontiers in Plant Science, 2014, 5(17): 17.

[77] Jiang Y, Wang W, Xie Q, et al. Plants transfer lipids to sustain colonization by mutualistic mycorrhizal and parasitic fungi. Science, 2017, 356(6343): 1172.

[78] 刘文献, 刘志鹏, 谢文刚, 等. 脂肪酸及其衍生物对植物逆境胁迫的响应. 草业科学, 2014, 31(8): 1556-1565.

[79] Yang C, Iqbal N, Hu B, et al. Targeted metabolomics analysis of fatty acids in soybean seeds using GC-MS to reveal the metabolic manipulation of shading in the intercropping system. Analytical Methods, 2017, 9(14): 2144-2152.

[80] Xue H Q, Upchurch R G, Kwanyuen P. Ergosterol as a quantifiable biomass marker for diaporthe phaseolorum and cercospora kikuchii. Plant Disease, 2006, 90(11): 1395-1398.

[81] Ongena M, Duby F, Rossignol F, et al. Stimulation of the lipoxygenase pathway is associated with systemic resistance induced in bean by a nonpathogenic pseudomonas strain. Molecular Plant-Microbe Interactions, 2004, 17(9): 1009.

[82] Iba K. Role of chloroplast trienoic fatty acids in plant disease defense responses. Plant Journal, 2004, 40(6): 931-941.

[83] Yara A, Yaeno T, Hasegawa M, et al. Disease resistance against *Magnaporthe grisea* is enhanced in transgenic rice with suppression of omega-3 fatty acid desaturases. Plant & Cell Physiology, 2007, 48(9): 1263.

[84] Singh A K, Fu D Q, El-Habbak M, et al. Silencing genes encoding omega-3 fatty acid desaturase alters seed size and accumulation of bean pod mottle virus in soybean. Molecular Plant-Microbe Interactions, 2011, 24(4): 506-515.

[85] Avila C A, Arévalo-Soliz L M, Lingling J, et al. Loss of function of fatty acid desaturase7 in tomato enhances basal aphid resistance in a salicylate-dependent manner. Plant Physiology, 2012, 158(4):

2028-2041.

[86] Lee S B, Suh M C. Advances in the understanding of cuticular waxes in *Arabidopsis thaliana* and crop species. Plant Cell Report, 2015, 34(4): 557-572.

[87] Cohen H, Szymanski J, Aharoni A, et al. Assimilation of 'omics' strategies to study the cuticle layer and suberin lamellae in plants. Journal of Experimental Botany, 2017, 68(19): 5389.

[88] Jetter R, Kunst L, Samuels A L. Composition of Plant Cuticular Waxes. Oxford: Blackwell Publishing Ltd, 2006.

[89] Kunst L, Samuels L, Friml J, et al. Plant cuticles shine: advances in wax biosynthesis and export. Current Opinion in Plant Biology, 2009, 12(6): 721-727.

[90] Li-Beisson Y, Shorrosh B, Beisson F, et al. Acyl-lipid metabolism. Arabidopsis Book, 2010, 8(8): e0133.

[91] Bernard A, Domergue F, Pascal S, et al. Reconstitution of plant alkane biosynthesis in yeast demonstrates that arabidopsis eceriferum1 and eceriferum3 are core components of a very-long-chain alkane synthesis complex. Plant Cell, 2012, 24(7): 3106-3118.

[92] Greer S, Wen M, Bird D, et al. The cytochrome P450 enzyme CYP96A15 is the midchain alkane hydroxylase responsible for formation of secondary alcohols and ketones in stem cuticular wax of arabidopsis. Plant Physiology, 2007, 145(3): 653-667.

[93] Li F, Wu X, Lam P, et al. Identification of the wax ester synthase/acyl-coenzyme A: diacylglycerol acyltransferase wsd1 required for stem wax ester biosynthesis in arabidopsis. Plant Physiology, 2008, 148(1): 97-107.

[94] Yeats T H, Rose J K C. The formation and function of plant cuticles. Plant Physiology, 2013, 163(1): 5-20.

[95] Ismail A M. Submergence tolerance in rice: resolving a pervasive quandary. New Phytologist, 2018, 218(4): 1298-1300.

[96] Kurokawa Y, Nagai K, Hung P D, et al. Rice leaf hydrophobicity and gas films are conferred by a wax synthesis gene (LGF1) and contribute to flood tolerance. New Phytologist, 2018, 218(4): 1558-1569.

[97] Samuels L, Kunst L, Jetter R. Sealing plant surfaces: cuticular wax formation by epidermal cells. Annual Review of Plant Biology, 2008, 59: 683-707.

[98] Fich E A, Segerson N A, Rose J K. The plant polyester cutin: biosynthesis, structure, and biological roles. Annual Review of Plant Biology, 2016, 67: 207-233.

[99] Kurdyukov S, Faust A, Trenkamp S, et al. Genetic and biochemical evidence for involvement of hothead in the biosynthesis of long-chain alpha-omega-dicarboxylic fatty acids and formation of extracellular matrix. Planta, 2006, 224(2): 315.

[100] Molina I, Ohlrogge J B, Pollard M. Deposition and localization of lipid polyester in developing seeds of brassica napus and arabidopsis thaliana. Plant Journal, 2010, 53(3): 437-449.

[101] Libeisson Y, Pollard M, Sauveplane V, et al. Nanoridges that characterize the surface morphology of flowers require the synthesis of cutin polyester. Proceedings of the National Academy of Sciences of the United States of America, 2009, 106(51): 22008-22013.

[102] Ingram G, Nawrath C. The roles of the cuticle in plant development: organ adhesions and beyond.

Journal of Experimental Botany, 2017, 68(19): 5307-5321.

[103] Isaacson T, Kosma D K, Matas A J, et al. Cutin deficiency in the tomato fruit cuticle consistently affects resistance to microbial infection and biomechanical properties, but not transpirational water loss. Plant Journal for Cell & Molecular Biology, 2009, 60(2): 363-377.

[104] Julien D G, Urszula P, Sylvain L, et al. An endosperm-associated cuticle is required for arabidopsis seed viability, dormancy and early control of germination. PLoS Genetics, 2015, 11(12): e1005708.

[105] Liu J, Yang C Q, Zhang Q, et al. Partial improvements in the flavor quality of soybean seeds using intercropping systems with appropriate shading. Food Chemistry, 2016, 207: 107-114.

[106] Kim J A, Hong S B, Jung W S, et al. Comparison of isoflavones composition in seed, embryo, cotyledon and seed coat of cooked-with-rice and vegetable soybean (*Glycine max* L.) varieties. Food Chemistry, 2007, 102(3): 738-744.

[107] Jung M, Choi N, Oh C, et al. Selectively hydrogenated soybean oil exerts strong anti-prostate cancer activities. Lipids, 2011, 46(3): 287-295.

[108] Diev M D, Bone K M, Williams S G, et al. Soy and soy isoflavones in prostate cancer: a systematic review and meta-analysis of randomized controlled trials. BJU International, 2014, 113(5b): E119-E130.

[109] Ha T J, Lee B W, Park K H, et al. Rapid characterisation and comparison of saponin profiles in the seeds of Korean *Leguminous* species using ultra performance liquid chromatography with photodiode array detector and electrospray ionisation/mass spectrometry (UPLC-PDA-ESI/MS) analysis. Food Chemistry, 2014, 146: 270-277.

[110] Hirayama F, Lee A H, Binns C W, et al. Dietary intake of isoflavones and polyunsaturated fatty acids associated with lung function, breathlessness and the prevalence of chronic obstructive pulmonary disease: possible protective effect of traditional Japanese diet. Molecular Nutrition & Food Research, 2010, 54(7): 909-917.

[111] Lee M Y, Park S Y, Jung K O, et al. Quality and functional characteristics of chungkukjang prepared with *Various bacillus* sp. isolated from traditional chungkukjang. Journal of Food Science, 2005, 70(4): M191-M196.

[112] da Silva L H, Celeghini R M S, Chang Y K. Effect of the fermentation of whole soybean flour on the conversion of isoflavones from glycosides to aglycones. Food Chemistry, 2011, 128(3): 640-644.

[113] Poliseli-Scopel F H, Gallardo-Chacón J J, Juan B, et al. Characterisation of volatile profile in soymilk treated by ultra high pressure homogenisation. Food Chemistry, 2013, 141(3): 2541-2548.

[114] Matsuura M, Obata A, Fukushima D. Objectionable flavor of soy milk developed during the soaking of soybeans and its control. Journal of Food Science, 1989, 54(3): 602-605.

[115] Paucar-Menacho L M, Amaya-Farfan J, Berhow M A, et al. A high-protein soybean cultivar contains lower isoflavones and saponins but higher minerals and bioactive peptides than a low-protein cultivar. Food Chemistry, 2010, 120: 15-21.

[116] Fehr W R. Breeding for modified fatty acid composition in soybean. Crop Science, 2007,

47(Supplement_3): S72-S87.
[117] Lenis J M, Gillman J D, Lee J D, et al. Soybean seed lipoxygenase genes: molecular characterization and development of molecular marker assays. Theoretical and Applied Genetics, 2010, 120(6): 1139-1149.
[118] Tsukamoto C, Shimada S, Igita K, et al. Factors affecting isoflavone content in soybean seeds: changes in isoflavones, saponins, and composition of fatty acids at different temperatures during seed development. Journal of Agricultural and Food Chemistry, 1995, 43(5): 1184-1192.
[119] Vyn T J, Yin X, Bruulsema T W, et al. Potassium fertilization effects on isoflavone concentrations in soybean [*Glycine max* (L.) Merr.]. Journal of Agricultural and Food Chemistry, 2002, 50(12): 3501-3506.
[120] Wan Y, Yan Y, Xiang D, et al. Isoflavonoid accumulation pattern as affected by shading from maize in soybean (*Glycine max*) under relay strip intercropping system. Plant Production Science, 2015, 18(3): 302-313.
[121] Gong W, Qi P, Du J, et al. Transcriptome analysis of shade-induced inhibition on leaf size in relay intercropped soybean. PLoS One, 2014, 9(6): e98465.
[122] Yang F, Huang S, Gao R, et al. Growth of soybean seedlings in relay strip intercropping systems in relation to light quantity and red:far-red ratio. Field Crops Research, 2014, 155: 245-253.
[123] Kirakosyan A, Kaufman P, Nelson R L, et al. Isoflavone levels in five soybean (*Glycine max*) genotypes are altered by phytochrome-mediated light treatments. Journal of Agricultural and Food Chemistry, 2006, 54(1): 54-58.
[124] Dhaubhadel S, Farhangkhoee M, Chapman R. Identification and characterization of isoflavonoid specific glycosyltransferase and malonyltransferase from soybean seeds. Journal of Experimental Botany, 2008, 59(4): 981-994.
[125] Chung I M, Seo S H, Ahn J K, et al. Effect of processing, fermentation, and aging treatment to content and profile of phenolic compounds in soybean seed, soy curd and soy paste. Food Chemistry, 2011, 127(3): 960-967.
[126] Eisen B, Ungar Y, Shimoni E. Stability of isoflavones in soy milk stored at elevated and ambient temperatures. Journal of Agricultural and Food Chemistry, 2003, 51(8): 2212-2215.
[127] Okubo K, Iijima M, Kobayashi Y, et al. Components responsible for the undesirable taste of soybean seeds. Bioscience Biotechnology and Biochemistry, 1992, 56(1): 99-103.
[128] Bellaloui N, Bruns H A, Abbas H K, et al. Agricultural practices altered soybean seed protein, oil, fatty acids, sugars, and minerals in the midsouth USA. Frontiers in Plant Science, 2015, 6: 31.
[129] Boydak E, Alpaslan M, Hayta M, et al. Seed composition of soybeans grown in the Harran region of Turkey as affected by row spacing and irrigation. Journal of Agricultural and Food Chemistry, 2002, 50(16): 4718-4720.
[130] Guschina I A, Everard J D, Kinney A J, et al. Studies on the regulation of lipid biosynthesis in plants: application of control analysis to soybean. Biochimica et Biophysica Acta-Biomembranes, 2014, 1838(6): 1488-1500.
[131] Dhakal K H, Jung K H, Chae J H, et al. Variation of unsaturated fatty acids in soybean sprout of

high oleic acid accessions. Food Chemistry, 2014, 164: 70-73.

[132] Bin Q, Rao H, Hu J N, et al. The caspase pathway of linoelaidic acid (9t, 12t-C18:2)-induced apoptosis in human umbilical vein endothelial cells. Lipids, 2012, 48(2): 115-126.

[133] Collados R, Andreu V, Picorel R, et al. A light-sensitive mechanism differently regulates transcription and transcript stability of omega3 fatty-acid desaturases (FAD3, FAD7 and FAD8) in soybean photosynthetic cell suspensions. Febs Letters, 2006, 580(20): 4934-4940.

[134] Asekova S, Chae J H, Ha B K, et al. Stability of elevated $\alpha$-linolenic acid derived from wild soybean (*Glycine soja* Sieb. & Zucc.) across environments. Euphytica, 2014, 195(3): 409-418.

[135] Casal J J. Photoreceptor signaling networks in plant responses to shade. Annual Review of Plant Biology, 2013, 64(1): 403-427.

[136] 许大全, 高伟, 阮军. 光质对植物生长发育的影响. 植物生理学报, 2015, 8: 1217-1234.

[137] Casal J J. Shade avoidance. Arabidopsis Book, 2012, 10: e0157.

[138] Liu J, Yang C Q, Zhang Q, et al. Partial improvements in the flavor quality of soybean seeds using intercropping systems with appropriate shading. Food Chemistry, 2016, 207: 107-114.

[139] 蒋涛, 杨文钰, 刘卫国, 等. 套作大豆贮藏蛋白、氨基酸组成分析及营养评价. 食品科学, 2012, 33(21): 275-279.

[140] Muhidin, Syam'un E, Kaimuddin, et al. The effect of shade on chlorophyll and anthocyanin content of upland red rice. Iop Conference Series: Earth & Environmental Science, 2018, 122(1): 012030.

[141] 王庆材, 孙学振, 宋宪亮, 等. 不同棉铃发育时期荫蔽对棉纤维品质性状的影响. 作物学报, 2006, 32(5): 671-675.

[142] 杨兴有, 刘国顺, 伍仁军, 等 不同生育期降低光强对烟草生长发育和品质的影响. 生态学杂志, 2007, 26(7): 1014-1020.

[143] Yasumatsu K, Toda J, Kajikawa M, et al. Studies on the functional properties of food-grade soybean products. Journal of the Agricultural Chemical Society of Japan, 2008, 36(4): 523-543.

[144] Wu H, Deng J, Yang C, et al. Metabolite profiling of isoflavone and anthocyanin in black soybean [*Glycine max* (L.) Merr.] seed by HPLC-MS and geographical differentiation analysis in southwest China. Analytical Methods, 2016, 9(5): 792-802.

[145] Xu B J, Chang S K C. A comparative study on phenolic profiles and antioxidant activities of legumes as affected by extraction solvents. Journal of Food Science, 2010, 72(2): S159-S166.

[146] Moreiravilar F C, Siqueirasoares R C, Fingerteixeira A, et al. The acetyl bromide method is faster, simpler and presents best recovery of lignin in different herbaceous tissues than klason and thioglycolic acid methods. PLoS One, 2014, 9(10): e110000.

[147] 宋健, 郭勇, 于丽杰, 等. 大豆种皮色相关基因研究进展. 遗传, 2012, 34(6): 687-694.

[148] 赵文军, 张迪, 马丽娟, 等. 原花青素的生物合成途径、功能基因和代谢工程. 植物生理学报, 2009, 45(5): 509-519.

[149] 王莉, 史玲玲, 张艳霞, 等. 植物次生代谢物途径及其研究进展. 植物科学学报, 2007, 25(5): 500-508.

[150] 邹俊林, 刘卫国, 袁晋, 等. 套作大豆苗期茎秆木质素合成与抗倒性的关系. 作物学报, 2015, 41(7): 1098-1104.

[151] Azuma A, Yakushiji H, Koshita Y, et al. Flavonoid biosynthesis-related genes in grape skin are differentially regulated by temperature and light conditions. Planta, 2012, 236(4): 1067-1080.
[152] Koyama K, Ikeda H, Poudel P R, et al. Light quality affects flavonoid biosynthesis in young berries of Cabernet Sauvignon grape. Phytochemistry, 2012, 78(6): 54-64.
[153] 景艳军, 林荣呈. 我国植物光信号转导研究进展概述. 植物学报, 2017, 52(3): 257-270.
[154] Allan A C, Hellens R P, Laing W A. MYB transcription factors that colour our fruit. Trends in Plant Science, 2008, 13(3): 99-102.
[155] Broun P. Transcriptional control of flavonoid biosynthesis: a complex network of conserved regulators involved in multiple aspects of differentiation in *Arabidopsis*. Current Opinion in Plant Biology, 2005, 8(3): 272-279.
[156] 范元芳, 杨峰, 何知舟, 等. 套作大豆形态、光合特征对玉米荫蔽及光照恢复的响应. 中国生态农业学报, 2016, 24(5): 608-617.
[157] 吴雨珊, 龚万灼, 廖敦平, 等. 带状套作荫蔽及复光对不同大豆品种(系)生长及产量的影响. 作物学报, 2015, 41(11): 1740-1747.
[158] 蒋利, 雍太文, 张群, 等. 种植模式和施氮水平对大豆花荚脱落及产量的影响. 大豆科学, 2015, 34(5): 843-849.
[159] Vogt T. Phenylpropanoid biosynthesis. Molecular Plant, 2010, 3(1): 2-20.
[160] Cagnola J I, Ploschuk E, Benech-Arnold T, et al. Stem transcriptome reveals mechanisms to reduce the energetic cost of shade-avoidance responses in tomato. Plant Physiology, 2012, 160(2): 1110-1119.

# 第三章　复合种植作物种质资源的化学评价与品种选育

## 第一节　复合种植大豆种质资源研究进展

### 一、复合种植大豆研究进展

近年来，随着我国东北大豆种植面积的急剧下降，大豆进口量激增，大豆已成为我国进口数量和金额最大的农产品，我国也成为全球最大的大豆进口国。大豆进口量的不断增加严重威胁着我国的粮食安全，新产源的开辟显得尤为重要。根据人口增长和耕地面积下降的现实情况，在南方地区发展间套作大豆，充分利用全季节光热资源是缓解土地矛盾、粮食供需矛盾的重要出路。中国西南地区为典型的旱作多熟农业区，旱地面积比例大，复种指数高。近年来，玉米-大豆带状复合种植模式展现出良好的经济效益、生态效益和社会效益；从 2003 年起，在西南旱地推广；2008 年起被列为农业部主推技术；2013 年在四川省的推广面积已突破 40 万 $hm^2$；2015 年，国务院办公厅印发《国务院办公厅关于加快转变农业发展方式的意见》(国办发〔2015〕59 号)提出，将玉米-大豆间作套作复合种植列为国家重点推广技术，要大力推广轮作和间作套作，重点在黄淮海及西南地区推广玉米-大豆间作套作。

目前，针对适宜间套作种植的黄豆品种已有较深入的研究，成功地选育出南豆、贡选、川豆等系列品种。然而，适宜于间套作种植的黑豆品种还十分匮乏，尤其是适用于间套作荫蔽环境的耐荫型特用黑豆品种的选育迫在眉睫。西南地区作为我国大豆的起源中心之一，黑豆种质资源丰富，从中选育营养成分含量高、适宜于间套作种植的黑豆品种具有极大潜力。本研究基于从西南四省市广泛搜集的黑豆种质资源，对其化学品质和耐荫特性开展系统评价研究，以筛选出产量高、品质好、农艺性状优良、适宜间套作种植的黑豆种质资源，为黑豆新品种的选育奠定基础。

### 二、黑豆种质资源研究进展

#### (一) 黑豆种质资源

黑豆为豆科植物大豆[*Glycine max* (L.) merr]的黑色种子，又称黑大豆、乌豆、橹豆、马料豆、料豆和冬豆子。黑豆味甘性平，归脾肾经，具有益精明目、养血祛风、利水解毒的功效[1]。黑豆品种多、数量大，更因具有耐旱、耐贫、耐盐碱和适应性强等特点，在全国各地广泛分布。我国是黑豆的原产地，黑豆的种植区域辽阔，品种资源丰富，种植历史长达 4000 多年，是最早驯化和种植黑豆的国家。目前，我国保存的 22000 多份大豆品种资源中，黑豆有 2980 份，约占 13.2%，栽培品种有 2800 种，分布在从北到南 28 个省(市)的广阔地域[2]。

### (二) 黑豆化学成分

#### 1. 蛋白质

现代营养学研究表明，黑豆的蛋白质含量最高，可达种子化学成分的 50%左右，黑豆蛋白质中含有的人体必需氨基酸和含硫氨基酸的比例比较均衡，限制性氨基酸含量比黄豆高 29%，可以更好地满足人体的营养需求。研究表明，黑豆低聚肽具有较强的体外抗氧化活性；黑豆蛋白在酶催化下水解可制备具有抗氧化、抗疲劳、降血脂等生物活性的黑豆肽。

#### 2. 脂肪酸

黑豆含有较高含量的不饱和脂肪酸，是开发高级食用油的优质原料；其总脂肪酸含量高达 15.9%，其中不饱和脂肪酸的占比达 70%以上。不饱和脂肪酸是人体必需的重要营养物质，具有软化血管、降低血压及胆固醇等功效，在人体新陈代谢过程中发挥着重要作用。黑豆还含有大量的磷脂，不仅可以满足人体对脂肪的需求，还能降低血液中的胆固醇含量。长期食用黑豆可软化血管、滋润皮肤、延缓衰老，对高血压、心脏病以及肝脏和动脉等方面的疾病也有一定好处。

#### 3. 异黄酮

大豆异黄酮是豆科植物以及其他少数植物在生长过程中形成的一种具有生物活性的次生代谢物，也是引起豆类食品苦涩味的主要因子之一。已发现的大豆异黄酮有 12 种，分为异黄酮苷元、葡萄糖苷、丙二酰基异黄酮苷和乙酰基异黄酮苷四种类型(表 3-1)；其中，葡萄糖苷、丙二酰基异黄酮苷是大豆籽粒中异黄酮存在的主要形式。自然界中异黄酮资源十分有限，主要来源于豆科植物荚豆类、葛根等少数植物，其中以大豆含量较高，为 0.1%～0.5%。大豆中异黄酮主要分布于大豆种子、子叶和胚轴，子叶含 0.1%～0.3%；胚轴所含异黄酮种类较多，且浓度较高，但所占比例很少；种皮中异黄酮含量极少[3]。不同大豆品种，其异黄酮的含量也存在较大差异，并且受到生长环境、管理措施、栽培时期、地理环境、遗传特性以及生长期等多种内外因素的影响[4]。

**表 3-1　大豆异黄酮的化学结构**

| 化学结构 | | | | 化学名 | | 缩写 |
|---|---|---|---|---|---|---|
| 基本骨架 | $R_1$ | $R_2$ | $R_3$ | 中文名 | 英文名 | |
| 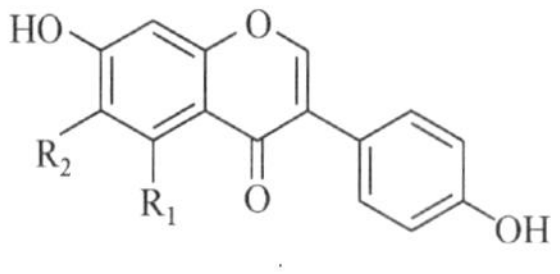 | H | H | — | 大豆苷元 | daidzein | DE |
| | OH | H | — | 染料木素 | genistein | GE |
| | H | $OCH_3$ | — | 黄豆黄素 | glycitein | GLE |
| 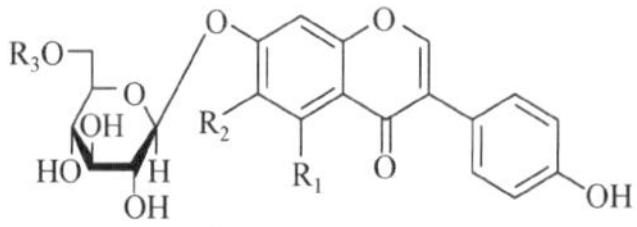 | H | H | H | 大豆苷 | daidzin | DG |
| | OH | H | H | 染料木苷 | genistin | GEG |
| | H | $OCH_3$ | H | 黄豆黄苷 | glycitin | GLG |
| | H | H | $COCH_3$ | 乙酰基大豆苷 | 6″-*O*-acetyldaidzin | AD |
| | OH | H | $COCH_3$ | 乙酰染料木苷 | 6″-*O*-acetylgenistin | AG |
| | H | $OCH_3$ | $COCH_3$ | 乙酰基黄豆黄苷 | 6″-*O*-acetylglycitin | AGL |
| | H | H | $COCH_2COOH$ | 丙二酰基大豆苷 | 6″-*O*-malonyldaidzin | MD |
| | OH | H | $COCH_2COOH$ | 丙二酰染料木苷 | 6″-*O*-malonylgenistin | MG |
| | H | $OCH_3$ | $COCH_2COOH$ | 丙二酰基黄豆黄苷 | 6″-*O*-malonylglycitin | MGL |

4. 花色苷

黑豆种皮富含花色苷，是天然色素的主要来源。前人对黑豆种皮色素的化学结构和稳定性进行了研究，发现酸性条件下黑豆中主要的花色苷成分飞燕草素-3-*O*-葡萄糖苷和矢车菊素-3-*O*-葡萄糖苷稳定性较好。不同品种的黑豆，其花色苷的构成存在差异，从仅含矢车菊素-3-*O*-葡萄糖苷至包括矢车菊素-3-*O*-葡萄糖苷、飞燕草素-3-*O*-葡萄糖苷和天竺葵素-3-*O*-葡萄糖苷等在内的8种花色苷(素)不等[5](表3-2)。不同产地黑豆的花色苷的含量差异很大，黑豆花色苷的含量由基因型及生长环境共同决定，Xu 等[6]分析了产自美国北达科他州-明尼苏达州地区的黑大豆种质种皮中花色苷含量，结果表明，其含量均低于 $1mg \cdot g^{-1}$；而 Kim 等[7]测得的某日本黑豆种皮花色苷含量高达 20.4mg · $g^{-1}$。

黑豆花色苷是一类天然的生物活性物质，体外试验证实黑豆种皮色素对活性氧自由基、脂质过氧化体系及 DNA 的氧化损伤具有较强的抑制作用。徐金瑞等[8]对黑豆花色苷的提取工艺条件进行了系统研究，并对其花色苷含量与总抗氧化能力之间的相关性进行了分析，发现二者密切相关，黑豆种皮花色苷提取物对·OH、$O^{2-}$·及有机自由基 DPPH 表现出较强的清除活性。

**表 3-2　黑豆花色苷化学结构**

| 化学结构 | | | | 化学名 | | 缩写 |
|---|---|---|---|---|---|---|
| 基本骨架 | $R_1$ | $R_2$ | $R_3$ | 中文名 | 英文名 | |
| 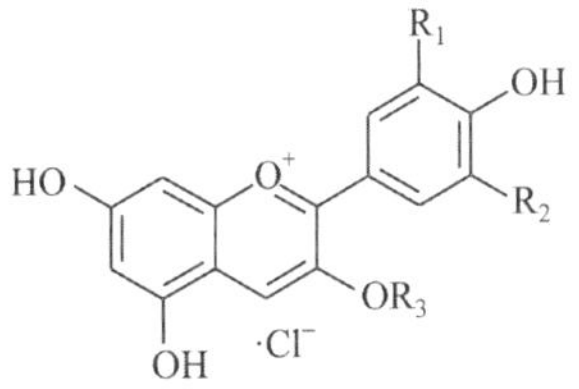 | OH | OH | galactose | 飞燕草素-3-*O*-半乳糖苷 | delphinidin-3-*O*-galactoside | DEA |
| | OH | OH | glucose | 飞燕草素-3-*O*-葡萄糖苷 | delphinidin-3-*O*-glucoside | DEL |
| | OH | H | galactose | 矢车菊素-3-*O*-半乳糖苷 | cyanidin-3-*O*-galactoside | CYA |
| | OH | H | glucose | 矢车菊素-3-*O*-葡萄糖苷 | cyanidin-3-*O*-glucoside | CYL |
| | $OCH_3$ | OH | glucose | 矮牵牛色素-3-*O*-葡萄糖苷 | petunidin-3-*O*-glucoside | PET |
| | H | H | glucose | 天竺葵素-3-*O*-葡萄糖苷 | pelargonidin-3-*O*-glucoside | PEL |
| | $OCH_3$ | H | glucose | 芍药色素-3-*O*-葡萄糖苷 | peonidin-3-*O*-glucoside | PEO |
| | OH | OH | H | 氯化矢车菊素 | cyanidin chloride | CYC |

(三) 特用黑豆品种选育

黑豆具有较高的食用价值和药用价值，选育优良的黑豆品种是促进黑豆产业发展的重要基础。黑豆在选育过程中，主要是根据其产量性状、品质性状和耐逆性进行选育，我国已成功选育出多种优质黑豆品种。例如，‘吉黑 2 号’[9]，该品种为中粒、品质优质、抗逆性强、丰产性好；‘南黑 20’[10]，其籽粒粗蛋白含量高达 50.7%，为高蛋白黑豆材料；‘丁村 93-1’药黑豆[11]，该品种籽粒大，抗病性强，高蛋白、高异黄酮，具有较高的药用价值和经济价值。除此以外，黑豆也可作营养保健食品开发[12]：如‘晋豆 46 号’[13]，该品种粗蛋白、脂肪含量高，具有早熟、优质、抗逆等特点；‘仓黑 1 号’[14]，该品种抗旱耐涝，株型收敛，耐荫性较强，适应性较强；‘宝黑豆’[15]，其抗倒性强，对花叶病毒 $SC_3$ 表现为中感，对 $SC_7$ 表现为中抗；‘黑美仁 2 号’[16]，其抗逆性较强，根系极为发达，抗倒伏，抗病毒病、叶斑病及白粉病，成熟时落叶性好、不裂荚。此外，如‘丹波黑大豆’[17]，是从日本引入我国的黑豆品种，该品种品质好、植株高大，属夏播中晚熟品种，裂荚性轻，倒伏程度 2 级。

# 第二节　净、套作黑豆种质资源的系统评价

## 一、研究方案

### (一) 供试材料

供试的 45 份黑豆种质资源于 2014～2015 年，搜集自四川、重庆、贵州、云南等地。将上述种质资源引种至四川雅安教学科研园区种植。对其中 40 个大豆种质的净、套作农艺性状进行比较评价；对其中 22 个大豆种质的净、套作籽粒化学成分进行评价。

### (二) 试验设计

试验采用二因素随机区组设计，因素 A 为不同黑豆种质资源，因素 B 为种植模式，设置大豆带状套作(INT)和净作(MON)两个处理。带状套作采用 2∶2 宽窄行种植模式，玉米和大豆之间的窄行距均 40cm，玉米和大豆之间的宽行距 60cm[18]。玉米于 2016 年 3 月 28 日育苗(穴盘)，4 月 11 日移栽；玉米穴距 15cm，每穴留苗 1 株，密度为 $6.7\times10^4$ 株 · $hm^{-2}$；在玉米大喇叭口期(6 月 10 日)播种大豆，大豆穴距 10cm，每穴留苗 1 株，密度为 $1.0\times10^5$ 株 · $hm^{-2}$，每个黑豆材料种植 2 行，行长 2.5m，不同材料间不留过道；玉米于 8 月 10 日收获，玉米-大豆共生期为 60 天。净作模式下各黑豆材料种 2 行，行长 2.5m，窄行距 40cm，宽行距 160cm，株距 10cm，密度为 $1.0\times10^5$ 株 · $hm^{-2}$。各处理均重复 3 次。

## 二、测定指标

### (一) 化学成分

分别取所搜集的黑豆种质资源 20g 左右，经 Foss 粉样机粉碎过 60 目筛(孔径 0.25mm)，用铝盒置于 60℃真空干燥 48h 后冷却至室温待用。

1. 总蛋白质

采用凯氏定氮法，测定黑豆总蛋白含量。准确称取黑豆干粉 0.1g，至消煮管内，加入 1 粒高效凯氏定氮催化剂和浓硫酸 10mL，置于消煮炉上消煮，消化温度为 380℃，预约时间为 2h，消煮结束后冷却至室温待测，每个样本重复 3 次。将消煮好的待测液放入凯氏定氮仪上，碱化蒸馏使待测液中的氨游离，用硼酸吸收，再用已知摩尔浓度硫酸标准溶液滴定，硫酸消耗量乘以换算系数 6.25 即为黑豆总蛋白的含量。

2. 可溶性多糖

采用硫酸苯酚法，以葡萄糖为标准对照品，测定黑豆可溶性多糖含量。试验分析的待测液与可溶性蛋白质的提取液相同，每个样本重复 5 次。精确称取葡萄糖 1g 于 100mL 容量瓶中用蒸馏水定容，从中取 1mL 于另一 100mL 容量瓶中定容，即为标准品反应液。精密吸取标准品反应液 0.0mL、0.2mL、0.4mL、0.6mL、0.8mL、1.0mL 于带塞试管中，加蒸馏水至总体积达 2.0mL，精密加入 1mL 5%苯酚溶液，充分摇匀后，缓慢加入 5mL 浓硫酸，迅速漩涡混匀，于 40℃水浴 15min，冷却至室温，以蒸馏水作参比，在 490nm 下测定其吸光度，得其回归方程。

精密吸取 0.5mL 大豆水提液于 50mL 带塞玻璃试管中，加蒸馏水至总体积为 2mL，再加入 1mL 5%苯酚溶液，充分摇匀后，缓慢向每支试管中加入 5mL 浓硫酸，立即盖上活塞，迅速漩涡混匀，于 40℃水浴 15min，取出后冷却摇匀，以蒸馏水作参比，490nm 下测定样品吸光度。

3. 异黄酮、花色苷、脂肪酸

采用 HPLC-MS 法测定黑豆中异黄酮、花色苷含量[19]；采用 GC-MS 法测定脂肪酸含量[20]。

(二) 农艺性状

在大豆生长后期测定其农艺性状，可参考李春红等[21]的方法并稍加修改，即于大豆成熟时每小区中间连续取有代表性的植株 10 株，测定主茎高、茎粗、主茎节数、分枝数、底荚高度、节间长度、单株荚数、单株粒数、每荚粒数、百粒重、单株产量，记录其营养生长期、生育期。采用 SPSS 22.0(SPSS, Chicago, IL, USA)进行主成分分析、相关性分析和单因素方差分析，采用 SIMCA-P14.1 进行聚类分析。净套作各单项指标差值的绝对值(AV)、隶属函数值[$\mu(X_j)$]、各综合指标权重($w_j$)、耐荫性综合评价值(IM)的计算如下：

$$\mathrm{AV} = \left|\text{套作性状值} - \text{净作性状值}\right| \tag{3-1}$$

$$\mu(X_j) = \frac{X_j - X_{\min}}{X_{\max} - X_{\min}} \quad j = 1,2,3,\cdots,n \tag{3-2}$$

$$w_j = \frac{P_j}{\sum_{j=1}^{n} P_j} \quad j = 1,2,3,\cdots,n \tag{3-3}$$

$$\mathrm{IM} = \sum_{j=1}^{n} [\mu(X_j) \times w_j] \quad j = 1,2,3,\cdots,n \tag{3-4}$$

用式(3-2)求得每一个综合指标的隶属函数值，其中 $X_j$ 表示第 $j$ 个综合指标，$X_{\max}$ 表示第 $j$ 个综合指标中的最大值，$X_{\min}$ 表示第 $j$ 个综合指标中的最小值。$w_j$ 表示第 $j$ 个综合指标在所用综合指标中所占的权重；$P_j$ 表示各黑豆种质第 $j$ 个综合指标的贡献率。

## 三、结果与分析

### (一) 净、套作黑豆化学成分的比较

#### 1. 差异显著性分析

对净、套作黑豆籽粒的异黄酮、花色苷、蛋白质、脂肪酸、饱和脂肪酸、不饱和脂肪酸等这 6 个品质性状进行差异显著性比较分析，结果如图 3-1 所示。由图 3-1(a)可知，黑豆异黄酮在套作模式下普遍呈上调趋势，除了'QWT43'的异黄酮含量呈极显著降低外，其他多数黑豆材料的异黄酮含量均呈极显著增加。黑豆花色苷含量在套作模式下普遍呈上升趋势，除'MY10'、'12WHJ'外，其余材料的花色苷含量均呈显著或极显著增加[图 3-1(b)]。由图 3-1(c)可知，黑豆蛋白质含量在套作模式下普遍呈降低趋势，除'MY6'外，多数材料的蛋白质含量在套作模式下均呈显著降低。此外，黑豆脂肪酸含量在套作模式下普遍呈降低趋势，其中，'C103'、'CQ12'、'QWT43'、'QWT47'、'QWT49'等 5 个材料呈显著或极显著降低；'D53-1'、'E21'、'E333'、'NH20'、'SCPJ17'等 5 个材料呈显著或极显著增加[图 3-1(d)]。由图 3-1(e)可知，饱和脂肪酸含量在套作模式下整体呈增加趋势，除'QWT43'和'C103'呈显著降低外，其他材料整体均呈上升趋势，且大多呈显著和极显著增加；而不饱和脂肪酸含量的变化趋势与总脂肪酸含量基本一致，整体呈降低趋势，其中以'D53-1'、'E21'、'E333'、'NH20'、'SCPJ17'等 5 个材料呈显著或极显著增加，其他多数材料均呈显著或极显著降低[图 3-1(f)]。

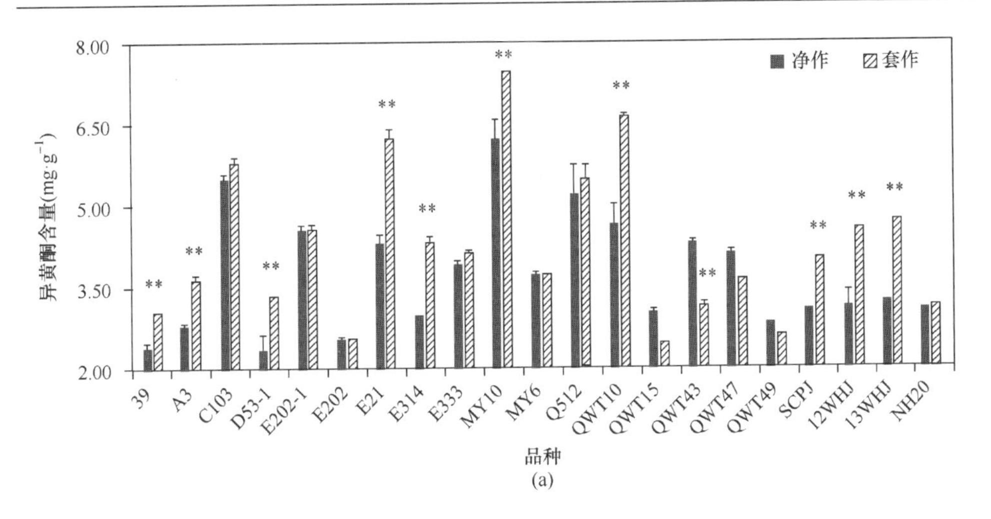
净作
套作
异黄酮含量(mg·g⁻¹)
8.00
6.50
5.00
3.50
2.00
39
A3
C103
D53-1
E202-1
E202
E21
E314
E333
MY10
MY6
Q512
QWT10
QWT15
QWT43
QWT47
QWT49
SCPJ
12WHJ
13WHJ
NH20
品种
(a)

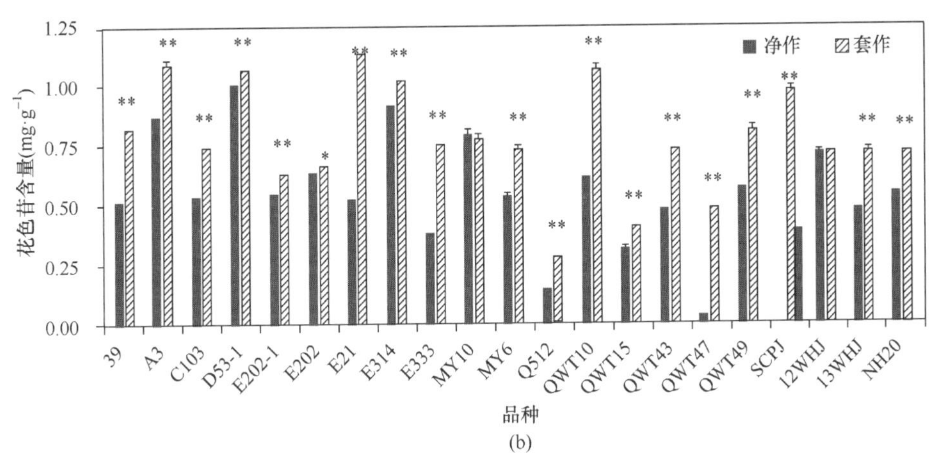
净作
套作
花色苷含量(mg·g⁻¹)
1.25
1.00
0.75
0.50
0.25
0.00
39
A3
C103
D53-1
E202-1
E202
E21
E314
E333
MY10
MY6
Q512
QWT10
QWT15
QWT43
QWT47
QWT49
SCPJ
12WHJ
13WHJ
NH20
品种
(b)

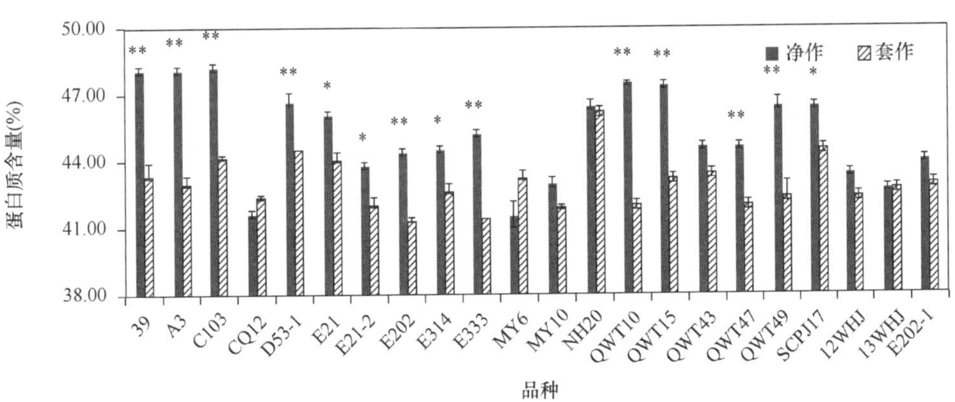
净作
套作
蛋白质含量(%)
50.00
47.00
44.00
41.00
38.00
39
A3
C103
CQ12
D53-1
E21
E21-2
E202
E314
E333
MY6
MY10
NH20
QWT10
QWT15
QWT43
QWT47
QWT49
SCPJ17
12WHJ
13WHJ
E202-1
品种
(c)

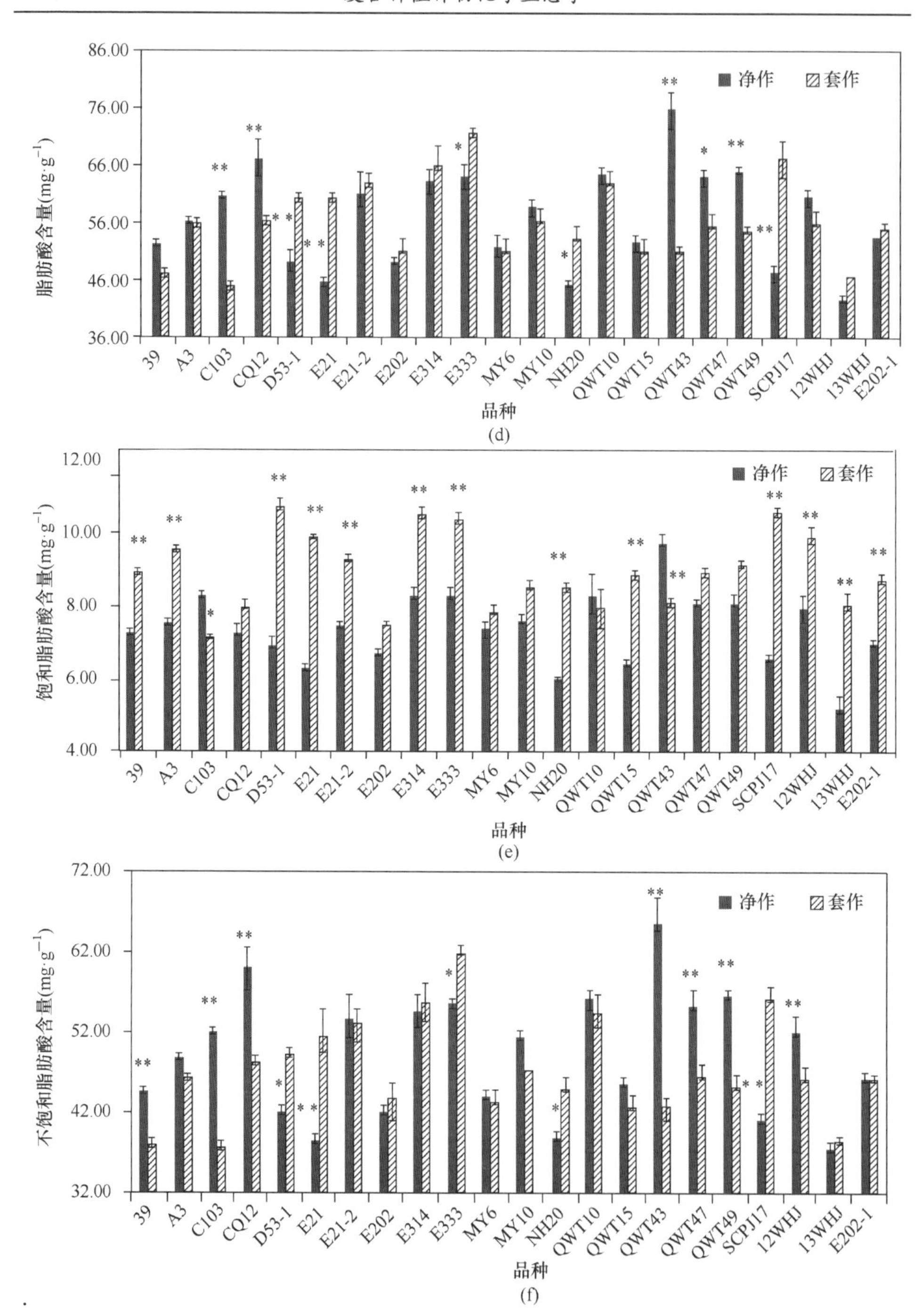


图 3-1　净、套作黑豆籽粒品质性状差异比较

(a) 异黄酮；(b) 花色苷；(c) 蛋白质；(d) 脂肪酸；(e) 饱和脂肪酸；(f) 不饱和脂肪酸

综上所述，黑豆在套作模式下，其籽粒蛋白质、不饱和脂肪酸和总脂肪酸的含量普遍呈下降趋势，而花色苷、异黄酮和饱和脂肪酸含量普遍呈上升趋势。

2. 聚类分析

基于 25 个化学指标对 22 份供试材料进行聚类分析，结果如附图 4 所示；由图可知，基于上述化学指标的综合评价，可实现净、套作黑豆种质资源群体的分离和聚类；套作模式下，黑豆多项功能性成分呈现出上调趋势。由附图 4(A)可知，套作模式下的‘12WHJ’、‘13WHJ’、‘E21’、‘E21-2’、‘C103’、‘MY10’、‘QWT10’等 7 个材料，尤其是后 4 个材料，总异黄酮含量高，适合专一性高异黄酮材料开发；且部分材料其他化学指标也较好，可作为优质套作黑豆材料的候选对象。由附图 4(B)可知，‘E333’、‘D53-1’、‘E202’等 13 个材料的饱和脂肪酸含量高，总脂肪酸含量也较高，且不饱和脂肪酸含量低，尤其是‘E333’、‘D53-1’、‘E202’这 3 个材料，适合专一性高脂肪酸材料开发；其余‘39’、‘QWT47’、‘E202-1’等 10 个材料的总体性表现也较好，部分材料可作为优质套作材料的选择对象。附图 4(C)和(D)材料中的化学成分含量普遍较低，除(D)组的套作‘CQ12’材料整体指标表现较好外，其他材料可利用性较低。因此，大部分优质材料可在附图 4(A)和(B)中选择。

(二) 西南黑豆种质资源的耐荫性评价

1. 主成分与隶属函数分析

以黑豆 11 个农艺性状在两种种植模式下的数值之差的绝对值为基础数据，进行主成分分析，依据特征值>1 的原则，共提取得到 4 个主成分，并将 11 个农艺性状指标转换为 4 个综合指标($X_1$～$X_4$)。前 4 个主成分解释了总变异方差的 68.79%，代表了原始数据的大部分信息；其中，第一主成分解释了总变异方差的 22.97%，代表了 2.526 个原始指标，主要包括主茎节数、单株产量和平均节长等，主要反映黑豆茎部和产量特征；第二主成分解释了总变异方差的 19.26%，代表了 2.119 个原始指标，包括结荚高度、分枝数、结荚数和有效荚数等指标，主要反映黑豆的产量性状特征；第三主成分解释了总变异方差的 13.78%，代表了 1.52 个原始指标，包括茎粗、株高和百粒重等指标；第四主成分解释了总变异方差的 12.78%，代表了 1.406 个原始指标，包括分枝数和最长分枝数两个指标。按照式(3-2)对综合指标进行隶属函数分析，获得隶属函数值。

2. 耐荫性综合评价

按照式(3-3)和式(3-4)分别计算权重和耐荫性综合评价值(IM)。根据耐荫性综合评价值对 40 份种质的耐荫能力进行排序，其中以‘QWT13’的综合影响值最低，为 0.18，这说明该品种的农艺性状受到套作影响最弱，是最适合在套作条件下种植的黑豆种质。‘39’的综合影响值最高，为 0.66，其对套作模式的适应性最差。采用欧式距离法对 40 个种质的耐荫性综合评价值进行聚类分析(附图 5)，结果表明，当距离为 2.5 时，40 个种质可分为 4 大类，其中，第Ⅰ类包括‘SCSL’、‘QWT4’、‘QWT1’、‘CQ16’、‘SCCD8’、‘QWT3’、‘CQ12’、‘QWT23’、‘E200’和‘QWT13’等 10 个黑豆种质，其受到套作环境尤其是荫蔽环境的影响极小，为荫蔽高抗型黑豆；第Ⅱ类包括‘YJ9’、‘QWT28’、‘QWT5’、‘E202’、‘13WHJ’、‘QWT19’、‘NH20’、‘QWT47’、‘ND12’、‘QWT43’、‘CQ13’、‘QWT6’、‘QWT2’、‘QWT49’和‘Q512’，为中度耐荫型黑豆；‘E202-1’、‘MY6’、‘E314’、‘QWT7’、‘MY10’、‘QWT10’、‘C103’、‘QWT15’、‘A3’和‘E333’被归为第Ⅲ类，其综合表现稍差，为荫蔽敏感型黑豆；而余下的‘E21’、‘SCPJ17’、‘D53-1’、‘12WHJ’和‘39’对套作荫蔽的敏感性非常强，表现为生长不良，属于重度荫蔽敏感型品种，被归为第Ⅳ类。

#### 3. 回归模型的建立及鉴定指标筛选

为分析各单项指标与耐荫性之间的关系，筛选出耐荫性鉴定的关键指标，并获得用于耐荫性评价的可靠模型，以 11 个单项指标为自变量，IM 值为因变量进行回归分析。直接回归分析，指标间可能会存在共线性而给回归系数带来不合理的解释[13]。因此，采用逐步回归法，以去除不显著的指标，获得最优模型 IM = 0.173 + 0.02NEP + 0.02PH + 0.01ADL + 0.16SD + 0.003POH ($R^2$=0.942；$F$=60.141；$P$=0.000)(NEP：有效荚数；PH：株高；ADL：平均节长；SD：茎粗；POH：结荚高度)。因此，有效荚数、株高、平均节长、茎粗和结荚高度等 5 个农艺性状指标最能反映套作种植模式对黑豆农艺性状的影响。

## 四、结论与讨论

### (一) 净、套作黑豆品质差异显著，套作荫蔽利于类黄酮积累

套作模式下，由于高位作物玉米对低位作物大豆的荫蔽，造成大豆所接收的光照强度降低，红光和远红光比值下降，从而影响大豆形态建成和品质变化[22]。通过对 22 个黑豆材料净、套作种植模式下籽粒化学成分的比较分析，结果发现，黑豆花色苷、染料木素、硬脂酸、油酸、饱和脂肪酸、乙酰基大豆苷、乙酰型异黄酮、棕榈酸、亚麻酸等 9 个化学指标在净、套作模式下的差异最显著。套作模式下，黑豆蛋白质、脂肪酸含量整体降低，花色苷、异黄酮含量整体升高；套作荫蔽胁迫下，黑豆受到玉米荫蔽影响，其光合产物的合成受抑制，但更有利于黄酮类次生代谢产物的积累。异黄酮的生物合成和积累由其基因型和所处环境共同

决定，温度、紫外线、土壤养分等多种环境因素对黄酮类化合物代谢过程的影响尤为显著[22]。

此外，一些品质性状表现较好的种质，其百粒重较小，且均为黄芯，该类黑豆更接近野生大豆性状，其抗逆性和适应性相对较强[23]。黑豆花色苷积累受外界环境影响较大，套作黑豆花色苷含量上升幅度较大的黑豆种质主要源自四川和云南，黑豆基因型及生长环境差异是造成这一差别的重要原因。

### (二) 黑豆植株形态与其耐荫性及最终产量关系密切

陈怀珠等[24]采用综合荫蔽系数对大豆进行耐荫性评价，该方法并未考虑各指标对大豆耐荫性作用的差异，为弥补上述缺陷，李春红等[21]、武晓玲等[25]引入了模糊数学方法，将多个单项指标转化为单一、独立的少数几个指标，再采用隶属函数分析方法对大豆的耐荫性进行了综合评价。本研究基于田间试验的 11 个直观形态指标和产量数据，采用多元统计分析方法对黑豆套作耐荫性进行综合评价分析，建立隶属函数，获得了耐荫性综合评价值；并进一步利用逐步回归分析方法建立数学模型，筛选出 4 个与耐荫性显著相关的鉴定指标：茎粗、分枝数、单株产量和百粒重，这与李春红等[21]研究结果一致。套作模式下，由于玉米荫蔽，大豆植株下胚轴伸长，茎秆变细，中部及上部节间过度伸长，易导致植株茎秆藤蔓化和倒伏，最终影响产量[26]。分枝对于套作大豆产量极为重要，研究发现，大豆多数分枝形成于花期开始之后的 R1～R5 期；此时，玉米已经收获，大豆冠层光照强度恢复，能快速缓解前期荫蔽对其生长的影响[27]。大豆单株产量高低直接影响其经济效益，粒重是产量构成的重要因子之一[28]，本研究所筛选出的有效荚数、株高、平均节长、茎粗和结荚高度等 5 个农艺性状指标最能反映套作种植模式对黑豆生长情况和产量的影响。

### (三) 西南黑豆种质资源的综合评价与利用

种质资源的综合评价与利用是衡量材料利用价值的重要环节，本研究通过主成分分析和聚类分析，对黑豆种质资源进行了系统评价研究；综合前述分析结果，可以看出，‘QWT7’、‘YJ9’、‘E202’、‘NH20’、‘CQ13’、‘QWT49’、‘CQ16’、‘QWT4’、‘QWT3’、‘SCSL’、‘QWT13’、‘E333’、‘QWT5’、‘QWT19’这 14 份材料株高较高，分枝较多，可用作高秆杂交品种或者秸秆饲料加以利用；‘MY10’、‘QWT10’、‘E21’、‘13WHJ’、‘E21-2’和‘C103’这 6 份西南黑豆材料的异黄酮含量较高，可作为高异黄酮黑豆开发材料；‘E21’、‘13WHJ’、‘E314’、‘E21-2’和‘MY10’这 5 份西南黑豆材料的花色苷含量较高，可作为高花色苷黑豆开发材料；‘D53-1’、‘E202’、‘39’、‘QWT47’、‘A3’、‘QWT15’和‘QWT49’这 7 份西南黑豆材料的饱和脂肪酸含量较高，可作为高脂肪酸黑豆开发材料。‘D53-1’、‘C103’、‘QWT10’、‘MY10’、‘MY6’、‘QWT43’、‘QWT47’等 7 个黑豆材料具有主茎粗、株高适中、分枝数较多、百粒重小、单株产量高以及异黄酮含量高等优势，具有综合型药用黑豆开发潜力。

对黑豆种质资源耐荫性的综合评价结果表明:40个种质可分为4大类,其中,第Ⅰ类包括‘SCSL’、‘QWT4’、‘QWT1’、‘CQ16’、‘SCCD8’、‘QWT3’、‘CQ12’、‘QWT23’、‘E200’和‘QWT13’等 10 个黑豆种质,为强耐荫黑豆;第Ⅱ类包括‘YJ9’、‘QWT28’、‘QWT5’、‘E202’、‘13WHJ’、‘QWT19’、‘NH20’、‘QWT47’、‘ND12’、‘QWT43’、‘CQ13’、‘QWT6’、‘QWT2’、‘QWT49’和‘Q512’，为中度耐荫型黑豆；‘E202-1’、‘MY6’、‘E314’、‘QWT7’、‘MY10’、‘QWT10’、‘C103’、‘QWT15’、‘A3’和‘E333’被归为第Ⅲ类，为荫蔽敏感型黑豆；而余下的‘E21’、‘SCPJ17’、‘D53-1’、‘12WHJ’和‘39’对套作荫蔽的敏感性非常强，被归为第Ⅳ类，为重度荫蔽敏感型黑豆。其中，‘QWT13’受到套作荫蔽影响最小，而‘39’受到套作荫蔽影响最大，其对套作模式的适应性最差；虽然根据耐荫性评价结果将‘C103’、‘MY10’、‘QWT10’、‘12WHJ’、‘A3’这 6 个材料归为不耐荫种质，但当综合评价函数中引入产量性状时，这些材料可归为光恢复敏感型种质且营养期均较长。玉米收获时，黑豆刚进入 R1 期，而黑豆分枝的形成主要在 R1～R4 期，为该类材料籽粒的积累创造了有利的条件，因此，该类黑豆种质也可作为套作黑豆品种候选材料进一步研究。

本研究系统分析了西南黑豆种质资源的品质性状特征，并基于田间净、套作比较试验，对其耐荫特性开展了系统评价研究，为西南套作黑豆品种的选育奠定了基础。但相关的研究工作依然有待完善，下一步将基于已获得的系统评价结果，进一步开展优质套作黑豆的筛选、推广工作，并力求在黑豆次生代谢调控及其耐荫抗逆机理等基础研究方面有所突破。

## 第三节　基于代谢组学方法筛选耐荫大豆种质

### 一、研究背景

作物野生种质资源的评价、筛选是优质品种选育的基础，根据作物育种方向有针对性地开展农艺性状、品质性状的评价工作极为重要，合理有效的评价方法可大大缩减优质品种选育的进程。西南华南间套种食用大豆产区是我国大豆三大优势产区之一,而套作荫蔽条件下,高秆作物的荫蔽作用导致大豆营养生长受阻,光合产能不足，品质形成受到影响，选育具有耐荫特性、适合套作荫蔽环境的大豆优质品种是解决这一瓶颈问题的突破口之一，而耐荫型大豆种质资源的评价、筛选需要多年的大田品比试验，通过监测比较净、套作大豆生长过程中多个生理指标、农艺性状的表现，从而达到耐荫大豆种质资源评价、筛选的目的。大豆资源评价的过程耗时长、费工费力，若评价对象的数量过于庞大时，操作将更加烦琐；且可能由于特殊气候导致评价不合理、不真实，或更难达到预期目的，实践中亟须一种能够快速、高效评价大豆耐逆潜力的方法。

大豆异黄酮不仅具有多种药用功能，其在植物应对各种生物或非生物胁迫中发挥着重要作用。已有研究证明，异黄酮代谢在植物抗逆应答中起到了关键作用，但尚不清楚大豆异黄酮组分与大豆耐荫性之间是否存在关联。我们前期分析了从中国南方不同地区采集的 144 份大豆种质的异黄酮组分多样性，试验结果表明，对于异黄酮生物合成而言，大豆遗传基因比地理环境因素更加重要。大豆化学成分的多样性，尤其是变异幅度最大的异黄酮苷元受遗传因素的影响最大。据此，我们推测，可能存在一类异黄酮组分(可能是异黄酮苷元)，可根据其变化趋势来判断大豆种质的抗逆性。本研究即分析测定了各种不同来源、不同耐荫型大豆籽粒中的异黄酮含量，并基于正交偏最小二乘判别法(OPLS-DA)，建立可靠的判别模型，用以表征耐荫特性的大豆异黄酮组分[29]，从而实现耐荫型大豆种质资源的快速筛选。

## 二、研究方案

### (一) 供试材料

本研究以耐荫性不同的 9 个大豆种质资源为研究对象，供试材料于 2010 年采集自中国四川不同地点；包括高耐荫常规栽培品种‘南豆 12 号’(‘ND12’)和弱耐荫型大豆种质‘C103’(‘Nan032-4’)，大豆种质样本信息如表 3-3 所示[30]。

表 3-3　不同耐荫特性大豆材料信息

| 编码 | 名称 | 来源 | 加权敏感指数 (WIS) | 耐荫类型 |
|---|---|---|---|---|
| ‘ND12’ | ‘Nandou No. 12’ | 四川省南充市农业科学院 | 0.51 | 强耐荫 |
| ‘14011’ | ‘LUOSHI’ | 四川省西昌市盐源县 | 0.52 | 强耐荫 |
| ‘14022’ | ‘Gongxuan No. 5’ | 四川省自贡市农业科学研究所 | 0.97 | 中耐荫 |
| ‘14015’ | ‘HUI’ | 四川省西昌市盐源县 | 1.02 | 中耐荫 |
| ‘14027’ | ‘MAO’ | 四川省阿坝州九寨沟县 | 1.06 | 中耐荫 |
| ‘14057’ | ‘BAYUE’ | 四川省巴中市平昌县 | 1.09 | 中耐荫 |
| ‘C103’ | ‘Nan032-4’ | 四川省南充市农业科学院 | 1.26 | 弱耐荫 |
| ‘14059’ | ‘DONG’ | 四川省宜宾市翠屏区 | 1.80 | 弱耐荫 |
| ‘14055’ | ‘YINGSHAN’ | 四川省乐山市沐川县 | 1.82 | 弱耐荫 |

## (二) 试验设计

### 1. 耐荫性评价田间试验

对供试材料进行两年适应性栽培后，于 2013～2014 年开展田间试验，进行种质资源评价。田间试验采用二因素随机区组设计，设置三次重复。两因素为 9 个大豆材料和 2 种种植模式(大豆净作和玉米-大豆套作)；基于常规方法，测定大豆农艺性状。供试大豆材料分别与玉米(*Zea. mays* L. cv.，‘川单 418’)套作，田间布置如图 3-2(a)所示。套作模式下，玉米-大豆行比为 2∶2，带宽 2m；采用宽窄行栽培，玉米宽行 160cm、窄行 40cm；于玉米生殖生长期前，将大豆播种于玉米宽行间，大豆行距 40cm，株距 10cm。套作大豆冠层光合有效辐射透光率为 47.5%(LI-COR Inc., Lincoln, NE, USA)。净作大豆行距 50cm，株距 20cm[图 3-2(b)][31]。小区面积 6m×7m，玉米于 3 月 26 日播种，8 月 5 日收获；大豆于 6 月 13 日播种，此时玉米处于 V12 期，玉米-大豆共生期为 53 天。每个处理随机选择 10 株测定农艺性状，重复三次。

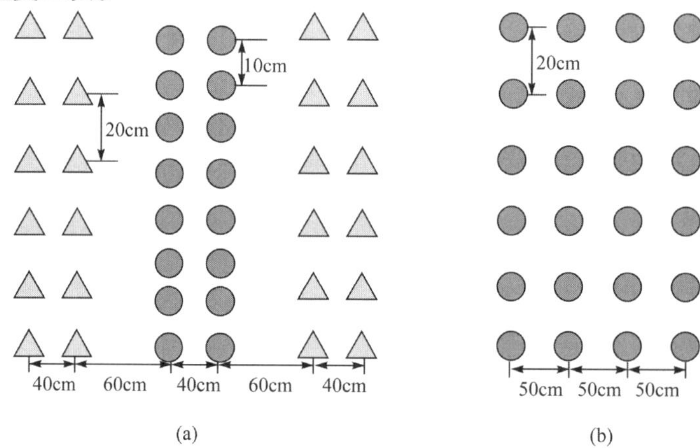


图 3-2　玉米-大豆带状套作(a)与净作(b)田间布置图

△代表玉米；●代表大豆

### 2. 大豆异黄酮荫蔽响应试验

苗期大豆异黄酮响应试验于 2016 年在人工气候室进行。大豆籽粒在光照培养箱中催芽，2 天后移栽至霍格兰(Hoagland)营养液中培养[32]，三天后，子叶期(VC，第一节单叶充分展开)幼苗转移至三色培养箱中(LED-41L2, Percival Scientific Inc., Perry, IA)，以发光二极管(LED)光源模拟红光远红光处理，对大豆植株进行 7 天的处理，昼夜光照为 12/12h，室温 25/15℃，二氧化碳浓度 350μmol · mol$^{-1}$，空气湿度 60%。试验采用二因素随机区组设计，因素一为典型大豆材料‘ND12’(耐荫型)、‘C103’(荫蔽敏感型)；因素二为不同光照处理，包括模拟荫蔽(光强

210mol · m$^2$ · s$^{-1}$，R/FR=0.35)、正常光照(光强 440mol · m$^2$ · s$^{-1}$，R/FR=1.15)；大豆样本于第一簇复叶期(V1)收获，对顶端三簇复叶采样后，立即进行液氮处理，存于–80℃冰箱中备用。

(三) 分析测试

1. 耐荫性评价

大豆耐荫性评价基于净、套作大豆田间试验性状指标(主茎长、平均节长、下胚轴长、节数、茎粗、抗折力等)，采用加权敏感指数量化大豆耐荫性[33]。抗折力采用数字茎秆强度仪(YYD-1, Top Instrument, Zhejiang, China)于大豆第四节位处测定。WIS 计算方法如下：

$$IS = \left|1 - X_{\mathrm{r}} / X_{\mathrm{s}}\right| \div \left|1 - X_{\mathrm{ar}} / X_{\mathrm{as}}\right| \tag{3-5}$$

式中，IS 为荫蔽敏感指数(index of sensitivity)；$X_{\mathrm{r}}$、$X_{\mathrm{s}}$ 分别为套作和净作模式下各性状指标实测值；$X_{\mathrm{ar}}$、$X_{\mathrm{as}}$ 分别为所有参试品种在套作和净作模式下各性状指标的平均值。

$$WIS = \sum_{i=1}^{n}\left[IS \times \left(\left|r_i\right| \div \sum_{i=1}^{n}\left|r_i\right|\right)\right] \tag{3-6}$$

式中，$r_i$ 为 $i$ 性状的荫蔽敏感指数与所有敏感指数均值间的相关系数；$\left|r_i\right| \div \sum_{i=1}^{n}\left|r_i\right|$ 为指数权数，表示第 $i$ 个指标在所有指标中的重要程度。

所有性状于大豆始花期测定，WIS 值越高表示该大豆种质对套作荫蔽环境越敏感，耐荫性越差。

2. 异黄酮定量分析

基于前期优化方法，采用 Agilent 1100 系列 HPLC-UV 系统测定大豆异黄酮[31]。将 100.00mg 干燥豆粉置于预冷离心管中，加入 5mL 预冷的 MeOH/$H_2O$(体积比为 80：20)提取溶液，漩涡振荡混合均匀后，室温下超声提取 3h；样本于 11000$g$、4℃条件下离心 10min，取上清液经 0.22μm 滤头过滤至进样瓶备用。色谱条件如下：流速 0.8mL · min$^{-1}$，柱温 30℃；检测波长 260nm；以 0.1%乙酸水溶液(A)和乙腈(B)两相梯度洗脱，梯度洗脱程序：85%～80% A(0～30min)，80%～60% A(30～60min)，60% A(60～70min)；进样量 5μL。DG、GLG、GEG、MD、MGL、AD、AGL、MG、DE、AG、GLE 和 GE 等 12 个异黄酮通过标准品比对，按照峰面积建立标准曲线定量。

3. 代谢组判别分析

利用正交偏最小二乘判别法对检测获得的异黄酮含量数据矩阵进行统计分析，

对大豆种子的代谢指纹数据进行建模，根据模型中的变量重要性因子筛选对分类有重要贡献的大豆异黄酮；对筛选出的大豆异黄酮进行学生 $t$ 检验，结合实际检测耐逆潜力表型选出含量差异显著的大豆异黄酮，并将其作为对大豆的耐逆潜力影响显著的一种或多种大豆异黄酮。

根据现有的大豆种子样本信息将对大豆的耐逆潜力影响显著的一种或多种大豆异黄酮及其绝对含量与大豆种子的耐逆潜力建立关联，形成判别标准。从多个大豆种子样本中随机抽取一个或多个样品的混合物设为质量控制样本，在对大豆种子样本获得的样品进行定量分析的过程中，每分析 5～10 个样本，将所述质量控制样本进样一次并通过保证质量控制样本的重复性来确保分析过程中仪器运行的稳定性。

## 三、结果与分析

### (一) 耐荫性评价与异黄酮轮廓

基于间套作模式下大豆性状指标，计算获得的 WIS 代表大豆耐荫性强弱。由表 3-3 可知，所有参试材料按照 WIS 高低可分为三类：①强耐荫大豆(‘ND12’、‘14011’)，WIS<0.6；②中耐荫大豆(‘14022’、‘14015’、‘14027’、‘14057’)，WIS≈1.0；③弱耐荫大豆(‘14059’、‘14055’、‘C103’)，WIS>1.2。

所测定的大豆异黄酮，按照化合物结构类型可分为以下几类：苷元(T-e=GE+DE+GLE)，$\beta$-葡萄糖苷(T-g=GEG+DG+GLG)，丙二酰基异黄酮苷(T-m=MG+MD+MGL)，乙酰基异黄酮苷(T-a=AG+AD+AGL)，G 型异黄酮(To-G=GE+GEG+AG+MG)，D 型异黄酮(To-D=DE+DG+AD+MD)，GL 型异黄酮(To-GL=GLE+GLG+AGL+MGL)。其中丙二酰基异黄酮苷和$\beta$-葡萄糖苷含量最高(>85%)；按照化学结构骨架区分，G 型异黄酮和 D 型异黄酮含量最高。不同大豆种质资源间异黄酮含量具有较大变幅，T-g 和 T-e 的变异系数分别达到 22.47%和 25.62%，葡萄糖苷和苷元含量是其变异的主要来源。大豆籽粒中异黄酮平均含量为 1.81mg · $g^{-1}$，其中‘C103’、‘14055’和‘ND12’的含量最高，分别达到 2.295mg · $g^{-1}$、2.291mg · $g^{-1}$ 和 1.992mg · $g^{-1}$。

### (二) 异黄酮正交偏最小二乘判别分析

为探明大豆异黄酮与耐荫性之间的关系，本试验基于异黄酮含量指标及田间实际测定的耐荫性指数，构建 OPLS-DA 模型。交叉检验参数[$R_2(X)$=0.977，$R_2(Y)$=0.926，$Q_2$=0.845]表明所建立的模型可靠。由图 3-3(a)可知，根据 OPLS-DA 得分图将所有样本分为三类，其中，第一主成分将弱耐荫型大豆与强耐荫型、中耐荫型大豆区分开[图 3-3(a)]；第二主成分进一步将强耐荫型大豆与中耐荫型大豆区分开；对应的 OPLS-DA 载荷图[图 3-3(b)]表明，强耐荫型大豆籽粒中异黄酮苷元(GE、DE、GLE、T-e)的含量较高。虽然'C103'籽粒中异黄酮总量(2.295mg · $g^{-1}$)略高于'ND12'(1.992mg · $g^{-1}$)，但'ND12'中苷元所占比例(5.72%)极显著高于'C103'(1.95%)。强耐荫型大豆种质'14011'、'ND12'中异黄酮苷元GE、DE、GLE、T-e的含量均最高值。而AGL、MGL、To-GL等GL型异黄酮含量在第二主成分上被突显出来，成为区分弱耐荫型与强耐荫型大豆的重要指标[图3-3(b)]。上述结果

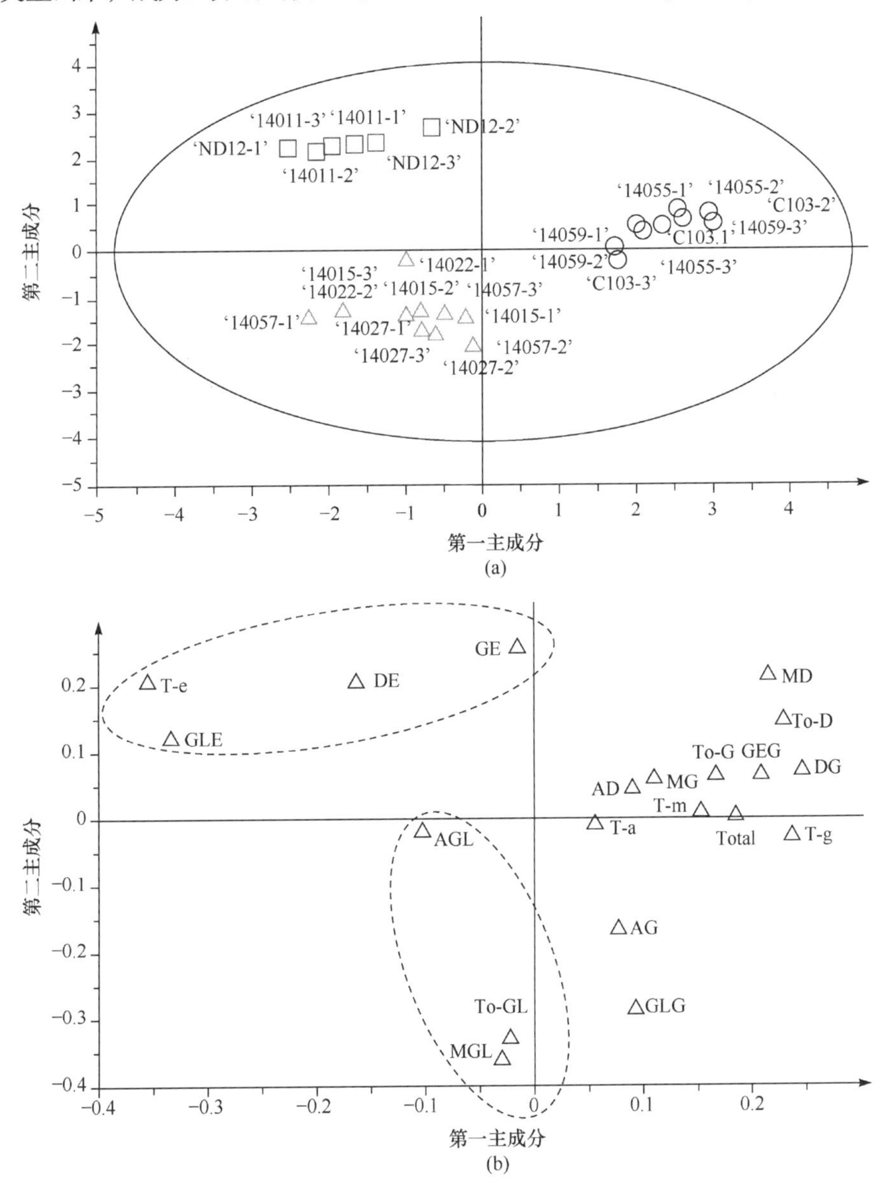


图3-3　不同耐荫型大豆OPLS-DA得分图(a)及其对应的载荷图(b)

□、△、○形分别表示强耐荫型、中耐荫型和弱耐荫型大豆样本

表明，GL 型异黄酮对于不同耐荫型大豆的判别起到了一定作用，而异黄酮苷元在不同耐荫型大豆判别中具有重要作用。

### (三) 异黄酮含量与荫蔽指数的相关性分析

为进一步探明大豆异黄酮与耐荫性之间的关系，对异黄酮含量与 WIS 做了相关性分析。由附图 6 可知，异黄酮苷元(GE、DE、GLE、T-e)及 GL 型异黄酮(GLE、AGL、MGL、To-GL)含量与 WIS 呈显著负相关关系，而其他类型异黄酮与 WIS 呈正相关关系。虽然 WIS 与总异黄酮含量的相关性不显著，但与总苷元(T-e)含量呈极高的负相关关系。综上所述，大豆籽粒中的苷元含量与大豆苗期耐荫性密切相关，这也暗示异黄酮苷元可能是耐荫型大豆潜在的标记代谢物。

### (四) 大豆异黄酮合成对荫蔽信号的响应规律

为进一步确证大豆异黄酮与耐荫性之间的关系，在人工气候室内开展了异黄酮代谢规律研究试验，比较了荫蔽胁迫下耐荫型大豆‘ND12’(WIS=0.51)和荫蔽敏感型大豆‘C103’(WIS=1.26)异黄酮代谢轮廓差异。研究结果表明，荫蔽胁迫导致大豆叶片中异黄酮代谢轮廓发生变化，该变化规律在上述两个典型材料间存在显著差异。如图 3-4 所示，荫蔽胁迫下，‘C103’叶片中总异黄酮含量由 1.123mg · $g^{-1}$ 上升至 1.676mg · $g^{-1}$，‘ND12’叶片中总异黄酮含量由 1.480mg · $g^{-1}$ 上升至 2.551mg · $g^{-1}$，‘ND12’中的上升幅度更大。仅‘C103’叶片中 GE 含量被检测到由 0.018mg · $g^{-1}$ 显著上升至 0.038mg · $g^{-1}$；虽然荫蔽处理前后‘ND12’叶片中 GE 含量的变化不显著(由 0.062mg · $g^{-1}$ 下降至 0.052mg · $g^{-1}$)，但含量显著高于任何一个‘C103’样本。虽然，‘C103’籽粒中总异黄酮含量(2.295mg · $g^{-1}$)高于‘ND12’(1.992mg · $g^{-1}$)，但‘ND12’中异黄酮苷元占总异黄酮含量的比例(5.72%)却显著高于‘C103’(1.95%)。综上所述，耐荫型大豆叶片中异黄酮苷元的含量显著高于荫蔽敏感型大豆，荫蔽胁迫下其含量更高。这些结果表明，大豆异黄酮苷元，尤其是 GE 在大豆耐荫性响应中具有重要作用。

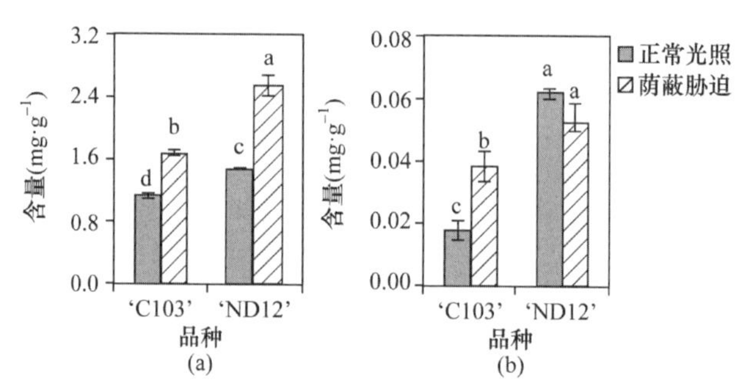


图 3-4　荫蔽胁迫对大豆叶片总异黄酮(a)及染料木素(b)积累的影响

## 四、结论与讨论

### (一) 异黄酮靶向代谢组学分析揭示了大豆苗期耐荫性差异

耐荫型大豆种质资源的筛选是降低玉米荫蔽导致大豆减产的直接有效的策略之一，但现在普遍采用的田间试验筛选方法费时、费力，尤其是当面对大量种质资源需要评价筛选时，常规方法的工作量极大，因此，亟须一种快速、简便的评价筛选方法。正交偏最小二乘判别分析不仅能去除光谱数据中的干扰信号，而且可去除浓度数据中最大的有效信息，剔除与样品含量无关的主成分，所提取的成分对含量数据有较大的贡献率，使得预测精度更高；与主成分分析、聚类分析及常规判别分析相比，OPLS 是一种更加便利高效的获得准确、清晰分类信息的模型，其使得判别分析的预测效果更加精准可靠。本研究中建立的 OPLS-DA 模型，其交叉验证参数 $R_2(X)$和 $R_2(Y)$接近于 1.0，所有的大豆组群得到了清晰的分离，这表明，该模型的拟合度极高，判别结果准确可行。此外，相关性分析结果也进一步确证了所筛选出的大豆异黄酮在判别不同耐荫性大豆种质资源中确实发挥了重要作用。总之，大豆异黄酮的靶向代谢轮廓与 OPLS-DA 模型可实现对大豆种质资源耐荫特性的准确预测，而避免了大量烦琐的田间试验。例如，从众多不同的大豆种质资源中筛选高耐荫性大豆，只需采用批量 HPLC 法分析测定这些大豆籽粒的异黄酮含量，并进行多元统计分析，这些大豆种质资源将会被分为若干类群，某些类群的大豆异黄酮苷元，尤其是 GE 含量较高，这些类群将作为重点验证对象做进一步的耐荫性评价，这样即可大大降低工作量。

### (二) 异黄酮代谢与苗期大豆耐荫性密切相关

异黄酮在大豆中的合成积累受基因和环境的双重影响(environment×genotype, E×G)。温度、紫外辐射、土壤营养等各种环境因素都会影响异黄酮的积累变异[34]。环境因子对大豆异黄酮代谢具有极大影响，而内源异黄酮在大豆机体抵御各种生物非生物胁迫中也发挥了重要作用。已有研究表明，大豆异黄酮具有较好的病虫害抑制活性[35, 36]，也对提高植物抗旱性、抗盐性[37]以及防止紫外诱导的 DNA 损伤具有积极作用[38]。也有研究表明，大豆异黄酮在光胁迫和抗氧化防御中发挥了重要作用[39, 40]。某些异黄酮具有紫外吸收功能，是植物基于叶片化学成分改变从而适应不利胁迫的重要机理所在。植物固有的或诱导产生的黄酮类成分能够保护植物光合系统，使其免遭极端光环境的损伤[41]。本研究中，大豆异黄酮苷元，尤其是抗氧化活性极强的 GE[42]，在荫蔽胁迫试验中，通过多元统计分析被突显出来；荫蔽胁迫下，该类苷元含量的增加或许是大豆减轻荫蔽伤害的一种环境适应机制。

### (三) 异黄酮构效关系可部分阐释大豆耐荫机理

诸多研究表明，植物在光抑制、大气污染、水涝、干旱及病原体侵害等逆境胁迫下，均会产生大量的活性氧[43]。氧化胁迫(oxidative stress)是生物系统中常见的胁迫响应现象，在氧化胁迫下，活性氧平衡被打破，活性氧的大量积累对细胞膜产生毒害作用，从而导致细胞凋亡。我们之前的研究发现，套作荫蔽下，大豆的许多与过氧化反应相关的参数均有不同程度的响应；一些化控物质的施加会上调超氧化歧化酶、过氧化物酶活性及脯氨酸含量，而丙二醛含量和脂质氧化酶活性下调，从而保护套作大豆细胞膜的完整性和机体功能的正常运转[44]。大量研究表明，植物中纯化得到的许多抗氧化酶和代谢物具有天然的抗氧化活性，这些物质是植物抗性功能发挥所必需的组分[43]。酚酸、黄酮、生物碱及多糖等众多天然产物具有极好的清除自由基活性，可有效降低氧化伤害，尤其是黄酮类代谢物，具有显著的抗氧化活性及生物螯合特性[45]。虽然，黄酮的保护作用机理尚存在争议[46]，但可以肯定的是黄酮化学结构决定了其抗氧化活性高低，尤其是酚羟基官能团的位置和数量与其抗氧化活性密切相关[47]。

大豆异黄酮具有高抗氧化活性，其主要含有 12 种单体化合物结构[48]，包括异黄酮苷元、$\beta$-葡萄糖苷、丙二酰基异黄酮苷和乙酰基异黄酮苷四种类型。羟基的位置和数量决定了异黄酮清除自由基活性的强弱[49]；邻二羟基基团是高活性黄酮的重要结构特征[50]；糖基化和甲氧基化会产生大基团位阻效应，从而导致邻近羟基活性作用的降低，并最终降低其抑制活性[51]。本研究中，所有的异黄酮苷元(DE、GLE、GE、T-e)在多元统计分析中被突显出来，表明其与大豆耐荫性密切相关。通过相关性分析结果也可以看出，糖基化减少了活性羟基数量，降低了抑制活性。室内模拟荫蔽试验中，含有两个活性羟基基团的 GE 也被筛选出来，被认为是具有最强活性的抗氧化代谢物[50]。此外，给电子基团甲氧基的存在或许可以提高异黄酮的亲脂性和膜分配能力，从而增强异黄酮活性[51]。

综上所述，诸多研究均证实，大豆异黄酮，尤其是异黄酮苷元与大豆耐荫性密切相关。某些代谢物为我们研究荚果植物耐荫性或荫蔽适应性提供了崭新视角；基于异黄酮轮廓的 OPLS-DA 模型可用于筛选具有耐荫潜力的大豆种质。

## 参 考 文 献

[1] 国家药典委员会. 中国药典. 北京: 中国医药科技出版社, 2015.

[2] 常汝镇. 中国黑豆资源及其营养和药用价值. 中国食物与营养, 1998, 5: 38-39.

[3] 梁慧珍, 李卫东, 方宣钧, 等. 大豆异黄酮及其组分含量的配合力和杂种优势. 中国农业科学, 2005, 10: 2147-2152.

[4] Kurzer M S. Hormonal effects of soy in premenopausal women and men. Journal of Nutrition, 2002, 132(3): S570-S573.

[5] Choung M G, Baek I Y, Kang S T, et al. Isolation and determination of anthocyanins in seed coats of black soybean[*Glycine max* (L.)Merr.]. Journal of Agricultural and Food Chemistry, 2001, 49(12): 5848-5851.

[6] Xu B, Chang S K. Antioxidant capacity of seed coat, dehulled bean, and whole black soybeans in relation to their distributions of total phenolics, phenolic acids, anthocyanins, and isoflavones. Journal of Agricultural and Food Chemistry, 2008, 56(18): 8365.

[7] Kim J A, Jung W S, Chun S C, et al. A correlation between the level of phenolic compounds and the antioxidant capacity in cooked-with-rice and vegetable soybean (*Glycine max* L.) varieties. European Food Research and Technology, 2006, 224(2): 259-270.

[8] 徐金瑞, 张名位, 刘兴华, 等. 黑大豆种皮花色苷的提取及其抗氧化作用研究. 农业工程学报, 2005, 8: 161-164.

[9] 杨春明, 王曙明, 高淑芹, 等. 特用大豆新品种吉黑 2 号选育报告. 大豆科技, 2011, 4: 63-64.

[10] 吴海英, 张明荣, 梁建秋, 等. 特色保健大豆新品种南黑豆 20 的选育及栽培技术. 大豆科技, 2012, 5: 58-59.

[11] 王树峰, 徐英, 王莉, 等. 特用特大粒大豆品种“丁村 93-1 药黑豆”选育及栽培技术. 大豆科技, 2014, 1: 52-54.

[12] 吴守清. 绿心黑豆特征特性及高产栽培技术. 福建农业科技, 2008, 2: 24.

[13] 邢宝龙. 早熟优质(黑)大豆新品种晋豆 46 号的选育. 山西农业科学, 2015, 10: 1224-1226.

[14] 陈为兰. 黑豆新品种苍黑一号的选育及配套栽培技术. 中国种业, 2015, 12: 73-74.

[15] 杨振廷, 杨召丽, 黄晓娜. 高产优质黑豆新品种宝黑豆 2 号的选育及栽培要点. 现代农业科技, 2016, 10: 30-31.

[16] 陈立军, 刘海荣. 黄仁黑豆新品种“黑美仁 2 号”的选育. 中国农业信息, 2011, 8: 21-22.

[17] 黄元贵. 日本丹波黑大豆的特征特性及稀植丰产栽培技术. 现代农业科技, 2017, 1: 29-31.

[18] 雍太文, 杨文钰, 王小春, 等. 玉米套大豆高产高效综合栽培技术. 大豆科技, 2011, 2: 52-53.

[19] Wu H J, Deng J C, Yang C O, et al. Metabolite profiling of isoflavones and anthocyanins in black soybean [*Glycine max* (L.) Merr.] seeds by HPLC-MS and geographical differentiation analysis in Southwest China. Analytical Methods, 2017, 9(5): 792-802.

[20] 吴海军, 杨才琼, 邓俊才, 等. 日本大豆引种四川盆地的品质评价研究. 草业学报, 2017, 26(1): 81-89.

[21] 李春红, 姚兴东, 鞠宝韬, 等. 不同基因型大豆耐荫性分析及其鉴定指标的筛选. 中国农业科学, 2014, 47(15): 2927-2939.

[22] 张名位, 郭宝江, 张瑞芬, 等. 黑米抗氧化活性成分的分离纯化和结构鉴定. 中国农业科学, 2006, 39(1): 153-160.

[23] 周三, 关崎春雄, 岳旺, 等. 野生大豆、黑豆和大豆的异黄酮类成分比较. 大豆科学, 2008, 27(2): 315-319.

[24] 陈怀珠, 孙祖东, 杨守臻, 等. 荫蔽对大豆主要性状的影响及大豆耐荫性鉴定方法研究初报. 中国油料作物学报, 2003, 25(4): 78-82.

[25] 武晓玲, 梁海媛, 杨峰, 等. 大豆苗期耐荫性综合评价及其鉴定指标的筛选. 中国农业科学, 2015, 48(13): 2497-2507.

[26] 罗玲, 于晓波, 万燕, 等. 套作大豆苗期倒伏与茎秆内源赤霉素代谢的关系. 中国农业科学, 2015, 48(13): 2528-2537.

[27] 刘卫国, 邹俊林, 袁晋, 等. 套作大豆农艺性状研究. 中国油料作物学报, 2014, 36(2): 219-223.

[28] 于晓波, 张明荣, 吴海英, 等. 净套作下不同耐荫性大豆品种农艺性状及产量分布的研究. 大豆科学, 2012, 31(5): 757-761.

[29] Consonni R, Cagliani L R, Stocchero M, et al. Evaluation of the production year in Italian and Chinese tomato paste for geographical determination using O2PLS models. Journal of Agricultural and Food Chemistry, 2010, 58(13): 7520-7525.

[30] Liu J, Hu B, Liu W, et al. Metabolomic tool to identify soybean [*Glycine max* (L.)Merrill] germplasms with a high level of shade tolerance at the seedling stage. Scientific Reports, 2017, 7: 42478.

[31] Liu J, Yang C Q, Zhang Q, et al. Partial improvements in the flavor quality of soybean seeds using intercropping systems with appropriate shading. Food Chemistry, 2016, 207: 107-114.

[32] Wójciak-Kosior M, Sowa I, Blicharski T, et al. The stimulatory effect of strontium ions on phytoestrogens content in *Glycine max* (L.) Merr. Molecules, 2016, 21(1): 90.

[33] Liu W, Zou J, Zhang J, et al. Evaluation of soybean (*Glycine max*) stem vining in maize-soybean relay strip intercropping system. Plant Production Science, 2015, 18(1): 69-75.

[34] Chennupati P, Seguin P, Chamoun R, et al. Effects of high-temperature stress on soybean isoflavone concentration and expression of key genes involved in isoflavone synthesis. Journal of Agricultural and Food Chemistry, 2012, 60(51): 12421-12427.

[35] Lozovaya V V, Lygin A V, Zernova O V, et al. Isoflavonoid accumulation in soybean hairy roots upon treatment with *Fusarium solani*. Plant Physiology and Biochemistry, 2004, 42(7): 671-679.

[36] Adesanya S A, O'Neill M J, Roberts M F. Structure-related fungitoxicity of isoflavonoids. Physiological and Molecular Plant Pathology, 1986, 29(1): 95-103.

[37] Wu W, Zhang Q, Zhu Y, et al. Comparative metabolic profiling reveals secondary metabolites correlated with soybean salt tolerance. Journal of Agricultural and Food Chemistry, 2008, 56: 11132-11138.

[38] Kootstra A. Protection from UV-B-induced DNA damage by flavonoids. Plant Molecular Biology, 1994, 26(2): 771-774.

[39] Aisyah S, Gruppen H, Madzora B, et al. Modulation of isoflavonoid composition of Rhizopus oryzae elicited soybean (*Glycine max*) seedlings by light and wounding. Journal of Agricultural and Food Chemistry, 2013, 61(36): 8657-8667.

[40] Brunetti C, Guidi L, Sebastiani F, et al. Isoprenoids and phenylpropanoids are key components of the antioxidant defense system of plants facing severe excess light stress. Environmental and Experimental Botany, 2015, 119: 54-62.

[41] Pandey N, Pandey-Rai S. Modulations of physiological responses and possible involvement of defense-related secondary metabolites in acclimation of *Artemisia annua* L. against short-term UV-B radiation. Planta, 2014, 240(3): 611-627.

[42] Record I R, Dreosti I E, McInerney J K. The antioxidant activity of genistein *in vitro*. The Journal of Nutritional Biochemistry, 1995, 6(9): 481-485.

[43] Bowler C, Montagu M V, Inze D. Superoxide dismutase and stress tolerance. Annual Review of Plant Physiology and Plant Molecular Biology, 1992, 43(1): 83-116.

[44] 闫艳红, 杨文钰, 张新全, 等. 套作荫蔽条件下烯效唑对大豆壮苗机理的研究. 中国油料作物学报, 2011, 33(3): 259-264.

[45] Pietta P G. Flavonoids as antioxidants. Journal of Natural Products, 2000, 63(7): 1035.

[46] Popovici J, Comte G, Bagnarol É, et al. Differential effects of rare specific flavonoids on compatible and incompatible strains in the myrica gale-frankia actinorhizal symbiosis. Applied and Environmental Microbiology, 2010, 76(8): 2451-2460.

[47] Arora A, Nair M G, Strasburg G M. Structure-activity relationships for antioxidant activities of a series of flavonoids in a liposomal system. Free Radical Biology and Medicine, 1998, 24(9): 1355-1363.

[48] Lee C H, Yang L, Xu J Z, et al. Relative antioxidant activity of soybean isoflavones and their glycosides. Food Chemistry, 2005, 90(4): 735-741.

[49] Seyoum A, Asres K, El-Fiky F K. Structure-radical scavenging activity relationships of flavonoids. Phytochemistry, 2006, 67(18): 2058-2070.

[50] Cai Y Z, Mei S, Jie X, et al. Structure-radical scavenging activity relationships of phenolic compounds from traditional Chinese medicinal plants. Life Sciences, 2006, 78(25): 2872-2888.

[51] Heim K E, Tagliaferro A R, Bobilya D J. Flavonoid antioxidants: chemistry, metabolism and structure-activity relationships. The Journal of Nutritional Biochemistry, 2002, 13(10): 572-584.

# 第四章　复合种植系统荫蔽胁迫与作物苯丙烷代谢调控

## 第一节　植物苯丙烷代谢研究进展

### 一、苯丙烷代谢与植物抗逆性的关系

苯丙烷代谢通路是植物次生物质合成代谢的重要途径，是植物在长期进化过程中与环境相互作用的结果，对植物逆境适应性至关重要；植物中许多天然产物，如木质素、类黄酮等均由苯丙烷代谢途径产生，并广泛参与植物的各种生理活动[1]。诸多研究表明，植物在感染病菌后，苯丙烷代谢相关酶类的活性显著上调，并在受侵染部位积累苯丙烷类代谢物[2]；苯丙烷类代谢物不仅可以帮助植物抵御病菌侵染，其代谢酶系的活性也可作为判断植物抗性的重要指标。当植物受到病原微生物入侵时，会诱导产生苯丙烷类植保素，保护植物免受伤害[3]。此外，在一些豆科植物中，内源异黄酮、花色苷也同样能够缓解不利环境因素对植物的伤害，同时具有趋避一些草食性昆虫的作用，提高植物的抗虫能力[4]。

苯丙烷类代谢物在植物抵御紫外辐射、干旱、高温等非生物逆境胁迫中也发挥着积极作用[5]。当植物遭受逆境伤害时，PAL 活性会在短时间内迅速升高，同时积累大量苯丙烷类代谢物；当添加 PAL 专一性抑制剂后，次生代谢物含量和 PAL 活性表现为同步降低[6]。前人研究发现，外源施加 $0.1mg \cdot g^{-1}$ 的大豆异黄酮能显著提高幼苗的根系活力和增加叶片中叶绿素含量，降低丙二醛含量，并提高 POD 活性及清除活性氧的能力，有效减轻逆境胁迫对植物的伤害；外源大豆异黄酮浸种处理之后的大豆幼苗耐盐性显著增强，其内源大豆异黄酮含量显著升高[7]。花色苷能减轻光损伤程度，可抑制紫外线(UV-B)诱导的 DNA 损伤[8]。此外，花色苷的生物合成还可有效提高植物的抗冻性，当植物处于寒冷的环境条件下，会通过积累更多的花色苷来实现自我保护[9]；Mckown 等研究证实，处于寒冷环境条件下的植物，会在表皮细胞液泡中积累大量花色苷，不仅可以防止表皮细胞受到冻害，更可以防止冰核物质的形成[10]。由于冰冻、低温会在一定程度上降低膜脂的饱和度，使细胞更容易被 UV-B 形成的自由基氧化，因此，花色苷具有双重保护功能，它可同时防止低温和 UV-B 造成的直接或间接损伤[11]。此外，渗透胁迫同样可诱导花色苷的生成，即含有花色苷的植物组织更能够抵抗干旱胁迫，如研究

发现，复苏植物在脱水期间比水分充足时期会多积累 3～4 倍的花色苷，因而显示出出色的耐脱水能力[12]。因此，苯丙烷类代谢酶系调控的次生物质合成是植物对逆境适应性反应机制之一[13]。

## 二、植物苯丙烷代谢调控机理

目前，发现参与苯丙烷代谢调控的转录因子有 MYB、bHLH 以及 WD40，其中，MYB 类转录因子为主要的调控因子[14]。MYB 转录因子是指含有 MYB 结构域的一类转录因子。MYB 结构域是一段 51～52 个氨基酸的肽段，包含一系列高度保守的氨基酸残基和间隔序列，这些保守的氨基酸残基使 MYB 结构域折叠成螺旋-螺旋-转角-螺旋(helix-helix-turn-helix)结构[15]。根据所含有 MYB 结构域的数目，植物中 MYB 类转录因子可分为 3 个亚类：第一类为只含一个 MYB 结构域的 MYB 蛋白，是一类重要的端粒结合蛋白，对维持染色体结构的完整性和调节基因转录起重要作用；第二类为含有两个 MYB 结构域，称为 R2R3 MYB 转录因子家族，主要参与次生代谢调节，控制细胞分化，应答激素刺激和外界环境胁迫以及抵抗病原菌的侵害，黄酮代谢途径中已发现的转录因子大多属于此类；第三类为 R1R2R3 类转录因子，含有三个 MYB 结构域，主要参与细胞周期的控制和调节细胞的分化。

MYB 转录因子对木质素生物合成具有主要调控作用[16]。MYB 转录因子对于木质素合成的调控可分为两类：一类是对木质素合成关键酶具有激活作用，促进木质素的合成积累；另一类是对木质素合成酶具有遏制作用，抑制木质素生物合成[17]。已有研究显示，*AtMYB46/83* 是拟南芥的“次生壁合成总开关”，木质素作为次生壁的主要组成物质，其合成受到 *AtMYB46/83* 的正向调控[18]；*AtMYB46/83* 也可通过与 *AtMYB58/63* 启动子区域的 SMBE 顺式作用元件结合，特异性激活木质素的生物合成，若抑制 *AtMYB58/63* 的表达，则木质素含量下降[19]。此外，Tamagnone 等证明，烟草中过表达 *AmMYB308* 和 *AmMYB330* 基因，会导致转基因烟草中 4CL、C4H 和 CAD 酶活性的降低，木质素含量下降[20]；Chavigneau 等同样证实，拟南芥中 *AtMYB32* 也可通过降低 COMT 酶的活性抑制木质素的生物合成[21]。

类黄酮生物合成同样受到 MYB 转录因子的调控，植物中最早发现的 MYB 转录因子 *ZmC1* 的主要功能即是调控花青素的合成[22]；此外，*IbMYB1* 可以通过特异调控花青素特异途径中 *CHS*、*F3H*、*DFR*、*ANS* 的表达影响花青素的合成[23]；Takahashi 等[24]通过对大豆中 MYB 类转录因子的分析发现，*GmMYB-G20-1* 通过调控 *W2* 基因的表达来控制大豆开花颜色；Gillman 等[25]在褐色大豆中发现，R2R3 MYB 转录因子 *Gm09g36990* 调控花色苷含量来控制种皮颜色；也有研究证实，苜蓿中 *MtPAR MYB* 转录因子的表达也可诱导原花青素的积累[26]。MYB 转录因子对异黄酮的生物合成同样具有明显的调控作用，如大豆 *GmMYB76*、*GmMYB92* 和 *GmMYB177* 在高盐、干旱和低温胁迫时均极显著上调表达，促进了异黄酮等相关代谢物的积累[27]；Li 等[28]发现，大豆 *GmMYB12B2* 正向调控 *CHS8* 表达，促进异黄酮合成与积累；Yi 等[29]也同样证实大豆 *GmMYB176* 可最大限度地激活 *CHS8* 基因的表达活性，诱导异黄酮合成；此外，大豆 *GmMYB042*、金鱼草 *AmROSEA1* 等过表达均会导致类黄酮代谢途径部分关键酶基因(如 *PAL*、*FLS*)的表达量上调，对类黄酮的生物合成起到正向的调控作用[30]。

MYB 转录因子除了可以促进类黄酮的合成之外，还是其合成的抑制因子，如金鱼草 *AmMYB308* 基因在烟草中的过表达可抑制类黄酮合成途径上游结构基因 *C4H*、*4CL* 表达，同时抑制了木质素和类黄酮的合成[31]；Jin 等[32]证实，拟南芥 *AtMYB4* 会通过抑制 *C4H* 的表达，抑制类黄酮生物合成。

## 三、荫蔽胁迫对植物生长代谢的影响

光是植物重要的能量来源，植物并排生长，叶片之间相互重叠以致形成局部荫蔽[33]，许多植物一生不可避免地处于一定程度的荫蔽之中[34]。植物为适应荫蔽环境产生了两种不同的策略：一些植物通过增大叶面积和降低叶绿素 a/b 比例，来适应低光照胁迫，保证植物本身的生存和繁殖，称为耐荫型植物[35]；另一些植物通过光竞争，获得更多的光能，呈现出避荫综合征(shade avoidance syndrome, SAS)[36]。SAS 发生的重要因素是红光/远红光比例(R/FR)的改变，R/FR 值被用来评估植物的荫蔽程度[37]，由于相邻植株的叶绿素过滤红光(R，$\lambda$=600～700nm)、蓝光(B，$\lambda$=400～500nm)和反射远红光(FR，$\lambda$=700～800nm)，因此，在密集的植物群体下，红光比例下降，远红光比例上升，导致 R/FR 值下降，植物的光敏色素感知到低 R/FR 值后产生 SAS[38]。SAS 使植物呈现特定表型，包括节间、叶柄和下胚轴伸长、顶端优势、早花和叶片的偏下性等[39]。

植物荫蔽适应性主要体现在植株高度、茎粗、冠幅与冠层结构、枝条与分枝、叶片伸展的角度与解剖结构、叶面积以及根冠比等方面。Gong 等[40]研究发现，荫蔽条件下，植株会朝着光照环境较好的方向偏转，且高度增加，形成纤细的茎秆、叶柄，以便尽早脱离弱光环境；此外，植株叶片变薄、叶面积增大，叶片伸展方向多垂直于光照方向，侧枝和叶片的布局发生变化以便拦截更多的光能，保证其生长需求[41]；同时，叶片海绵组织比例增大，叶绿体数目增多、体积增大，增强对光能的捕捉力，更加有效地利用有限光能[42]。荫蔽环境还会抑制植物光合作用的发生，产生一系列生态适应性反应，最终导致植物生长缓慢、生物量积累减少[41]，植物地上部营养生长较正常光照条件下更为旺盛，尤其是叶片的生长，从而形成较低的根冠比[34]。

光对植物次生代谢物的积累也具有显著影响，Nicholson 等[43]的研究发现，荫蔽胁迫下，高粱中光诱导型次生代谢物，如花青素、儿茶素、黄酮醇等的含量显著降低；Zhang 等的研究发现，茶树中大多数黄酮类化合物受荫蔽刺激后其含量均极显著降低，然而类胡萝卜素、叶黄素、游离氨基酸、苯丙氨酸的含量却呈显著上升的趋势[44]；Lee 等[45]的研究证实，荫蔽会导致绿茶中槲皮素、山柰酚、表儿茶素、苯丙氨酸含量显著上升，而其他酚酸类成分含量降低。因此，生产中常使用荫蔽来降低茶叶中酚酸化合物的含量，保证茶叶的品质和口感。类似地，适度荫蔽也可降低大豆籽粒中异黄酮苷元的含量，来减少大豆苦涩味[46]；荫蔽还可诱导耐荫型大豆品种异黄酮的合成与积累[47]。此外，研究证实，荫蔽条件下远红光比例的增加会刺激拟南芥叶柄中花色苷的积累[48]，荫蔽也可诱导矮牵牛花中花青素的积累[49]。类黄酮、木质素同属于苯丙烷代谢通路，二者具有共同的合成前体物，荫蔽胁迫在调控植物类黄酮，如原花青素、儿茶素等的积累的同时，也对木质素具有显著影响，二者往往呈现此消彼长(trade off)的关系[50]。

## 第二节 荫蔽信号对苗期大豆苯丙烷代谢的调控机理

### 一、研究方案

试验在三色培养箱中进行，培养箱条件为：温度 25℃，相对湿度(RH)60%，$CO_2$浓度 350mg · $L^{-1}$，光照时间 12h，光合有效辐射 360mol · $m^2$ · $s^{-1}$。设置不同光照条件处理：正常光照(CK)R/FR=1.2，荫蔽条件(SD)R/FR=0.35；供试大豆材料由西南作物生理生态与耕作重点实验室提供，分别为耐荫黑色大豆'NH20'、耐荫黄色大豆'ND12'和荫蔽敏感型黑色大豆'C103'。

采用盆栽试验，将上述 3 种供试材料分别种植于直径 15cm、高 12cm 的花盆中，盆栽用土为营养土，反复混匀保证土壤均匀一致；每盆播种 4 粒，播种后浇水，之后每日下午 6～7 点浇透水；各处理均设置 5 次生物学重复。大豆真叶全展后(VC 期)进行间苗，每盆留 2 株长势一致的幼苗。继续培养约 6 天至大豆第 1 片复叶全展(V1 期)(附图 7)，之后利用远红光 LED 灯($\lambda$=730nm)补充远红光，降低 R/FR 值，在此期间保证光合有效辐射基本不变。培养至大豆第 3 片复叶全展期(V3 期)取样，取样部位为大豆幼苗的根和倒三叶。

### 二、测定指标

#### (一) 代谢物定量测定

本试验对大豆幼苗叶片和根中异黄酮、花色苷和木质素含量进行定量分析，详细方法见第二章。

## (二) 关键酶基因表达分析

### 1. 引物设计

选择苯丙烷代谢途径关键酶基因进行 RNA 表达差异分析，以 *Actin 11* 为内参基因。采用引物设计软件 Primer5.0 进行引物设计，用 NCBI 工具 Primer-BLAST 进行引物特异性验证。引物序列如表 4-1 所示。

**表 4-1 苯丙烷代谢关键酶基因引物序列**

| 基因 | 正向引物 | 反向引物 |
| --- | --- | --- |
| *Actin 11* | 5′-GTGTCTGGATCGGTGGTTCT-3′ | 5′-ATTCTGCCTTTGCAATCCAC-3′ |
| *GmUGT* | 5′-AAGCTGCACAGGATTTCGAC-3′ | 5′-ACACACACACACACACACAAAAC-3′ |
| *GmDFR* | 5′-TTGTTGTCGGTCCCTTTCTGA-3′ | 5′-GTGGACGAATTGACCTTGCTTT-3′ |
| *GmCCR* | 5′-TAGGCTTTGGTGAGGAGGAA-3′ | 5′-TGACACCAAAACAGAGTGACAA-3′ |
| *GmCCoAOMT* | 5′-CCTCACTGCACTTACCATTCC-3′ | 5′-TCTTTATCGGCATCAACGAA-3′ |
| *GmF5H* | 5′-AAGCAAATCGGAAAGAAGCA-3′ | 5′-TCAATTCGCCCAGATTTTTC-3′ |
| *GmANS* | 5′-CTGAGCAACGGCAAGTACAA-3′ | 5′-CAATTTGGGAGACCTTCCTG-3′ |
| *GmF3H* | 5′-TTACCTGGCCCAGGAGAAAAC-3′ | 5′-ATTCCGGCAAGAGAAATCACTG-3′ |
| *GmPAL* | 5′-AGCAACACAACCAGGATGTCAA-3′ | 5′-CAATTGCTTGGCAAAGTGCA-3′ |
| *GmC4H* | 5′-AGGCGAGATCAACGAAGACAAC-3′ | 5′-GTTCACAAGCTCAGCAATGCC-3′ |
| *Gm4CL* | 5′-AGGCAATGTACGTGGACAAGCT-3′ | 5′-TCCGAGAGGACAGAGAAGTGGA-3′ |
| *GmCHS8* | 5′-ATGGAGCTGCTGCTGTCATTG-3′ | 5′-CCTCACGAAGGTGTCCATCAA-3′ |
| *GmCHI* | 5′-GGCGCTGAATACTCAAAGAAGG-3′ | 5′-AGAGGCACCAGGTGCAAAATT-3′ |
| *GmAT* | 5′-CCTTTTTCTTTCAGGGCGTA-3′ | 5′-AGGGTGTTGGTGATGGTGAT-3′ |
| *GmMT* | 5′-CAACCACCGCCGAAACCTA-3′ | 5′-AACAAATATGCGCCCACGAT-3′ |
| *GmIFS2* | 5′-AATGTGCCCTGGAGTCAATCTG-3′ | 5′-GGCGTCACCACCCTTCAATAT-3′ |
| *GmMYB12B2* | 5′-CCAACGCTCAAGCACACAGT-3′ | 5′-CCCAAGTTTGTTGTCGGAGG-3′ |
| *GmMYB042* | 5′-GCAACTGCTGCAACTGTTACA-3′ | 5′-CAAACCCAAACTGCAAACG-3′ |

### 2. RNA 提取

取待测组织鲜样在液氮中充分研磨后，将 50～100mg 样品转入预冷的离心管中，加入等体积的酚氯仿溶液和 RNA 提取液 700μL；在 65℃水浴 5min 后，于 4℃、12000r · min$^{-1}$ 离心 15min，取上清液，加入等体积酚氯仿溶液再次提取，步骤同上；加入 1000μL 4mol · $L^{-1}$ LiCl，放入−80℃冰箱 2h 以上；4℃冰箱解冻，4℃、12000r · $min^{-1}$ 离心 10min，将上清液倒去，留下沉淀(RNA)；加入 1000μL 95%乙醇(EtOH)，4℃、12000r · $min^{-1}$ 离心 10min，去除上清液，用移液枪吹干水分(或用超净工作台风机吹干水分)，在剩余沉淀中加入灭菌后的脱 RNA 酶水 20μL，溶解沉淀，置于 4℃冰箱中过夜；取 2μL RNA 样品，使用超微量分光光度计(NanoVue plus)测定所提取的样品的 RNA 浓度。试验设置 3 次生物学重复、3 次技术重复。

3. 反转录合成 cDNA

将 RNA 反转录为 cDNA，再将转录得到的 cDNA 作为模板进行多聚酶链式反应(PCR)扩增目标片段。反转录所用的试剂为 M-MLV 反转录试剂盒(invitrogen M-MLV)。

## 三、结果与分析

### (一) 苯丙烷代谢物定量分析

1. 异黄酮

荫蔽胁迫对大豆幼苗中根和叶片异黄酮积累量的影响如图 4-1 所示，耐荫品种‘NH20’和‘ND12’在低 R/FR 条件下,其根部和叶片中异黄酮积累量的变化规律相似，即与正常光照条件相比，‘NH20’和‘ND12’根部异黄酮积累量均极显著降低，叶片中则极显著升高，且叶片中异黄酮含量的升高幅度要远大于根部异黄酮积累量的下降幅度，例如，低 R/FR 刺激下，‘NH20’叶片中异黄酮积累量由 1.04mg · $g^{-1}$ 上升至 1.92mg · $g^{-1}$,升高幅度为 84.6%;根部异黄酮含量由 3.41mg · $g^{-1}$ 下降为 3.25mg · $g^{-1}$，降低幅度为 4.7%；同样地，‘ND12’叶片中异黄酮含量由正常光照下的 0.81mg · $g^{-1}$ 上升至 2.19mg · $g^{-1}$，升高幅度达 170.4%；根部则由 2.49mg · $g^{-1}$ 下降为 2.12mg · $g^{-1}$，降低幅度为 14.9%。荫蔽敏感型大豆‘C103’则刚好相反，低 R/FR 导致其叶片中异黄酮积累量极显著下降，而根部极显著升高，但根部异黄酮积累量的升高幅度要小于叶片中异黄酮含量的下降幅度，如‘C103’幼苗叶片中异黄酮积累量在正常光照条件下为 2.27mg · $g^{-1}$，荫蔽后下降至 1.58mg · $g^{-1}$，降低幅度达 30.4%；而根部异黄酮总量则由 2.92mg · $g^{-1}$ 上升至 3.58mg · $g^{-1}$，升高幅度为 22.6%。

2. 木质素

对大豆幼苗遭受荫蔽胁迫后叶片和根部木质素积累量检测，结果如图 4-2 所示。由图可知，除‘ND12’根部外，荫蔽胁迫均导致木质素含量出现不同程度的极显著增加，其中，对于耐荫品种‘NH20’和‘ND12’，木质素在叶片中的升高幅度要大于在根部的升高幅度，如荫蔽胁迫后，‘NH20’叶片中木质素积累量由正常光照

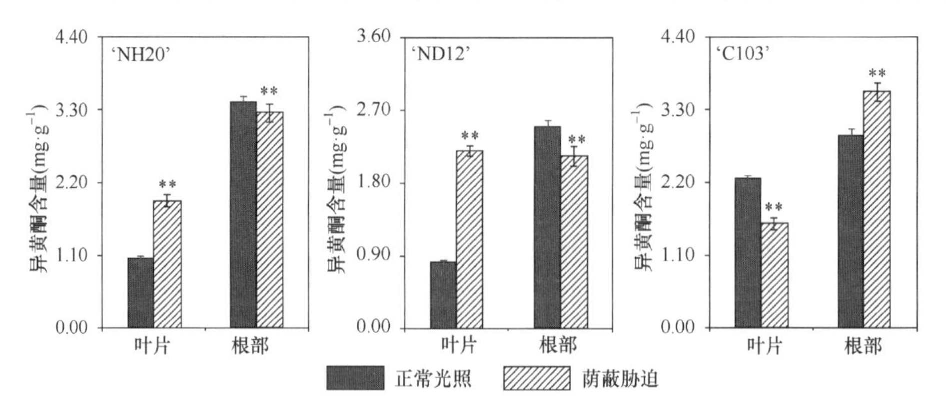


图 4-1 荫蔽对大豆植株异黄酮含量的影响

下的 0.56%升高为 1.00%，升高幅度为 78.6%；根部木质素积累量由正常光照下的 0.69%升高为 0.88%，升高幅度为 27.5%；类似地，在'ND12'叶片中，木质素含量由 0.73%升高到 0.85%，升高幅度为 16.4%，根部木质素含量下降，从 1.08%下降为 0.87%，降低幅度为 19.4%；然而，荫蔽敏感材料'C103'中木质素响应荫蔽胁迫的变化规律则与上述 2 个耐荫品种相反，即荫蔽胁迫后，木质素在根部的升高幅度要大于在叶片中的升高幅度，如'C103'叶片中木质素含量由 0.66%升高为 0.94%，升高幅度 42.4%；根部木质素积累量由 0.56%升高为 1.21%，升高幅度达 116.1%。

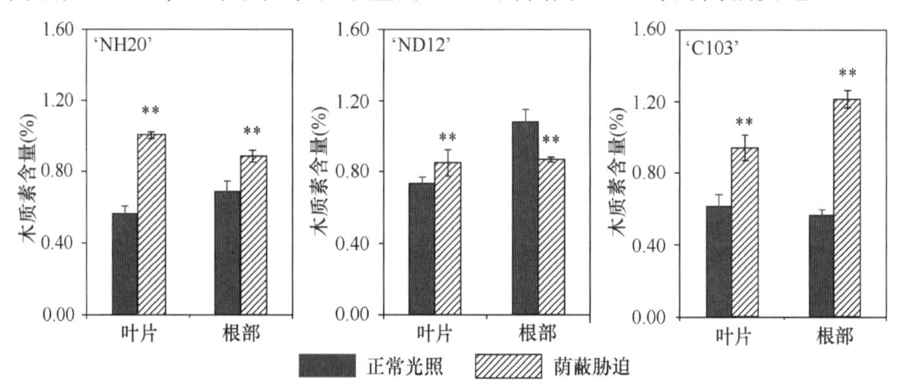


图 4-2 荫蔽对大豆植株木质素含量的影响

### (二) 苯丙烷代谢调控关键基因定量表达

为明确代谢物合成与积累之间的关系，选择苯丙烷代谢通路上 15 个关键基因，分别对上述三类耐荫性不同的大豆材料进行基因定量表达分析，结果显示，低 R/FR 条件下，大豆苯丙烷代谢调控关键基因的表达量在不同部位、不同耐荫性大豆材料间均存在显著差异。对全部基因进行整合通路分析，结果如附图 8 所示。由图可知，荫蔽胁迫导致不同耐荫性大豆材料中苯丙烷代谢通路关键基因发生明显变化。对比三类大豆幼苗中起始酶基因变化规律可知，荫蔽激活大豆苯丙烷代谢途径，但是激活的主要部位根据耐荫性差异而有所不同，其中，耐荫品种'NH20'在根部和叶片中均有发生；'ND12'多发生于叶片；荫蔽敏感材料'C103'则更多在根部被激活。

三类大豆材料异黄酮合成支路查尔酮合成酶基因 *GmCHI*、查尔酮异构酶基因 *GmCHS8* 和异黄酮合酶基因 *GmIFS2* 对荫蔽胁迫的响应有所差异，其中，耐荫品种'NH20'和'ND12'中 *GmIFS2* 基因在荫蔽胁迫叶片中表达量均极显著上调，促进游离苷元的合成；荫蔽敏感材料'C103'中 *GmIFS2* 基因表达量极显著下调。糖基转移酶合成关键基因 *GmUGT* 也在其中发挥关键的调控作用：耐荫品种'ND12'中，*GmUGT* 的表达活性在叶片中极显著升高，应导致下游糖基转移酶活性加强，糖苷积累量增加而上游苷元积累量减少，但实际数据如图 4-3 所示，荫蔽胁迫后，苷元积累量极显著增加，因此，可能同时存在其他的途径促进苷元生成；耐荫品种'NH20'和荫蔽敏感材料'C103'中，*GmUGT* 表达量变化规律相同，即在叶片中极显著下调，在根部极显著上调；因此，应导致'NH20'和'C103'叶片中苷元含量上升，糖苷含量降低，根部则刚好相反；经验证，'NH20'实际数据与该推测一致，'C103'则刚好相反，其根部糖苷含量极显著增加，叶片中则极显著降低，苷元含量均存在不同程度的降低(图 4-3)。上述结果表明，对于耐荫品种，荫蔽胁迫导致

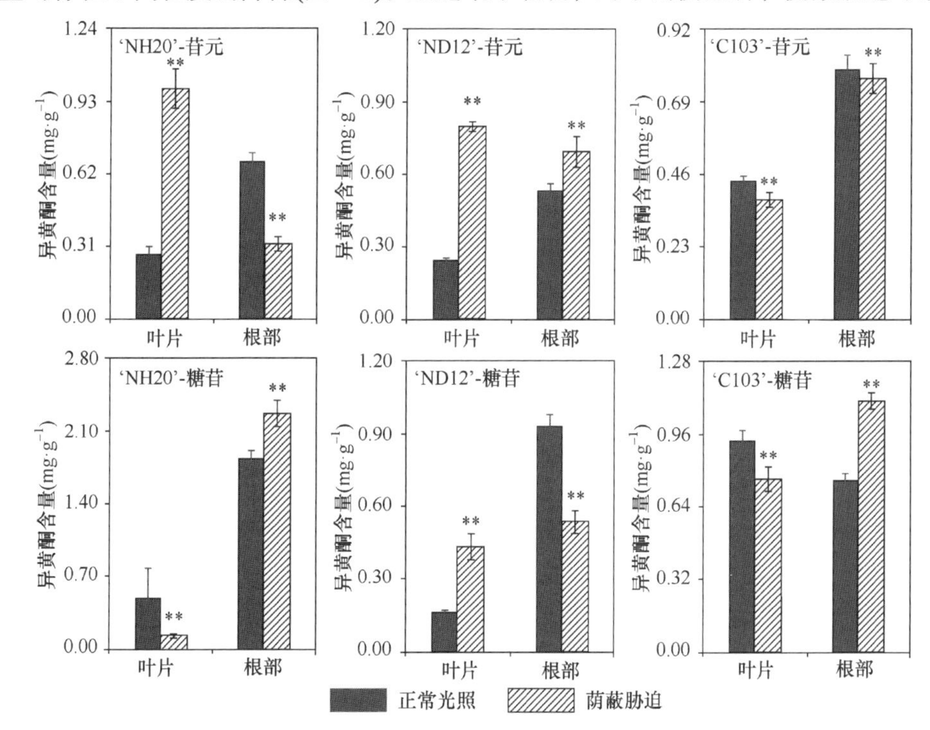


图 4-3 荫蔽胁迫对大豆叶片和根中大豆苷元和糖苷含量的影响

其苷元含量在叶片中极显著上调，而荫蔽敏感材料中糖苷在根部极显著上调。

荫蔽胁迫后，控制花色苷合成支路的关键酶，二氢黄酮醇-4-还原酶基因 *GmDFR*，催化柚皮素生成二氢黄酮醇的黄烷酮-3-羟化酶基因 *GmF3H* 和花青素合成酶基因 *GmANS* 在 3 个品种中呈现基本相同的变化规律，其中，*GmDFR* 基因在叶片中表达量显著下调，根部表达量极显著上调；*GmANS* 在 3 个品种的叶片和根部表达量均极显著下调；*GmF3H* 在耐荫品种'NH20'、'ND12'和荫蔽敏感材料'C103'根部表达量均存在不同程度的下调，但在'C103'叶片中其表达量极显著上调；在大豆幼苗的根部，*GmDFR* 基因表达量上调，*GmANS* 基因表达量下调，有利于中间代谢物白天竺葵苷元(leucopelargonidin)的合成。

木质素合成中，耐荫品种'NH20'和'ND12'关键基因表达变化规律相似，其中直接控制木质素合成的 *GmCCoAOMT* 表达量在叶片中极显著下调，根部极显著上调，*GmF5H* 表达量在叶片中极显著上调，根部极显著下调，*GmCCR* 表达量在根部极显著下调，在'NH20'叶片中同样极显著下调，但在'ND12'叶片中极显著上调；因此，耐荫品种'NH20'和'ND12'木质素生物合成途径在根部活性较好，然而，由于 *GmF5H* 和 *GmCCR* 表达量下调，代谢物可能更多以中间产物阿魏酰辅酶A(feruloyl-CoA)的形式存在；相反，虽然叶片中木质素生物合成途径活性较根部低，但 *GmF5H* 表达量极显著上调，促使木质素通过松柏醛(5-hydrexyconiferaldehyde)合成。在荫蔽敏感材料'C103'中，叶片中 *GmCcoAOMT* 表达量极显著上调，促使木质素生物合成途径活性增强。

## 四、结论与讨论

本研究分析比较了 3 类耐荫性显著差异的大豆材料在低 R/FR 处理下叶部和根中异黄酮、花色苷以及木质素含量的变化趋势及关键酶基因和 MYB 转录因子的表达量。结果显示，低 R/FR 处理下，耐荫品种'NH20'和'ND12'中总异黄酮含量在叶部极显著升高，而在根中则显著降低；荫蔽敏感材料'C103'则呈现与上述品种完全相反的变化趋势。前人研究发现，当植物光敏色素感知到低 R/FR 信号时，将刺激异黄酮合成相关基因的表达，导致异黄酮积累量上升，但因品种不同而存在差异[51]。本研究发现，耐荫大豆在感知到荫蔽信号(低 R/FR)后，会上调其直接感受胁迫部位叶片中的异黄酮含量；相对弱耐荫大豆，耐荫大豆异黄酮合成下游关键酶基因的表达量在荫蔽胁迫后显著提高，导致异黄酮合成加剧[52]。

叶片作为大豆直接感知光信号的主要器官，对外源光质变化更为敏感，低 R/FR 下，强耐荫大豆品种叶片中可积累更多的异黄酮，这与其耐荫生理或有密切关系，大豆可能通过异黄酮在受胁迫部位的积累来抵御荫蔽伤害，这与 Gutierrez-Gonzalez 等[53]及我们前期干旱胁迫的研究结果类似[54]，但其调控机理还有待进一步研究。荫蔽胁迫下，大豆下胚轴伸长，表现出避荫特性，异黄酮积累部位的不同，可能是大豆耐荫机制发挥的重要途径之一。耐荫大豆叶片中，活性异黄酮苷元含量的极显著上升，更加说明了这个问题。

木质素是细胞壁的主要成分，其含量的上升促使细胞壁机械强度增加，抗压能力增强。木质素合成关键基因中，*GmF5H* 表达活性在耐荫大豆叶片中极显著上调，促进木质素的合成及其在细胞壁中的聚合，保护受胁迫部位，减小外界环境的影响；荫蔽敏感型大豆木质素则更多在根部积累，而使其叶片变小变薄，强度减弱，植株呈现避荫表型。苗期大豆花色苷主要积累部位不是叶片和根部，而更多在茎秆中积累或转化为其他物质来发挥生理抗性功能。

与正常光照相比，低 R/FR 对大豆幼苗异黄酮合成与积累的影响因大豆基因型不同而有所差异。当外界逆境胁迫(低 R/FR)发生时，植物感知到胁迫信号后，通过调整其内部代谢物的积累、转移，最大限度减轻对植物的损伤(表现为耐荫或避荫特性)，这可能是植物通过次生代谢调控应对逆境胁迫的一种重要机制。

## 第三节　荫蔽调控大豆异黄酮合成的代谢流通量分析

### 一、研究方案

试验于四川农业大学生态农业研究所光照培养室内进行，试验材料为耐荫型大豆品种‘ND12’。将供试材料种植于光照培养室内，培养条件为温度 25℃，湿度 60%，光照时间 12h，光合有效辐射 360mol · $m^2$ · $s^{-1}$。采用盆栽试验，将大豆种植于 8cm×8cm 的花盆中，每盆播种 1 粒，待大豆幼苗真叶展开期(VE 期)，选择长势一致的幼苗，使用注射器向其主根内注入 0.2mL 1mg · $mL^{-1}$(溶剂为 1×PBS)的 $^{13}$C-Phenylalanine(苯环六个碳标记为 $^{13}$C 的苯丙氨酸)；对照组大豆向其相同部位注射等量等浓度的未被标记的苯丙氨酸；以注射等量 1×PBS 的大豆植株为阴性对照；之后采用 LED 远红光灯($\lambda$=730nm)补充远红光的方法，将正常条件下红光/远红光比值(R/FR=1.2)降低为 0.35，采用 Field Scout®红光/远红光度计(spectrum, USA)检测 R/FR 值，在此期间保证光合有效辐射不变。胁迫 24h 后对幼苗的根、下胚轴、叶片分别取样，每个处理设置 3 次生物学重复。

### 二、分析测试

#### (一) 样品制备

样品于液氮中充分研磨后，转移至 2mL 带盖离心管中，加入 80%甲醇水溶液 1.5mL(料液比 1∶40)；密封，漩涡振荡 10s；于冰水浴上超声(40kHz，300W)提取

3h，11000$g$ 离心 10min，取上清液约 1mL 过 0.22μm 有机相滤头至 2mL 进样瓶，即为供试样品溶液。

（二）分析测试条件

1. 色谱条件

色谱柱为 Agilent Eclipse Plus-$C_{18}$ column(50mm×2.1mm×1.8μm)，柱温 35℃；流动相：0.1%甲酸的乙腈混合溶液(A)—0.1%甲酸水溶液(B)；梯度洗脱程序为：0～4min，85%～78% A；4～10.5min，78%～61% A；10.5～13min，61%～56% A；13～17.5min，56%～5% A；17.5～20min，5%～0% A；20～25min，0%～85% A；流速：0.3mL · $min^{-1}$；进样量：1μL。

2. 质谱条件

干燥气($N_2$)流速：10L · $min^{-1}$；雾化器压力：20psi；干燥气温度：350℃；离子源：电喷雾离子源(ESI)；电离方式：正离子，SIM 模式，提取$[M+H]^+$及$[M+H+6]^+$。

## 三、结果与分析

为进一步探讨荫蔽信号对大豆异黄酮在不同部位间转移的调控规律，基于同位素示踪试验，分别对供试幼苗根、下胚轴和叶片异黄酮进行定量分析。通过标准品比对可知，苯丙氨酸的质荷比为 165，在电喷雾离子源为正离子的扫描模式下，由于其主要以$[M+H]^+$的形式存在，因此本试验提取一级质谱苯丙氨酸的质荷比为 166；同位素标记后，苯丙氨酸苯环上的 6 个碳被标记，所以 $^{13}C$ 标记的苯丙氨酸在电喷雾离子源为正离子的扫描模式下质荷比为 172。正常光照条件下，大豆幼苗不同部位苯丙氨酸的质谱检测结果如图 4-4 所示。由图 4-4 可知，非标记苯丙氨酸($m/z$=166)在大豆幼苗根部、下胚轴和叶片中均被检测出来；对于 $^{13}C$ 标记的苯丙氨酸($m/z$=172)，通过检测发现，其仅在根部存在，下胚轴和叶片中均未发现。这说明正常光照条件下，大豆根部苯丙氨酸未向地上部转移。

对荫蔽胁迫后大豆幼苗根、下胚轴和叶片中苯丙氨酸进行质谱检测，结果如图 4-5 所示。从图中可以看出，荫蔽胁迫下大豆幼苗不同部位苯丙氨酸的质谱检测结果和对照组类似，即在大豆幼苗根部，下胚轴和叶片中均可以检测出非标记苯丙氨酸($m/z$=166)的存在，而 $^{13}C$ 标记的苯丙氨酸($m/z$=172)仅在根部被检测出。综上所述，正常光照条件下，大豆根、下胚轴和叶片中均存在苯丙氨酸的合成与积累($m/z$=166)，而被标记的苯丙氨酸由于是从根部注射进入植物组织，仅在根部被检测出来($m/z$=172)，下胚轴和叶片中则未发现；荫蔽胁迫下的结果与对照类似，这表明，不同光照条件均不会导致苯丙氨酸从根部向其他部位转移。

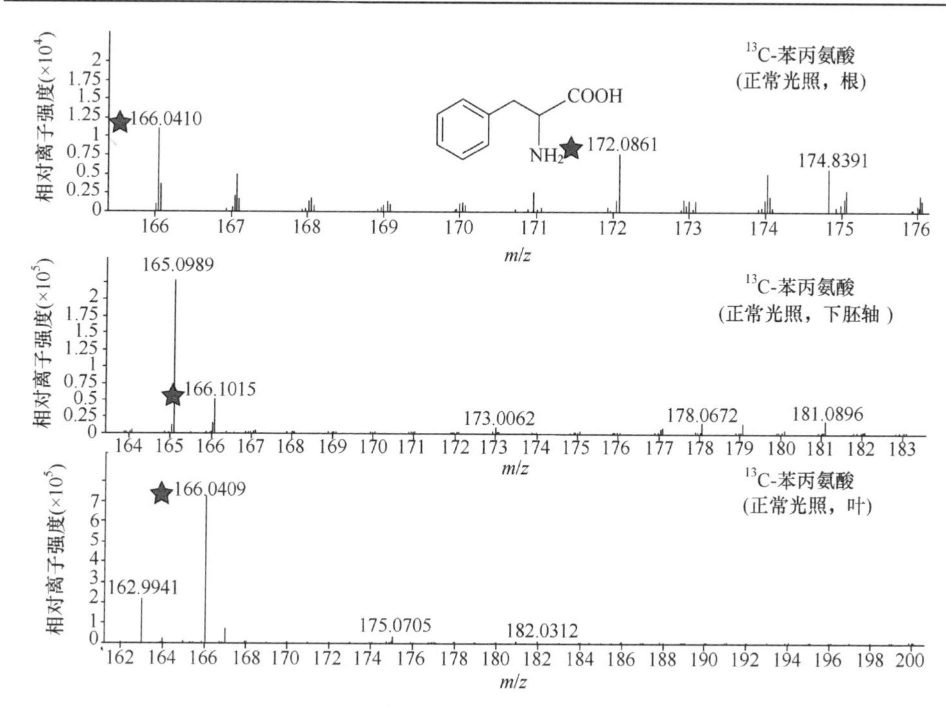


图 4-4 正常光照条件下苯丙氨酸质谱图

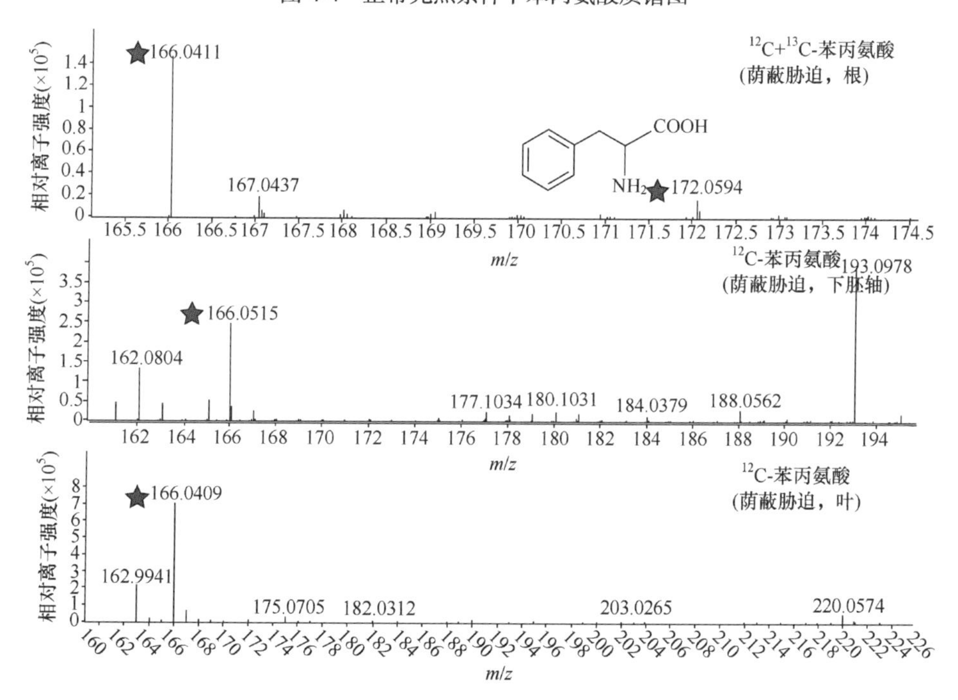


图 4-5 荫蔽胁迫下苯丙氨酸质谱图

前期苗期荫蔽胁迫试验结果表明，耐荫大豆较荫蔽敏感大豆叶片中会积累更多的异黄酮,如大豆苷元。为明确异黄酮在大豆幼苗中受荫蔽胁迫后的转移规律，现以大豆苷元为例，分别在供试幼苗根、下胚轴和叶片中对其进行离子提取。通过标准品比对可知，大豆苷元的 *m/z* 为 254，在电喷雾离子源为正离子的扫描模式下，其主要以$[M+H]^+$的形式存在，提取一级质谱大豆苷元的 *m/z* 为 255；实施同位素标记饲喂后，苯环上的 6 个碳被标记且在代谢过程中苯环稳定存在，所以 $^{13}C$ 标记的大豆苷元在电喷雾离子源为正离子的扫描模式下 *m/z* 为 261。图 4-6 为正常光照条件下，大豆幼苗不同部位大豆苷元的质谱检测结果。由图可知，幼苗的根部、下胚轴和叶片中均检测到非标记大豆苷元（*m/z*=255）；实施同位素标记饲喂后，除了被直接标记的根部，下胚轴中同样检测到 $^{13}C$ 标记的大豆苷元（*m/z*=261），而叶片中未检测到。

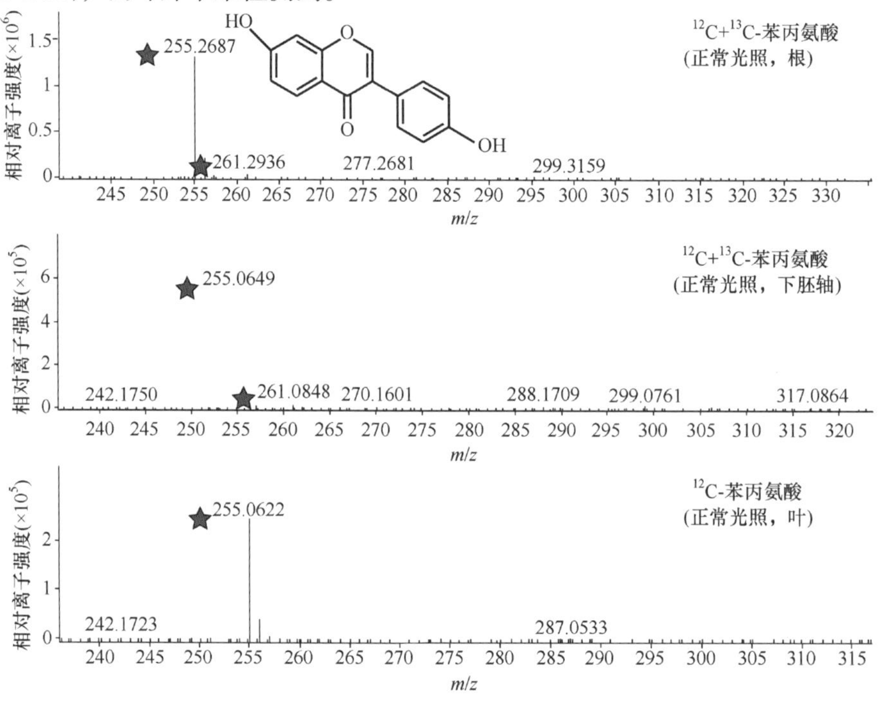


图 4-6　正常光照条件下大豆苷元质谱图

对荫蔽胁迫后大豆幼苗不同部位中大豆苷元进行质谱检测，结果如图 4-7 所示。从图中可以看出，检测结果和对照组相比，相同处理时间下，除了在幼苗根部和下胚轴中检测到 $^{13}C$ 标记的大豆苷元(*m/z*=261)，叶片中也检测到该标记物。

综上，正常光照条件下，大豆苷元(*m/z*=255)在幼苗的不同部位均存在合成和积累，并且存在由根部向地上部的转移；荫蔽胁迫下，相同处理时间内叶片中也检测到 $^{13}C$ 标记的大豆苷元(*m/z*=261)，因此，荫蔽胁迫促进了大豆苷元从根部向叶片的转移。

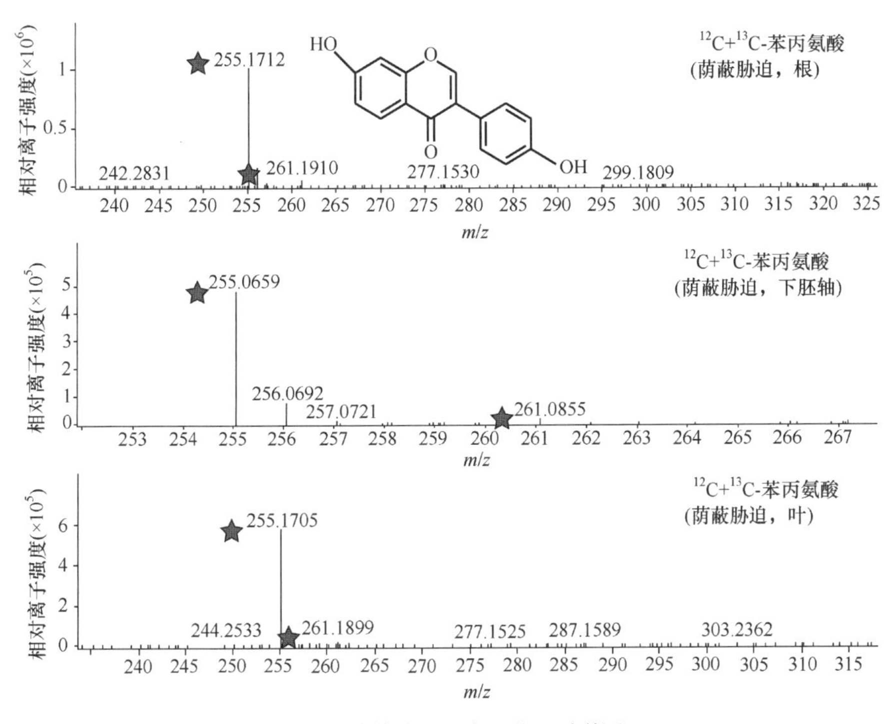


图 4-7 荫蔽胁迫下大豆苷元质谱图

## 四、结论与讨论

大豆植株感受到荫蔽信号后，苯丙烷代谢通路被激活；对于耐荫型大豆材料，其叶片中会积累大量的异黄酮、木质素等苯丙烷类代谢物，其含量的增加可能是由于叶片自身合成量的加大和来自其他部位的转移，最终导致叶片厚度、机械强度增加，增强对外界不利环境因素抵抗力；相反，在荫蔽敏感型大豆中，荫蔽胁迫会使其异黄酮、木质素等苯丙烷类成分在根部大量积累，地上部分形态发生改变，如叶片变大、变薄，茎秆纤细伸长等，尽可能地逃避外界不利因素的影响。

植物类黄酮主要以水溶性糖苷形式存在于液泡中；当植物处于逆境胁迫下，异黄酮水溶性糖苷通过去糖基化作用生成苷元，并转移至胞质内发挥抗性功能[55]。另外，异黄酮的积累也可能抑制耐荫大豆品种中下胚轴伸长等避荫综合征的出现[56]，结合 Silva-Navas 等研究结果[57]，我们推测，异黄酮可能作为生长素的转运抑制剂发挥作用。此外，糖基化还可以调节次生代谢，生成对植物有益的物质，增强其抗胁迫能力等[58]。结合本试验数据表明，耐荫大豆叶片中游离苷元含量极显著升高，而荫蔽敏感材料刚好相反，可能是由于荫蔽胁迫下，耐荫大豆液泡中储存的大量糖苷发生去糖基化作用，植株受外界荫蔽环境影响减弱，整体呈现耐荫特性。

## 第四节　类黄酮介导的生长素转运抑制及其耐荫调控机理

苯丙烷代谢作为植物体内最重要的次生代谢途径之一，参与植物多种生理活动。类黄酮作为苯丙烷代谢途径的主要代谢物，在植物形态建成、胁迫响应、信号转导及氧化还原系统中也起着重要作用[59]。1988 年 Jacobs 等[60]发现，外源施加的类黄酮物质可与生长素人工转运抑制剂 NPA(1-*N*-naphthylphthalamic acid，1-萘氨甲酰苯甲酸)竞争性结合细胞质膜上结合位点，使 NPA 结合率下降，并且可抑制下胚轴中标记后的生长素的流出，由此提出黄酮类物质可能作为植物内源生长素转运抑制剂，参与生长素转运，进而影响植株形态及生长发育。前人在此基础上陆续证明了类黄酮可调控植物生长素极性运输进而影响植株形态。苯丙烷代谢通路中以香豆酰辅酶 A 为分支点，代谢流分为木质素单体和类黄酮合成通路。通过干扰沉默木质素合成关键基因 HCT(该基因，编码莽草酸/奎宁酸羟基肉桂酸酰基转移酶)，抑制木质素的合成，使代谢流转移，发现沉默后的植株伴随黄酮的积累，出现生长抑制现象，生长素积累也与其呈负相关表现[61]。进一步对植物不同部位生长素含量测定，发现外源施加表儿茶素和槲皮素可抑制生长素自上而下的转运，从而达到抑制烟草生长的效果[62]。此外，黄酮醇作为信号物质可通过调节植物激素与氧化还原平衡以介导根系避光性及生长发育(附图 9)。植物根部暴露在光照下会出现避光反应，类黄酮在向光侧迅速积累，高浓度黄酮醇抑制了生长素极性运输并减少超氧自由基含量，抑制细胞增殖，使根系出现弯曲生长[57]。类黄酮也可通过改变生长素极性运输基因 *PIN*(PIN-FORMED)来介导植物根系向地性[63]。

生长素在细胞间的不均匀分布性是细胞分化、信号转导和细胞分裂的先决条件。生长素的不均匀分布由其转运体介导，基于转运体的极性分布，使其成为唯一在细胞之间具有极性运输的植物内源激素，而生长素的极性运输正是调节植物生长发育的关键[64]。无类黄酮合成的 *tt4* 突变体中生长素转运增强，而黄酮醇过量合成的植株中生长素转运受到抑制，进一步通过生长素转运蛋白 PIN 的免疫荧光定位发现其在根部的极性分布受黄酮调控，从而影响生长素极性转运[65]。生长素极性运输受转运蛋白磷酸化状态翻译后水平调节，而生长素转运蛋白定位及活性受磷酸化过程中的核心组成部分 PINOID(PID)激酶和磷酸酶 PP2A 的影响，两者间存在拮抗作用[66]。类黄酮可通过影响 PID 来调控生长素极性转运体的磷酸化状态与分布来调控生长素极性运输。类黄酮组成改变的突变体 *rol1-2* 根系形态及子叶形态发生变化，PIN2 极性分布改变。RCN1 编码磷酸酶 PP2A 的调节亚基，其突变体可逆转 *rol1-2* 表型，*rol1-2*、*rcn1-3* 双突变体表现出与野生型相似的生长素运输情况，其 PIN2 定位也被逆转，但 *rcn1-3* 游离生长素水平并不受影响[67]。说明黄酮在维持 PID 激酶/PP2A 磷酸酶平衡中起着重要作用。

类黄酮可与 NPA 竞争结合位点，目前发现有两种 NPA 结合蛋白，第一种是位于质膜上含有对黄酮醇具有敏感性的氨肽酶 AtAPM1 的结合位点，此位点亲和力较低，第二种是多重耐药性 ABC 转运蛋白(MDR/ABC)，亲和力较高[68, 69]。类黄酮作用于细胞膜上氨肽酶，抑制 NPA 的结合，无类黄酮合成的 *tt4* 突变体中生长素转运增强，外源施加类黄酮后与 NPA 施加效果一致，可抑制生长素极性运输[70]；还可作用于膜上 MDR/PGP、3-磷酸肌醇依赖性蛋白激酶 1(简称 PDK1，可调控 PID 激酶活性)来调控生长素在细胞间的转运[68, 71, 72]。

生长素与类黄酮之间的关系不仅在于类黄酮对生长素极性运输的抑制作用，还在氧化还原及类黄酮代谢中体现。将 2,4-二氯苯氧乙酸(2,4-D)加入葡萄的悬浮培养细胞中可提高黄酮醇葡萄糖基转移酶(UFGT)活性，促进槲皮素的糖基化，产生槲皮素 3,7,4′-3-*O*-葡萄糖苷、3,7-2-*O*-葡萄糖苷和 3,4′-2-*O* 葡萄糖苷[73]。谷胱甘肽-*S*-转移酶(GST)催化常见的抗氧化物质之一，谷胱甘肽(GSH)与亲电化合物发生亲电取代反应，起到去毒作用[74]。GST 底物广泛，植物激素及多种次生代谢物都与之相关，GST 可将两者联系起来。GST 与类黄酮多种成分的累积和运输有关，可作为运输蛋白参与花青素在液泡中的运输与定位[75]。GST 可能作为配体与植物激素中生长素和细胞分裂素相结合[76]。Smith 等[77]发现，类黄酮可与生长素竞争结合拟南芥谷胱甘肽转移酶 2(*At*GSTF2)，其中山柰酚可使 IAA 和 NPA 对 GSTF2 的结合率分别降低 66%、68%，槲皮素可使 NPA 对 GSTF2 的结合率降低 43%。

拟南芥 *rol1-2* 突变体特征是黄酮醇糖基化组分改变，表现为葡萄糖糖基化黄酮醇含量增加，鼠李糖糖基化黄酮醇含量减少，伴随着生长素极性运输改变及表型变化。进一步对编码黄酮醇鼠李糖基转移酶及葡萄糖基转移酶的基因突变后获得的一系列突变体进行植物表型观察及生长素监测，发现类黄酮 3-*O*-葡萄糖基转移酶突变体 *ugt78d2* 伴随着茎部生长素极性运输受抑制，游离 IAA 含量减少，植株出现矮化现象。在类黄酮合成受阻情况下，*tt4*、*ugt78d2* 双突变体可缓解 *ugt78d2* 的矮化现象，进一步表明植株表型缺陷与黄酮醇-3-*O*-葡萄糖苷衍生物的抑制无关，由此筛选出山柰酚-3,7-二鼠李糖苷(kaempferol 3-*O*-rhamnoside-7-*O*-rhamnoside)为拟南芥内源生长素极性运输抑制剂[78]。

综上所述，非生物胁迫下植物类黄酮与生长素之间的关系如图 4-8 所示。非生物胁迫打破植物体内氧化还原平衡，导致超氧化物积累，并引起内源激素改变，类黄酮物质作为抗氧化物质，起到清除自由基、维持植物内环境稳态的作用；同时，类黄酮可作为生长素转运抑制剂，通过抑制激酶活性来改变生长素转运蛋白磷酸化状态及其定位，从而调控生长素转运，介导植物形态建成以响

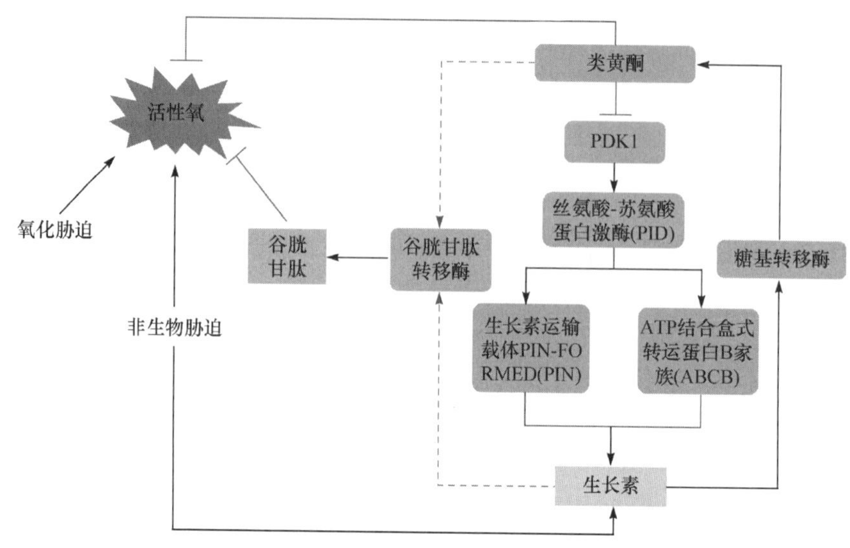


图 4-8　非生物胁迫下类黄酮调控机理示意图

应环境胁迫。此外，生长素也可通过促进糖基转移酶活性，以调控类黄酮糖基化过程；同时，生长素与类黄酮之间还可能存在着对谷胱甘肽转移酶的竞争结合作用。氧化还原平衡、激素平衡及类黄酮代谢是植物在非生物胁迫中的重要反应步骤，类黄酮作为抗氧化剂和生长素转运抑制剂，在其中可能扮演着关键角色，介导并协调了植物对环境变化的响应。

光照不足的环境会触发植物典型的避荫反应(SAR)，表现出分支减少、叶片数量减少、植物伸长、叶绿素 a/b 值低。而子叶的偏下性和下胚轴伸长是由生长素变化介导的主要避荫症状[79]。低 R/FR 条件下，光敏素 PhyB 由光下 Pfr(远红光吸收型)活性形式转变成 Pr(红光吸收型)无活性形式，无法介导的 PIF 的降解，使拟南芥中 PIF4、PIF5、PIF7 促进了生长素合成基因(*YUCCA2*、*YUCCA5*、*YUCCA8* 和 *YUCCA9*)、转运蛋白(PIN3 和 PIN4)及响应蛋白(IAA29 和 GH3.3)的表达，诱导避荫反应发生，进而改变植物表型而导致下胚轴伸长[80]。大豆与生长素极性运输相关的载体蛋白中内输蛋白 LAX 家族中 15 个成员与外输蛋白 PIN 家族的 23 个成员参与了对非生物胁迫信号的响应进而调控生长素分布，尤其是 *GmPIN9* 可响应多种非生物胁迫，可能在不同胁迫下大豆根系生长素的再分配中起着重要作用[81, 82]。

大豆在荫蔽处理下植株伸长生长明显，茎部生长素与赤霉素含量比值较对照显著升高[83]。在我们的前期研究中利用 HPLC 对不同耐荫型大豆基因型种子的异黄酮谱进行监测，发现染料木素、大豆黄素和黄豆黄素为鉴别不同耐荫型大豆的重要生物标志物，其含量与大豆敏感权重指数呈极显著负相关[84]。上述试验及前人研究为类黄酮与大豆避荫性之间关系提供了合理猜想——大豆类黄酮是否也是通过负调控生长素极性运输参与植物形态建成以减弱植物的避荫反应。另外，前人对类黄酮抗氧化活性机制研究已非常深入，其在植物中作为抗氧化物质参与了由多种非生物胁迫引起的氧化还原系统失衡中自由基清除反应[85,86]。荫蔽胁迫下，大豆体内氧化还原系统平衡是否被打破，类黄酮在其中又是否发挥其抗氧化活性以提高植物耐荫性？基于代谢组学策略分析筛选出正常光照与荫蔽胁迫下大豆差异代谢物，进一步筛选出类黄酮合成代谢通路；同时，验证类黄酮对大豆避荫性及耐荫性作用的猜想，并在前人基础上筛选出大豆内源生长素极性运输抑制剂，从次生代谢水平上阐释大豆响应荫蔽胁迫的调控机制，这将为大豆代谢调控及化学生态学研究奠定理论基础，也为耐荫型大豆品种的选育提供了新的思路。

## 参考文献


[1] Vogt T. Phenylpropanoid biosynthesis. Molecular Plant, 2010, 3(1): 2-20.

[2] Hu Z H, Zhang W, Shen Y B, et al. Activities of lipoxygenase and phenylalanine ammonia lyase in poplar leaves induced by insect herbivory and volatiles. Journal of Forestry Research, 2009, 20(4): 372-376.

[3] Meksem K, Njiti V N, Banz W J, et al. Genomic regions that underlie soybean seedisoflavone content. Biomed Research International, 2001, 1(1): 38-44.

[4] Bernards M A, Båstrup-Spohr L. Phenylpropanoid Metabolism Induced by Wounding and Insect Herbivory//Schaller A. Induced Plant Resistance to Herbivory. Dordrecht: Springer Netherlands. 2008: 189-211.

[5] Dixon R A, Choudhary A D, Dalkin K, et al. Molecular biology of stress-induced phenylpropanoid and isoflavonoid biosynthesis in Alfalfa//Stafford H A, Ibrahim R K. Phenolic Metabolism in Plants. Boston, MA: Springer US, 1992: 91-138.

[6] Jones A M P, Saxena P K. Inhibition of phenylpropanoid biosynthesis in *Artemisia annua* L.: a novel approach to reduce oxidative browning in plant tissue culture. PLoS One, 2013, 8(10): e76802.

[7] 武玉妹，周强，於丙军. 大豆异黄酮浸种对盐胁迫大豆幼苗的生理效应. 生态学报，2011, 31(22): 6669-6676.

[8] Antonelli F, Bussotti F, Grifoni D, et al. Oak (*Quercus robur* L.) seedling responses to a realistic increase in UV-B radiation under open space conditions. Chemosphere, 1998, 36(4-5): 841-845.

[9] Li S J, Bai Y C, Li C L, et al. Anthocyanins accumulate in tartary buckwheat (*Fagopyrum tataricum* ) sprout in response to cold stress. Acta Physiologiae Plantarum, 2015, 37(8): 1-8.

[10] Mckown R, Warren G. Cold responses of *Arabidopsis mutants* impaired in freezing tolerance. Journal of Experimental Botany, 1996, 47(12): 1919-1925.

[11] Grace S C, Logan B A. Acclimation of foliar antioxidant systems to growth irradiance in three broad-leaved evergreen species. Plant Physiology, 1996, 112(4): 1631-1640.

[12] Dinakar C, Bartels D. Light response, oxidative stress management and nucleic acid stability in closely related Linderniaceae species differing in desiccation tolerance. Planta, 2012, 236(2): 541-

555.

[13] Saltveit M E, Choi Y J, Tomas-Barberan F A. Involvement of components of the phospholipid-signaling pathway in wound-induced phenylpropanoid metabolism in lettuce (*Lactuca sativa*) leaf tissue. Physiologia Plantarum, 2005, 125(3): 345-355.

[14] Ramsay N A, Glover B J. MYB-bHLH-WD40 protein complex and the evolution of cellular diversity. Trends in Plant Science, 2005, 10(2): 63-70.

[15] Liu J,Osboum A, Ma P. MYB transcription factors as regulators of phenylpropanoid metabolism in plants. Molecular Plant, 2015, 8(5): 689-708.

[16] Aoyagi L N, Lopes-Caitar V S, de Carvalho M C C G, et al. Genomic and transcriptomic characterization of the transcription factor family R2R3-MYB in soybean and its involvement in the resistance responses to *Phakopsora pachyrhizi*. Plant Science, 2014, 229: 32-42.

[17] Xu F, Ning Y, Zhang W, et al. An R2R3-MYB transcription factor as a negative regulator of the flavonoid biosynthesis pathway in *Ginkgo biloba*. Functional & Integrative Genomics, 2014, 14(1): 177-189.

[18] Nakano Y, Yamaguchi M, Endo H, et al. NAC-MYB-based transcriptional regulation of secondary cell wall biosynthesis in land plants. Frontiers in Plant Science, 2015, 6(288): 288.

[19] Zhou J, Lee C, Zhong R, et al. MYB58 and MYB63 are transcriptional activators of the lignin biosynthetic pathway during secondary cell wall formation in *Arabidopsis*. Plant Cell, 2009, 21(1): 248-266.

[20] Tamagnone L, Merida A, Parr A, et al. The AmMYB308 and AmMYB330 transcription factors from antirrhinum regulate phenylpropanoid and lignin biosynthesis in transgenic tobacco. Plant Cell, 1998, 10(2): 135-154.

[21] Chavigneau H, Goué N, Delaunay S, et al. QTL for floral stem lignin content and degradability in three recombinant inbred line (RIL) progenies of and search for candidate genes involved in cell wall biosynthesis and degradability. Open Journal of Genetics, 2012, 2(1): 7-30.

[22] Tuerck J A, Fromm M E. Elements of the maize A1 promoter required for transactivation by the anthocyanin B/C1 or phlobaphene P regulatory genes. Plant Cell, 1994, 6(11): 1655-1663.

[23] Deluc L, Barrieu F, Marchive C, et al. Characterization of a grapevine R2R3-MYB transcription factor that regulates the phenylpropanoid pathway. Plant Physiology, 2006, 140(2): 499-511.

[24] Takahashi R, Yamagishi N, Yoshikawa N. A MYB transcription factor controls flower color in soybean. Journal of Heredity, 2013, 104(1): 149.

[25] Gillman J D, Tetlow A, Lee J D, et al. Loss-of-function mutations affecting a specific *Glycine max* R2R3 MYB transcription factor result in brown hilum and brown seed coats. BMC Plant Biology, 2011, 11(1): 1-12.

[26] Verdier J, Zhao J, Torres-Jerez I, et al. MtPAR MYB transcription factor acts as an on switch for proanthocyanidin biosynthesis in *Medicago truncatula*. Proceedings of the National Academy of Sciences of the United States of America, 2012, 109(5): 1766-1771.

[27] Liao Y, Zou H F, Wang H W, et al. Soybean GmMYB76, GmMYB92, and GmMYB177 genes confer stress tolerance in transgenic *Arabidopsis* plants. Cell Res, 2008, 18(10): 1047-1060.

[28] Li X W, Li J W, Zhai Y, et al. A R2R3-MYB transcription factor, GmMYB12B2, affects the

expression levels of flavonoid biosynthesis genes encoding key enzymes in transgenic *Arabidopsis* plants. Gene, 2013, 532(1): 72-79.

[29] Yi J, Derynck M R, Li X, et al. A single-repeat MYB transcription factor, GmMYB176, regulates CHS8 gene expression and affects isoflavonoid biosynthesis in soybean. Plant Journal, 2010, 62(6): 1019-1034.

[30] 杜海, 冉凤, 马珊珊,等. GmMYB042 基因对类黄酮生物合成的调控作用. 作物学报, 2016, 42(1): 1-10.

[31] Tamagnone L, Merida A, Parr A, et al. The AmMYB308 and AmMYB330 transcription factors from antirrhinum regulate phenylpropanoid and lignin biosynthesis in transgenic tobacco. Plant Cell, 1998, 10(2): 135-154.

[32] Jin H, Cominelli E, Bailey P, et al. Transcriptional repression by AtMYB4 controls production of UV-protecting sunscreens in *Arabidopsis*. Embo Journal, 2000, 19(22): 6150-6161.

[33] Michaud O, Fiorucci A S, Xenarios I, et al. Local auxin production underlies a spatially restricted neighbor-detection response in *Arabidopsis*. Proceedings of the National Academy of Sciences of the United States of America, 2017, 114(28): 7444-7449.

[34] Valladares F, Niinemets U. Shade tolerance, a key plant feature of complex nature and consequences. Annual Review of Ecology Evolution & Systematics, 2008, 39(1): 237-257.

[35] Gommers C M M, Visser E J W, Onge K R S, et al. Shade tolerance: when growing tall is not an option. Trends in Plant Science, 2013, 18(2): 65-71.

[36] Ballare C L, Pierik R. The shade-avoidance syndrome: multiple signals and ecological consequences. Plant Cell Environ, 2017, 40(11): 2530-2543.

[37] Sasidharan R, Pierik R. The regulation of cell wall extensibility during shade avoidance: a study using two contrasting ecotypes of *Stellaria longipes*. Plant Physiology, 2008, 148(3): 1557-1569.

[38] Vandenbussche F, Pierik R, Millenaar F F, et al. Reaching out of the shade. Current Opinion in Plant Biology, 2005, 8(5): 462-468.

[39] Franklin K A. Shade avoidance. New Phytologist, 2008, 179(4): 930-944.

[40] Gong W Z, Jiang C D, Wu Y S, et al. Tolerance *vs*. avoidance: two strategies of soybean ( *Glycine max* ) seedlings in response to shade in intercropping. Photosynthetica, 2015, 53(2): 259-268.

[41] Green-Tracewicz E, Page E R, Swanton C J. Shade avoidance in soybean reduces branching and increases plant-to-plant variability in biomass and yield per plant. Weed Science, 2011, 59(1): 43-49.

[42] Cagnola J I, Ploschuk E, Benecharnold T, et al. Stem transcriptome reveals mechanisms to reduce the energetic cost of shade-avoidance responses in tomato. Plant Physiology, 2012, 160(2): 1110-1119.

[43] Nicholson R L. Reduction of light-induced anthocyanin accumulation in inoculated sorghum mesocotyls: implications for a compensatory role in the defense response. Plant Physiology, 1998, 116(3): 979.

[44] Zhang Q, Shi Y, Ma L, et al. Metabolomic analysis using ultra-performance liquid chromatography-quadrupole-time of flight mass spectrometry (UPLC-Q-TOF MS) uncovers the effects of light intensity and temperature under shading treatments on the metabolites in tea. PLoS One, 2014, 9(11): e112572.

[45] Lee L S, Ji H C, Son N, et al. Metabolomic analysis of the effect of shade treatment on the

nutritional and sensory qualities of green tea. Journal of Agricultural & Food Chemistry, 2013, 61(2): 332-338.

[46] Liu J, Yang C Q, Zhang Q, et al. Partial improvements in the flavor quality of soybean seeds using intercropping systems with appropriate shading. Food Chemistry, 2016, 207: 107-114.

[47] 秦雯婷, 丰宇瑞, 雷震, 等. 荫蔽信号对大豆幼苗异黄酮合成的影响. 天然产物研究与开发, 2017, 29(9): 1470-1474.

[48] Warnasooriya S N, Porter K J, Montgomery B L. Tissue- and isoform-specific phytochrome regulation of light-dependent anthocyanin accumulation in *Arabidopsis thaliana*. Plant Signaling & Behavior, 2011, 6(5): 624-631.

[49] Albert N W, Lewis D H, Zhang H, et al. Light-induced vegetative anthocyanin pigmentation in *Petunia*. Journal of Experimental Botany, 2009, 60(7): 2191-2202.

[50] Wang Y S, Gao L P, Shan Y, et al. Influence of shade on flavonoid biosynthesis in tea [*Camellia sinensis* (L.) O. Kuntze]. Scientia Horticulturae, 2012, 141(3): 7-16.

[51] Kirakosyan A, Kaufman P, Nelson R L, et al. Isoflavone levels in five soybean (*Glycine max*) genotypes are altered by phytochrome-mediated light treatments. Journal of Agricultural and Food Chemistry, 2006, 54(1): 54-58.

[52] Lozovaya V V, Widholm J M. Modification of phenolic metabolism in soybean hairy roots through down regulation of chalcone synthase or isoflavone synthase. Planta, 2007, 225(3): 665-679.

[53] Gutierrez-Gonzalez J J, Guttikonda S K, Tran L S, et al. Differential expression of isoflavone biosynthetic genes in soybean during water deficits. Plant Cell Physiology, 2010, 51(6): 936-948.

[54] 秦雯婷, 张静, 吴海军, 等. 干旱胁迫对苗期大豆异黄酮合成的影响. 应用生态学报, 2016, 27(12): 3927-3934.

[55] Jiao J, Gai Q Y, Niu L L, et al. Enhanced production of two bioactive isoflavone aglycones in astragalus membranaceus hairy root cultures by combining deglycosylation and elicitation of immobilized edible aspergillus niger. Journal of Agricultural and Food Chemistry, 2017, 65(41): 9078-9086.

[56] Roy J L, Huss B, Creach A, et al. Glycosylation is a major regulator of phenylpropanoid availability and biological activity in plants. Frontiers in Plant Science, 2016, 7: 573.

[57] Silva-Navas J, Moreno-Risueno M A, Manzano C, et al. Flavonols mediate root phototropism and growth through regulation of proliferation-to-differentiation transition. Plant Cell, 2016, 28(6): 1372-1387.

[58] Ohtsubo K, Marth J D. Glycosylation in cellular mechanisms of health and disease. Cell, 2006, 126(5): 855-867.

[59] Buer C S, Imin N, Djordjevic M A, et al. Flavonoids: new roles for old molecules. Journal of Integrative Plant Biology, 2010, 52(1): 98-111.

[60] Jacobs M, Rubery P H. Naturally occurring auxin transport regulators. Science, 1988, 241(4863): 346-349.

[61] Besseau S, Hoffmann L, Geoffroy P, et al. Flavonoid accumulation in *Arabidopsis* repressed in lignin synthesis affects auxin transport and plant growth. Plant Cell, 2007, 19(1): 148-162.

[62] Lewis D R, Ramirez M V, Miller N D, et al. Auxin and ethylene induce flavonol accumulation

through distinct transcriptional networks. Plant Physiology, 2011, 156(1): 144-164.

[63] Santelia D, Henrichs S, Vincenzetti V, et al. Flavonoids redirect PIN-mediated polar auxin fluxes during root gravitropic responses. Journal of Biological Chemistry, 2008, 283(45): 31218-31226.

[64] Adamowski M, Friml J. PIN-dependent auxin transport: action, regulation, and evolution. Plant Cell, 2015, 27(1): 20.

[65] Peer W A, Bandyopadhyay A, Blakeslee J J, et al. Variation in expression and protein localization of the PIN family of auxin efflux facilitator proteins in flavonoid mutants with altered auxin transport in *Arabidopsis thaliana*. Plant Cell, 2004, 16(7): 1898-1911.

[66] Shin H, Shin H S, Guo Z, et al. Complex regulation of *Arabidopsis* AGR1/PIN2-mediated root gravitropic response and basipetal auxin transport by cantharidin-sensitive protein phosphatases. Plant Journal, 2005, 42(2): 188-200.

[67] Kuhn B M, Nodzyński T, Errafi S, et al. Flavonol-induced changes in PIN2 polarity and auxin transport in the *Arabidopsis thaliana* rol1-2mutant require phosphatase activity. Scientific Reports, 2017, 7: 41906.

[68] Murphy A S, Hoogner K R, Peer W A, et al. Identification, purification, and molecular cloning of *N*-1-naphthylphthalmic acid-binding plasma membrane-associated aminopeptidases from *Arabidopsis*. Plant Physiology, 2002, 128(3): 935-950.

[69] Noh B, Murphy A S, Spalding E P. Multidrug resistance-like genes of *Arabidopsis* required for auxin transport and auxin-mediated development. Plant Cell, 2001, 13(11): 2441-2454.

[70] Murphy A, Peer W A, Taiz L. Regulation of auxin transport by aminopeptidases and endogenous flavonoids. Planta, 2000, 211(3): 315-324.

[71] Mierziak J, Kostyn K, Kulma A. Flavonoids as important molecules of plant interactions with the environment. Molecules, 2014, 19(10): 16240-16265.

[72] Geisler M, Blakeslee J J, Bouchard R, et al. Cellular efflux of auxin catalyzed by the *Arabidopsis* MDR/PGP transporter AtPGP1. Plant Journal, 2005, 44(2): 179-194.

[73] Kokubo T, Ambe-Ono Y, Nakamura M, et al. Promotive effect of auxins on UDP-glucose: flavonol glucosyltransferase activity in *Vitis* sp. cell cultures. Journal of Bioscience & Bioengineering, 2001, 91(6): 564-569.

[74] Bernd Z. Compartment-specific importance of glutathione during abiotic and biotic stress. Frontiers in Plant Science, 2014, 5: 566.

[75] Petrussa E, Braidot E, Zancani M, et al. Plant flavonoids-biosynthesis, transport and involvement in stress responses. International Journal of Molecular Sciences, 2013, 14(7): 14950-14973.

[76] Bilang J, Macdonald H, King P J, et al. A soluble auxin-binding protein from hyoscyamus muticus is a glutathione *S*-transferase. Plant Physiology, 1993, 102(1): 29-34.

[77] Smith A P, Nourizadeh S D, Peer W A, et al. Arabidopsis AtGSTF2 is regulated by ethylene and auxin, and encodes a glutathione *S*-transferase that interacts with flavonoids. Plant Journal for Cell & Molecular Biology, 2003, 36(4): 433-442.

[78] Yin R, Han K, Heller W, et al. Kaempferol 3-*O*-rhamnoside-7-*O*-rhamnoside is an endogenous flavonol inhibitor of polar auxin transport in *Arabidopsis* shoots. New Phytologist, 2014, 201(2): 466-475.

[79] Sandalio L M, Rodríguez-Serrano M, Romero-Puertas M C. Leaf epinasty and auxin: a biochemical and molecular overview. Plant Science, 2016, 253: 187-193.
[80] Li L, Ljung K, Breton G, et al. Linking photoreceptor excitation to changes in plant architecture. Genes & Development, 2012, 26(8): 785-790.
[81] Chai C, Wang Y, Valliyodan B, et al. comprehensive analysis of the soybean (*Glycine max*) GmLAX auxin transporter gene family. Frontiers in Plant Science, 2016, 7: 282.
[82] Wang Y, Chai C, Valliyodan B, et al. Genome-wide analysis and expression profiling of the PIN auxin transporter gene family in soybean (*Glycine max*). BMC Genomics, 2015, 16: 951.
[83] Yang F, Fan Y, Wu X, et al. Auxin-to-gibberellin ratio as a signal for light intensity and quality in regulating soybean growth and matter partitioning. Frontiers in Plant Science, 2018, 9: 56.
[84] Jiang L, Hu B, Liu W, et al. Metabolomic tool to identify soybean [*Glycine max* (L.) Merrill] germplasms with a high level of shade tolerance at the seedling stage. Scientific Reports, 2017, 7: 42478.
[85] Das K, Roychoudhury A. Reactive oxygen species (ROS) and response of antioxidants as ROS-scavengers during environmental stress in plants. Frontiers in Environmental Science, 2014, 2(53): 53.
[86] Nakabayashi R, Saito K. Integrated metabolomics for abiotic stress responses in plants. Current Opinion in Plant Biology, 2015, 24: 10-16.

# 第五章　复合种植系统异质性干旱胁迫的化学生态学意义

## 第一节　复合种植系统中的异质性胁迫

### 一、异质性胁迫及其优势利用

异质性胁迫在自然界中广泛存在，植物在其生长和繁殖过程中由于所必需的资源(如养分、水分和光照等)以及所处的环境条件(如温度和湿度等)不均匀而导致的胁迫称为异质性胁迫[1]。异质性环境是决定物种丰富度最重要的因素之一；异质性环境中可利用空间的扩展，增加了物种共存的可能性，导致系统中物种的丰富度增加、动物以及微生物的多样性发生变化[2]。异质性环境在农业生产中也广泛存在，例如，玉米-大豆带状复合种植是一种集约化的农业生产模式，能够提高资源利用率，实现农业高产高效；在该系统中，大豆作为低位作物一侧受到高位作物玉米的荫蔽，而另一侧处于光照条件良好的状态，大豆受到光照异质性胁迫；大豆、玉米需水需肥特性不同，玉米和大豆存在水分和养分的竞争关系，土壤水分的分布存在时间的变异性和空间的非均衡性，距离高秆植物越远，土壤含水量越高，大豆行的近玉米侧与近大豆侧土壤含水量存在显著差异(附图 3)，形成了特殊的水分异质性胁迫。此外，低位作物大豆不仅受到光照、养分和水分的时间异质性胁迫，还受到这些因素的空间异质性胁迫；同时，在共生作物生长过程中的根系分泌物也会导致土壤的异质性[3]，这些胁迫往往是多个胁迫复合对其生长发育产生影响；由于物种丰富度的增加，在复合种植系统中，作物受到的病虫害与单一作物种植的情况也不相同。异质性胁迫促使植物在生长发育过程中形成某种有效获取异质性资源的生态适应对策。

利用上述水分异质性胁迫优势，延伸形成了盈亏灌溉、部分根域干燥的异质性分根干旱胁迫。分根干旱胁迫是一种新颖的灌溉策略，可以满足植物的实际需求，减少水分损失，最大限度地提高作物生产力。盈亏灌溉使作物承受轻度的水分胁迫，产量损失少或不减产，并可能对果实品质产生积极的影响，通过灌溉水的高效使用来提高农产品质量[4]；而部分根域干燥只需要干燥部分根区，其余部分则保持湿润，这种技术显著提高了作物水分利用效率，增加了植株冠层活力并维持了作物产量。异质性胁迫的节水效应基于两个假设：①在完全灌溉的情况下，气孔广泛开放，通过蒸腾导致水分散失增加，因此，狭窄的气孔开口可能会减少水分流失[5]；②根源信号能在干燥部分的根系产生，向地上部分传递胁迫信号，或能导致部分气孔关闭，保持植株水势[6]。在充分灌溉的植物中，当气孔开放时，光合速率和蒸腾作用表现出饱和线性响应。而在分根干旱胁迫下，植物会通过缩小气孔开度来减少水分流失，而对光合速率影响不大[7]。

### 二、复合种植系统中的异质性胁迫

近年来，玉米-大豆带状复合种植模式推广迅速，为农户带来了可观的经济收益，同时也兼具多重的生态和社会效益，成为一种高效、生态的种植模式[8]。新型复合种植模式产生了更高的作物产量及更优的生态效益(如节水抗旱)，而其内在的生理生态机理尚未完全阐明[9]。前期研究发现，玉米-大豆带状复合种植系统中，大豆生长的田间微环境与净作模式相比差异很大，特别是光照和水分环境差异最为显著。因其特殊的田间配置，分根干旱胁迫现象在复合种植系统中普遍存在，其在一定程度上成为阐释复合种植作物高产优质的重要切入点[10]。玉米-大豆带状复合种植系统中，田间水分失衡，大豆植株两侧土壤含水量存在差异，这可能激活大豆植株的各类型缺水胁迫响应机制，从而导致植株形态、生理和代谢的变化。间套作大豆受到高位作物的影响，其根系产生了人为的分根干旱胁迫现象，这种异质性胁迫提高了间套作系统的水分利用率，但其对大豆生理和品质性状的影响尚不清楚。

本研究通过室内盆栽试验，设置分根灌溉系统，模拟大豆在间套作种植环境中所受到的两侧不均衡水分分布现象；测定了半根水分亏缺条件下，大豆形态、生理和籽粒化学成分的差异，以期为大豆抗旱机理及异质性胁迫节水增效机理的深入阐释提供参考。

## 第二节　分根干旱胁迫对大豆农艺性状及化学成分的影响

### 一、试验设计与方法

#### (一) 试验设计

本试验于 2017 年 6 月在四川农业大学教学农场进行，采用盆栽试验二因素随机区组设计，因素 A 为干旱敏感型大豆‘C103’和抗旱型大豆品种‘ND12’；因素 B 为不同的干旱胁迫处理。大豆在育苗盘中生长两周，然后将生长一致的植株转移到含有 50%霍格兰营养液的培养箱中。待其生长到第四复叶期(V4 期)时，挑选生长一致的健康大豆植株，将其根系分成两部分，置于具有 2 个隔室的分根培养箱中继续生长，每个分隔培养箱中定植 1 株大豆(附图 10)；正常灌溉保证所有大豆植株均能够正常生长。

当大豆生长至全荚期(R4 期)时，开始进行分根干旱胁迫，胁迫处理持续至完熟期大豆收获时结束。因素 B 设置 6 个处理，分别为：T1，根箱两侧均为 100%田间持水量(100%A∶100%B)；T2，100%A∶50%B 田间持水量；T3，100%A∶0%B 田间持水量；T4，50%A∶50%B 田间持水量；T5，50%A∶0%B 田间持水量；T6，两侧均为 0%田间持水量(0%A∶0%B)(图 5-1)；每个处理设置 5～7 个生物学重复。

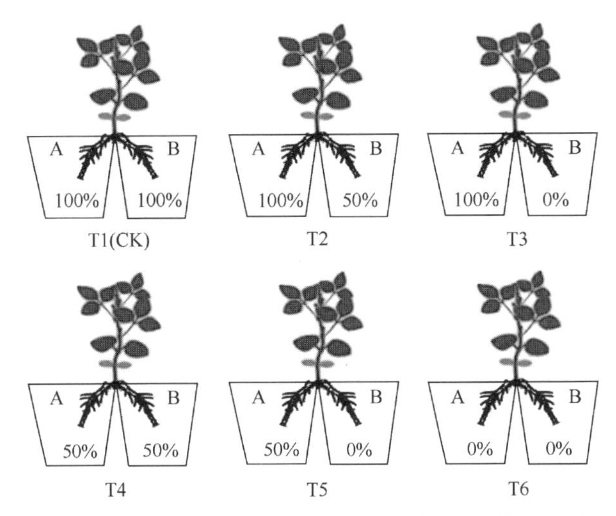


图 5-1　大豆分根干旱胁迫试验处理示意图(R4 期，土培)

## (二) 分析测试

### 1. 渗透调节物含量测定

于鼓粒初期(R5 期)，取成熟、完整的三出复叶(倒三叶)，立即以液氮速冻，储存于−80℃冰箱中，用以测定游离脯氨酸、蔗糖、可溶性总糖及淀粉等渗透调节物的含量[11]。

(1) 游离脯氨酸。叶片游离脯氨酸含量采用茚三酮显色法测定：准确称量 0.20g 冻干叶片样本粉末，加入 5.0mL 3%磺基水杨酸溶液，2.0mL 上清液与 2.0mL 冰醋酸、3.0mL 酸性茚三酮混合水浴加热反应 40min；反应结束后加入 5.0mL 甲苯漩涡振荡，取上清液在 520nm 下测吸光度。

(2) 蔗糖。叶片蔗糖含量采用间苯二酚法测定：取 0.1g 冻干叶片样本粉末，加入 80%乙醇水溶液 10mL，于 80℃水浴中孵育 30min 后离心 15min(3000r · $min^{-1}$)，提取 2 次，合并上清液；取 0.9mL 提取液于 20mL 试管中，加入 2mol · $L^{-1}$ NaOH 溶液 0.1mL，加热 10min；反应结束后于室温冷却 15min；加入 0.1%间苯二酚溶液 1.0mL 和 10mol · $L^{-1}$ 盐酸水溶液 3.0mL，置于 80℃水浴 30min，取上清液在

500nm 下测吸光度。

(3) 可溶性总糖。叶片可溶性多糖含量采用硫酸蒽酮显色法测定：取 0.1g 冻干叶片样本粉末，加入 80%乙醇水溶液 10mL，于 80℃水浴中孵育 30min 后离心 15min(3000r · $min^{-1}$)，提取 2 次，合并上清液；取 1.0mL 提取液于 20mL 离心管中，加入 0.2%硫酸蒽酮试剂 4mL，沸水浴加热 15min 后室温下冷却；取上清液在 620nm 下测吸光度。

(4) 淀粉。叶片中淀粉含量采用酸水解-硫酸蒽酮显色法测定：准确称取 0.1g 粉末加入 2.0mL 9.2mol · $L^{-1}$ $HClO_4$ 研磨成匀浆；加入 6.0mL 水混匀后在 3000r · $min^{-1}$ 下离心 20min；收集上清液，残渣用 2.0mL 4.6mol · $L^{-1}$ $HClO_4$ 提取一次，合并上清液；取 1.0mL 上清液于 20mL 离心管中，加入 4.0mL 0.2%硫酸蒽酮试剂，沸水浴中加热 15min，室温下冷却；取上清液在 620nm 下测吸光度。

#### 2. 农艺性状测定

大豆达到完熟期(R8 期)时，收获植株，各处理分别选择 3 株长势一致的植株考种；测定农艺性状包括株高、茎粗、主茎分枝数、主茎节数、单株荚数、有效荚数、单株粒数、百粒重、单株产量、生物量等。

#### 3. 籽粒化学成分测定

对风干后的大豆籽粒粉碎、过筛、干燥后，测定其蛋白质、异黄酮、脂肪酸含量。

(1) 蛋白质。参考韩博等[12]的方法，采用杜马斯燃烧法测定大豆籽粒蛋白质含量。精确称取 0.25g 干燥豆粉用锡箔纸包裹后置于杜马斯燃烧定氮仪(vario MACRO, Elementar, Germany)进样盘上，设置燃烧温度为 1000℃，以天冬氨酸为标准对照品，测定大豆籽粒氮元素含量，以大豆粗蛋白换算系数 5.71 计算蛋白质含量。

(2) 异黄酮。参考课题组前期优化的试验方法[13]，采用 UPLC-MS 法测定黑豆材料中的异黄酮含量，详细步骤方法见第二章第二节相关内容。

(3) 脂肪酸。参考课题组前期优化的试验方法[14]，采用 GC-MS 法测定大豆籽粒脂肪酸含量，详细步骤方法见第二章第二节相关内容。

## 二、结果与分析

### (一) 分根干旱胁迫对大豆农艺性状的影响

对分根干旱胁迫下，不同抗性大豆的农艺性状进行比较分析，结果如表 5-1 所示。两品种中，株高、茎粗、主茎节数、分枝数和荚长主要在极端干旱 T6(0%A :

0%B)处理条件下的变化差异显著，其他处理的变异幅度不大。对于产量性状而言，随着总灌溉量的减少，干旱胁迫加剧，大豆产量损失越发严重；在极端干旱 T6 处理条件下，‘C103’与‘ND12’的单株产量相较于对照组 T1(100%A：100%B)分别降低了 55.8%和 42.6%；百粒重也显著下降，分别降低了 22.72%和 6.43%；与此类似，大豆籽粒数、荚数和有效荚数也都随着总灌溉量的减少而逐渐下调。

**表 5-1　分根干旱胁迫对大豆农艺性状的影响**

| 品种 | 处理 | 株高(cm) | 茎粗(mm) | 株数 | 分枝数 | 荚长(cm) | 单株产量(g) | 百粒重(g) | 单株粒数 | 单株荚数 | 单株不育荚数 |
|---|---|---|---|---|---|---|---|---|---|---|---|
| ‘ND12’ | T1 | $58.33\pm1.76^{a}$ | $6.24\pm0.14^{a}$ | $14.00\pm0.40^{a}$ | $6.50\pm0.28^{a}$ | $4.82\pm0.01^{a}$ | $20.40\pm0.60^{a}$ | $20.06\pm0.17^{a}$ | $111.25\pm1.31^{a}$ | $56.50\pm1.19^{a}$ | $2.5\pm0.28^{c}$ |
| | T2 | $58.00\pm1.15^{a}$ | $6.04\pm0.13^{a}$ | $14.25\pm0.25^{a}$ | $5.25\pm0.62^{ab}$ | $4.79\pm0.01^{a}$ | $19.99\pm0.89^{ab}$ | $20.18\pm0.19^{a}$ | $110.75\pm5.02^{a}$ | $57.25\pm1.10^{a}$ | $3.0\pm0.40^{c}$ |
| | T3 | $58.33\pm1.45^{a}$ | $6.21\pm0.15^{a}$ | $14.00\pm0.40^{a}$ | $5.75\pm0.25^{ab}$ | $4.66\pm0.01^{b}$ | $18.33\pm0.47^{b}$ | $19.90\pm0.07^{ab}$ | $108.50\pm3.42^{a}$ | $56.50\pm1.19^{a}$ | $5.5\pm0.28^{b}$ |
| | T4 | $58.00\pm0.57^{a}$ | $6.17\pm0.03^{a}$ | $14.75\pm0.25^{a}$ | $5.25\pm0.25^{ab}$ | $4.57\pm0.01^{c}$ | $14.11\pm0.71^{c}$ | $19.52\pm0.17^{bc}$ | $101.75\pm3.49^{ab}$ | $51.75\pm1.25^{b}$ | $4.5\pm0.28^{b}$ |
| | T5 | $58.00\pm1.15^{a}$ | $6.20\pm0.25^{a}$ | $14.25\pm0.47^{a}$ | $6.25\pm0.47^{a}$ | $4.49\pm0.01^{d}$ | $13.81\pm0.39^{c}$ | $19.20\pm0.06^{cd}$ | $96.75\pm4.06^{bc}$ | $49.50\pm1.32^{b}$ | $4.8\pm0.62^{b}$ |
| | T6 | $58.67\pm0.88^{a}$ | $5.65\pm0.53^{a}$ | $14.00\pm0.40^{a}$ | $4.50\pm0.50^{b}$ | $4.19\pm0.01^{e}$ | $11.71\pm0.35^{d}$ | $18.77\pm0.23^{d}$ | $88.00\pm3.18^{c}$ | $44.00\pm1.35^{c}$ | $7.8\pm0.47^{a}$ |
| ‘C103’ | T1 | $86.67\pm0.88^{a}$ | $6.71\pm0.29^{a}$ | $17.50\pm0.28^{a}$ | $7.50\pm0.28^{a}$ | $4.29\pm0.01^{a}$ | $21.84\pm0.65^{a}$ | $13.16\pm0.47^{a}$ | $177.00\pm5.61^{a}$ | $84.75\pm3.68^{a}$ | $1.25\pm0.25^{e}$ |
| | T2 | $86.33\pm0.33^{a}$ | $6.19\pm0.22^{a}$ | $16.50\pm0.64^{ab}$ | $7.25\pm0.47^{a}$ | $4.09\pm0.04^{b}$ | $18.53\pm0.85^{b}$ | $13.11\pm0.44^{a}$ | $151.25\pm3.30^{b}$ | $67.25\pm3.06^{b}$ | $4.25\pm0.25^{cd}$ |
| | T3 | $88.33\pm0.88^{a}$ | $6.60\pm0.15^{a}$ | $17.00\pm0.70^{ab}$ | $6.75\pm0.25^{a}$ | $3.93\pm0.04^{c}$ | $15.47\pm0.49^{c}$ | $13.01\pm0.45^{ab}$ | $124.25\pm1.79^{c}$ | $56.50\pm1.55^{c}$ | $5.00\pm0.40^{bc}$ |
| | T4 | $88.00\pm0.57^{a}$ | $6.16\pm0.30^{a}$ | $16.25\pm0.47^{ab}$ | $7.50\pm0.50^{a}$ | $3.90\pm0.03^{c}$ | $14.28\pm0.29^{c}$ | $13.00\pm0.14^{ab}$ | $121.25\pm2.78^{cd}$ | $57.25\pm1.54^{c}$ | $3.50\pm0.28^{d}$ |
| | T5 | $87.33\pm1.20^{a}$ | $6.26\pm0.14^{a}$ | $16.25\pm0.47^{ab}$ | $7.25\pm0.25^{a}$ | $3.87\pm0.04^{c}$ | $11.40\pm0.41^{d}$ | $11.85\pm0.41^{b}$ | $112.50\pm1.32^{d}$ | $53.25\pm1.49^{cd}$ | $7.00\pm0.40^{a}$ |
| | T6 | $80.00\pm0.57^{b}$ | $6.36\pm0.21^{a}$ | $15.50\pm0.28^{b}$ | $7.50\pm0.28^{a}$ | $3.69\pm0.04^{d}$ | $9.65\pm0.16^{e}$ | $10.17\pm0.14^{c}$ | $99.50\pm4.51^{e}$ | $47.75\pm1.65^{d}$ | $5.75\pm047^{b}$ |

注：表中数据为平均值±标准误 SE；同品种同列相同小写字母代表在 0.05 水平上的差异不显著

轻微分根干旱胁迫 T2(100%A：50%B)处理条件下，大豆植株耗水量仅为对照组 T1 的 75%，而其农艺性状指标的变化均未达到显著水平；在干旱胁迫敏感大豆‘C103’中，其百粒重无明显差异，但单株产量、单株粒数以及单株荚数分别显著降低了 15.16%、14.55%和 20.65%；而对于干旱耐受型品种‘ND12’而言，在轻微分根干旱胁迫 T2 条件下，其所有性状指标的变化差异均不显著，其受到分根干旱胁迫的影响较小。

在总灌溉量相同的条件下，比较分根干旱胁迫 T3(100%A：0%B)与全根干旱胁迫 T4(50%A：50%B)的性状差异。从整体表型可以直观地看出，分根干旱胁迫 T3 处理与全根干旱胁迫 T4 处理的大豆植株相比，其植株表现得更为健壮，绿叶数更多，而 T4 处理大豆植株的衰老表型更突出。农艺性状的差异性分析结果表明，干旱敏感型大豆‘C103’的各项农艺性状在 T3 和 T4 处理条件下的差异并不显著；而对于抗旱型大豆‘ND12’而言，其在分根干旱胁迫 T3 处理条件下的荚长、单株荚数及单株产量均显著高于全根干旱胁迫 T4(表 5-1)。这表明，在总灌溉量一致的条件下，分根干旱胁迫有利于大豆产量的提升，其主要通过果荚性状的上调增加产量，这在抗旱大豆品种中表现得尤为显著。

对分根干旱胁迫下，不同抗性大豆生物量的统计分析结果显示(图 5-2)，不同分根干旱胁迫处理对两大豆品种总生物量及其分配均有不同程度影响；随着总灌溉量的减少，干旱胁迫加剧，不同抗性大豆总生物量均呈逐渐降低趋势。其中，干旱敏感型大豆‘C103’随着总灌溉量的减少，每级处理间样本的总生物量均显著降低[图 5-2(a)]；而对于干旱耐受型品种‘ND12’而言，其在轻微干旱胁迫 T2 条件下，仍保持了较高的总生物量；与对照组 T1 相比(51.99g)，T2 处理的‘ND12’总生物量达到 51.34g，二者差异不显著；在 T3 胁迫下，‘ND12’总生物量出现显著降低[图 5-2(b)]。由此可知，抗旱型大豆‘ND12’受到干旱胁迫的影响更小，其在减量 25%灌水处理条件下的生物量并无显著变化。

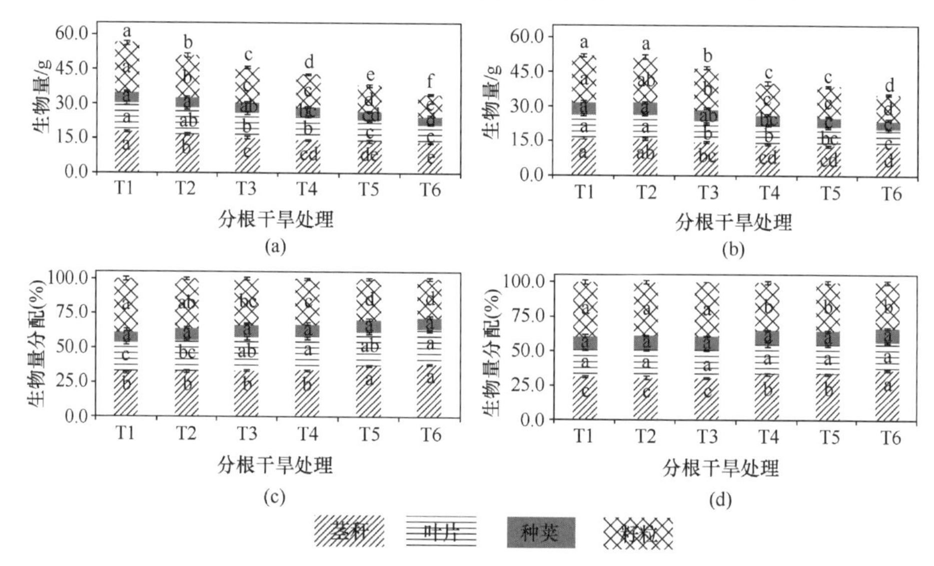


图 5-2 分根干旱胁迫对大豆不同器官生物量及其分配的影响

(a) ‘C103’总生物量；(b) ‘ND12’总生物量；(c) ‘C103’器官生物量分配比例；(d) ‘ND12’器官生物量分配比例；图中不同纹理柱形表示不同器官大豆生物量，柱形中字母表示不同干旱处理条件下相同器官生物量的差异显著性；柱形上方字母表示不同干旱处理条件下大豆总生物量的差异显著性；相同小写字母代表在 0.05 水平上差异不显著

在总灌溉量相同的条件下，比较分根干旱胁迫 T3 与全根干旱胁迫 T4 植株生物量的差异(图 5-2)。结果表明，分根干旱胁迫 T3 处理条件下，不同抗性大豆植株的总生物量均显著高于全根干旱胁迫 T4。对不同器官生物量的差异比较发现，‘C103’各器官生物量在 T3 和 T4 处理条件下的差异均不显著；而‘ND12’的籽粒生物量在 T3 和 T4 处理条件下的差异达显著水平，这与单株产量的结果一致。在总灌溉量相同的条件下，分根干旱胁迫有利于大豆生物量的提升，尤其是抗旱大豆品种籽粒生物量的提升尤为显著。

进一步分析不同抗性大豆植株各部分生物量所占比例的变化，从图 5-2(c)和(d)可以看出，大豆籽粒和茎秆生物量所占比例较大，叶片次之，豆荚生物量最小。不同程度分根干旱胁迫下，干旱敏感型大豆‘C103’种荚的生物量始终处于平稳水平，无显著变化；茎秆生物量在 T5(50%A：0%B)处理条件下呈显著降低趋势；籽粒和叶片生物量均在 T3 处理条件下呈显著降低趋势[图 5-2(c)]。而抗旱型大豆‘ND12’的生物量整体表现更加稳定，尤其是种荚和叶片生物量，在不同程度干旱胁迫下始终保持稳定，未发生显著变化；而籽粒和茎秆均在 T4 处理条件下呈显著降低趋势[图 5-2(d)]。相较于干旱敏感型大豆‘C103’，抗旱品种‘ND12’的叶片生物量更加稳定，使‘ND12’籽粒和茎秆生物量发生显著变化的胁迫程度更高。这表明，受干旱胁迫影响，大豆茎秆生物量增加，籽粒生物量降低，在较高分根干旱胁迫水平下，大豆向生殖(收获)器官的生物量分配比例降低。

对比分析这两个典型材料，也可以看出，若大豆生物量分配给生殖器官的比例越低，分配给营养器官的比例则相应越高，该大豆品种对干旱胁迫越敏感[图 5-2(c)]；对于某些大豆品种而言，适当降低单边灌水量，并不会显著影响其总生物量及其在各器官中的分配比例，并维持较高的籽粒产量[图 5-2(d)]。

### (二) 大豆叶片渗透调节物质对分根干旱胁迫的响应

对分根干旱胁迫下，大豆叶片淀粉、蔗糖、可溶性总糖和脯氨酸等渗透调节物质含量的检测结果如图 5-3 所示。由图 5-3 可知，上述渗透调节物质在分根干旱胁迫下受到的影响较大；充分灌溉 T1 条件下，大豆叶片中淀粉、蔗糖以及可溶性总糖含量最高，随着总灌溉量的减少，其含量均呈现逐渐降低趋势(图 5-3)。各分根干旱胁迫处理条件下，抗旱大豆‘ND12’叶片中淀粉和蔗糖含量均高于干旱敏感大豆‘C103’[图 5-3(a)和(b)]；而‘ND12’叶片中可溶性总糖含量却始终低于‘C103’[图 5-3(c)]。对比不同抗性大豆品种随分根干旱胁迫程度的影响，可以看出：与 T1 对照处理相比，‘C103’叶片中淀粉和蔗糖含量在 T3 处理条件下显著降低，而‘ND12’在 T4 处理条件下显著降低[图 5-3(a)和(b)]。上述规律也出现在叶片可溶性总糖含量变化中：与 T1 对照相比，‘C103’叶片中可溶性总糖含量在 T2 处理条件下即显著降低，而‘ND12’则在 T4 处理条件下显著降低[图 5-3(c)]。综上所述，可以看出：抗旱性大豆叶片中淀粉、蔗糖及可溶性总糖含量出现显著降低时，其所处的干旱程度更高。

对分根干旱胁迫下大豆叶片游离脯氨酸含量的测定结果如图 5-3(d)所示。随着总灌溉量的减少，干旱胁迫加剧，叶片中游离脯氨酸含量逐渐增加；不同抗性大豆均在 T2 处理条件下显著上升，在 T6 处理条件下达到最大值；与 T1 对照组相比，‘ND12’和‘C103’叶片中游离脯氨酸含量分别上升了 200.44%和 163.32%，抗

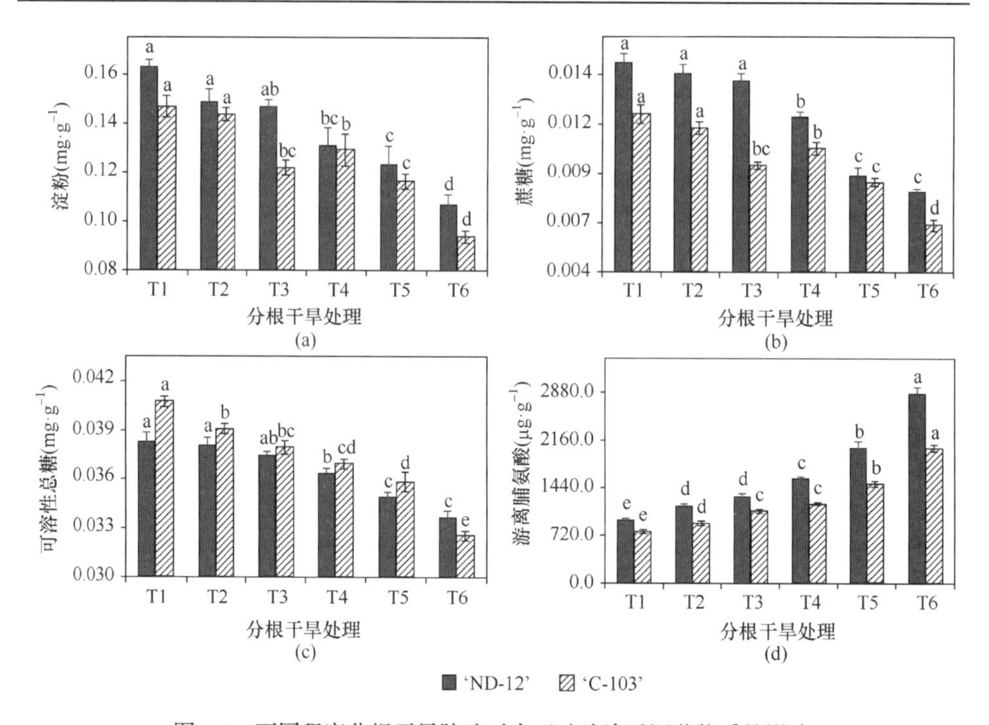


图 5-3　不同程度分根干旱胁迫对大豆叶片渗透调节物质的影响

(a) 淀粉；(b) 蔗糖；(c) 可溶性总糖；(d) 游离脯氨酸；图中小写字母表示不同干旱处理条件下各指标的差异显著性，相同小写字母代表同一品种不同处理间在 0.05 水平上差异不显著

性大豆'ND12'叶片中的上升幅度更大；抗性大豆'ND12'叶片中游离脯氨酸含量始终高于干旱敏感型大豆'C103'。

在总灌溉量相同的条件下，比较分根干旱胁迫 T3 与全根干旱胁迫 T4 处理条件下叶片渗透调节物质含量的差异(图 5-3)。结果表明，不同抗性大豆叶片中淀粉[图 5-3(a)]和可溶性总糖含量[图 5-3(c)]在 T3 和 T4 处理条件下均无显著差异。分根干旱胁迫 T3 处理条件下，抗旱大豆'ND12'叶片中蔗糖含量显著高于全根干旱胁迫 T4 处理[图 5-3(b)]，而游离脯氨酸含量则显著低于全根干旱胁迫 T4 处理[图 5-3(d)]。这表明，在总灌溉量相同的条件下，分根干旱胁迫有利于大豆叶片中蔗糖积累，游离脯氨酸含量更低，受干旱胁迫的损伤更小，这在抗旱大豆品种中表现得尤为突出。

### (三) 分根干旱胁迫对大豆籽粒化学成分的影响

#### 1. 蛋白质

对分根干旱胁迫试验所收获的大豆籽粒蛋白质含量进行定量分析，结果如图 5-4(a)所示。不同抗性大豆品种籽粒中蛋白质含量差异显著，'ND12'蛋白质含量总体高于‘C103’；随着总灌溉量的减少，大豆籽粒蛋白质含量逐渐增加，抗性大豆‘ND12’在 T5 处理(50%A：0%B)条件下显著增加，而干旱敏感型大豆‘C103’在 T2 处理条件下即出现显著上调趋势。二者均在极度干旱胁迫 T6 条件下达到最高。‘C103’与‘ND12’籽粒中蛋白质含量最低值分别出现在对照组 T1（35.74%）和 T2（43.20%）中，且均在 T6 极度干旱条件下均达到最大值 41.30%和 47.54%；与对照组 T1 相比，两品种受到分根干旱胁迫后蛋白质含量分别升高了 15.56%和 8.91%，干旱敏感型大豆‘C103’籽粒蛋白质含量的上升幅度更大。

综上所述，分根干旱胁迫可提升大豆籽粒蛋白质积累量；抗旱型大豆籽粒蛋白质含量显著上调时，所处的干旱程度更高，蛋白质上调幅度更大。

2. 异黄酮

对分根干旱胁迫下大豆籽粒异黄酮含量进行定量分析，结果如图 5-4(b)～(f)所示。由图 5-4(b)可知，随着灌水总量的降低，大豆籽粒总异黄酮含量整体呈降低趋势；抗旱型大豆‘ND12’异黄酮含量在 T5 条件下显著降低，而‘C103’在 T2 处理条件下即呈显著降低趋势。

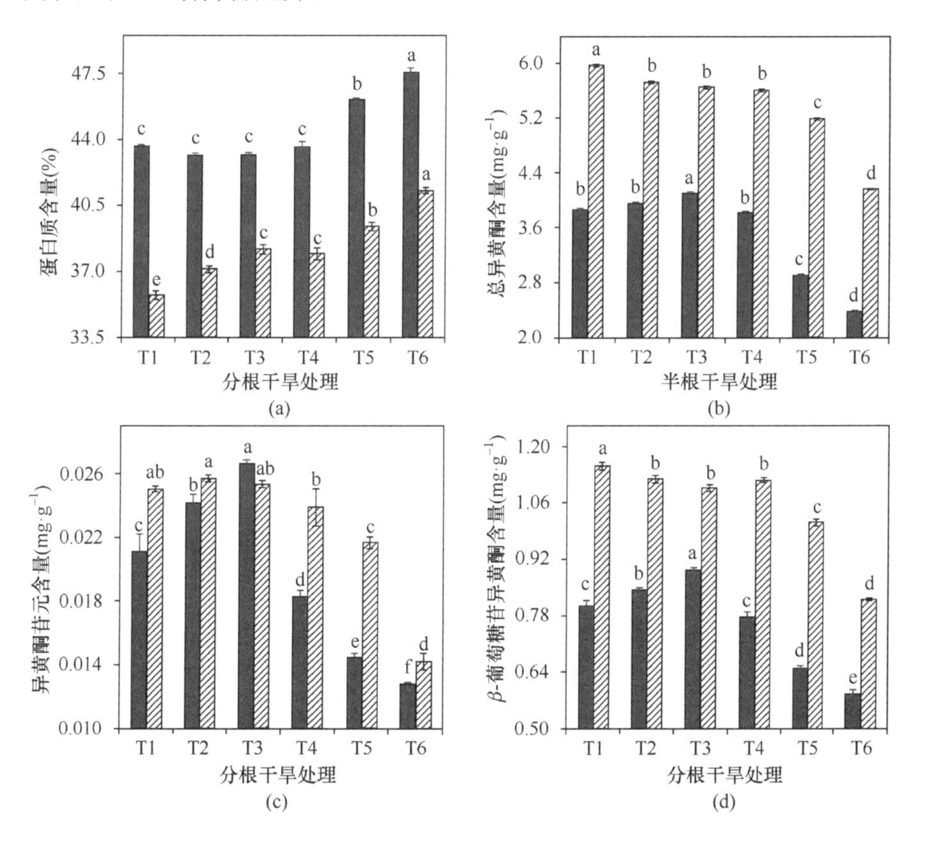

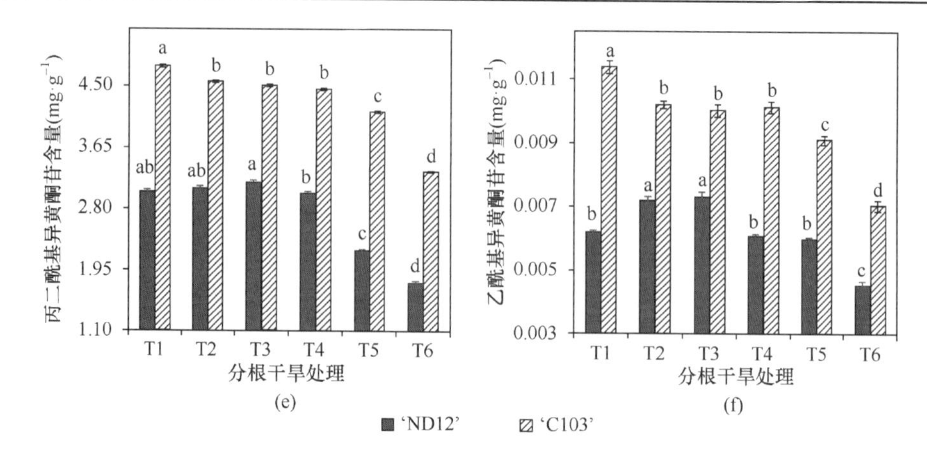


图 5-4　分根干旱胁迫对大豆籽粒蛋白质、异黄酮含量的影响

(a) 蛋白质；(b) 总异黄酮；(c) 异黄酮苷元；(d) $\beta$-葡萄糖苷异黄酮；(e) 丙二酰基异黄酮苷；(f) 乙酰基异黄酮苷；图中小写字母表示不同干旱处理条件下各指标的差异显著性，相同小写字母代表同一品种在不同处理间在 0.05 水平上差异不显著

对不同类型异黄酮含量变化趋势的分析可以看出，随着总灌水量的降低，不同抗性大豆籽粒中异黄酮苷元含量均呈先增后减的趋势，且均在极端干旱 T6 处理条件下达到最小值[图 5-4(c)]。其中，抗旱大豆'ND12'异黄酮苷元含量在 T3 处理条件下达到最大值 0.0266mg · $g^{-1}$,T6 处理'ND12'与其对照组 T1(0.0211mg · $g^{-1}$)相比，异黄酮苷元含量降低了 39.34%；而干旱敏感型大豆'C103'在 T1～T4 处理条件下，其籽粒异黄酮苷元含量均无显著变化，但在 T5 处理下显著降低，并在 T6 中达最低值(0.0142mg · $g^{-1}$)，与对照组 T1(0.0251mg · $g^{-1}$)相比，降低了 43.43%[图 5-4(c)]。其他类型异黄酮变化趋势与苷元类似，'ND12'的$\beta$-葡萄糖苷异黄酮含量在 T3 时达到最大值为 0.8939mg · $g^{-1}$，随着总灌溉量的降低呈先升高后降低的趋势；而'C103'在 T1 和 T2 之间差异不显著，在对照组 T1 处有最大值为 1.1518mg · $g^{-1}$，随着总灌溉量的降低呈逐级降低的趋势，在 T6 处有最小值(0.8192mg · $g^{-1}$)，与对照组相比下降了 28.88%[图 5-4(d)]。'ND12'的丙二酰基异黄酮含量在 T3 达到最大值为 3.1835mg · $g^{-1}$，随着总灌溉量的减少呈先升高后降低的趋势，在 T6 处为最小值(1.7823mg · $g^{-1}$)，与对照组相比减少 41.48%；而'C103'在 T1～T3 中的含量均无显著差异，随总灌溉量的减少呈先稳定后降低，在 T1 处为最大值(4.7781mg · $g^{-1}$),在 T6 处为最小值(3.3153mg · $g^{-1}$),降低了 30.61%[图 5-4(e)]。'ND12'的乙酰基异黄酮含量随着总灌溉量的减少，先升高后降低，在 T3 处有最大值(0.0068mg · $g^{-1}$)，在 T6 处为最小值(0.0040mg · $g^{-1}$)；而'C103'在 T1 处达到最大值，T2～T4 差异不显著，随着总灌溉量的减少逐级降低[图 5-4(f)]。

在总灌溉量相同的条件下，比较分根干旱胁迫 T3 与全根干旱胁迫 T4 下大豆籽粒异黄酮含量的差异。结果表明，分根干旱胁迫 T3 条件下，抗旱型大豆'ND12'

籽粒总异黄酮含量[图 5-4(b)]及各类型异黄酮含量[图 5-4(c)～(f)]均显著高于全根干旱胁迫 T4，而干旱敏感型大豆‘C103’的变化不显著。这表明，干旱胁迫不利于大豆籽粒中异黄酮的积累；但在总灌溉量相同的条件下，分根灌溉处理可缓解干旱胁迫对大豆籽粒异黄酮积累的不利影响,这在抗旱大豆品种中表现得尤为突出。

3. 脂肪酸

对分根干旱胁迫下大豆籽粒脂肪酸含量进行定量分析，结果如图 5-5 所示。大豆籽粒主要含有 5 种脂肪酸，包括 2 种饱和脂肪酸(SFA)：棕榈酸和硬脂酸，以及 3 种不饱和脂肪酸(UFA)：亚油酸、油酸和$\alpha$-亚麻酸。由图 5-5(a)可知，随着灌水总量的降低，大豆籽粒总脂肪酸含量整体呈降低趋势；抗旱型大豆‘ND12’总脂肪酸含量在 T3 处理条件下显著上调，此后即持续降低，并在 T5 处理条件下显著降低；而‘C103’总脂肪酸含量随着灌水量减少而持续降低，在 T3 处理条件下即呈显著降低趋势[图 5-5(a)]。在总灌溉量相同的条件下，比较分根干旱胁迫 T3 与全根干旱胁迫 T4 下大豆籽粒脂肪酸含量的差异。结果与异黄酮含量的变化规律一致，即分根干旱胁迫 T3 条件下,抗旱型大豆‘ND12’籽粒总脂肪酸含量[图 5-5(a)]显著高于全根干旱胁迫 T4，而干旱敏感型大豆‘C103’的变化不显著。这表明，干旱胁迫不利于大豆籽粒中脂肪酸的积累；但在总灌溉量相同的条件下，分根灌溉处理可缓解干旱胁迫对大豆籽粒脂肪酸积累的不利影响，这在抗旱大豆品种中表现得尤为突出。

进一步的具体分析表明，大豆籽粒不饱和脂肪酸[图 5-5(b)]和饱和脂肪酸[图 5-5(c)]含量也随着灌水总量的减少，整体呈降低趋势，其变化规律与总脂肪酸基本一致。对各脂肪酸单体的定量分析，也可以看出，棕榈酸[图 5-5(d)]、硬脂酸[图 5-5(e)]、亚油酸[图 5-5(f)]及$\alpha$-亚麻酸[图 5-5(h)]的变化趋势与总脂肪酸也基本一致；受持续干旱的影响，大豆籽粒脂肪酸含量均呈显著降低趋势，‘ND12’籽粒脂肪酸含量受干旱影响而显著下调的干旱程度更高，而‘C103’受干旱影响的敏感度更高。

与上述规律明显不同的是油酸含量的变化差异[图 5-5(g)]；在不同抗性大豆籽粒中，随着灌水总量的减少，油酸含量持续上调；与对照 T1 相比，‘ND12’籽粒在 T5 处理条件下显著升高，而‘C103’籽粒在 T4 处理条件下显著升高。

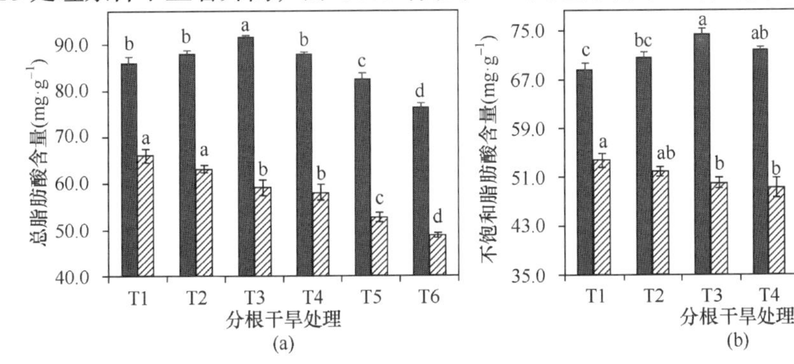

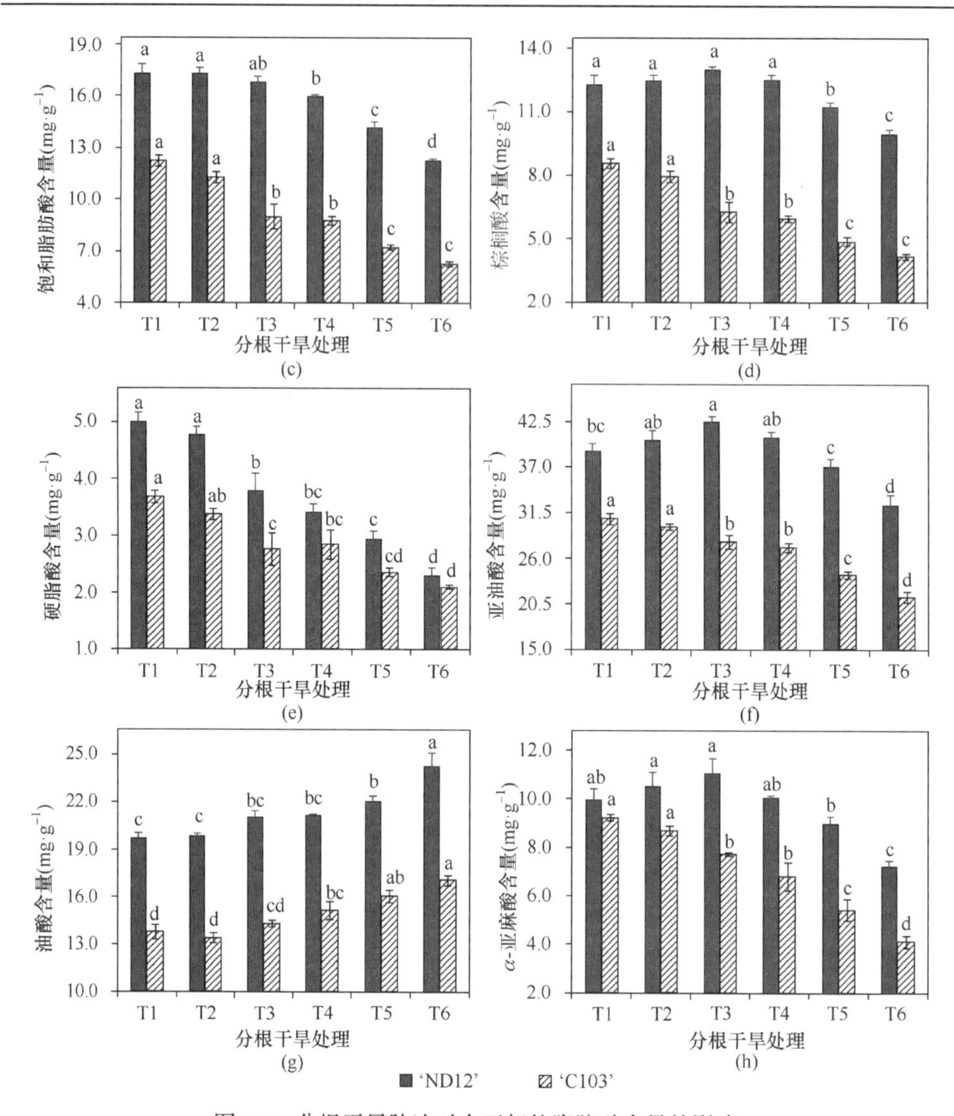


图 5-5　分根干旱胁迫对大豆籽粒脂肪酸含量的影响

(a) 脂肪酸总量；(b) 不饱和脂肪酸；(c) 饱和脂肪酸；(d) 棕榈酸；(e) 硬脂酸；(f) 亚油酸；(g) 油酸；(h) α-亚麻酸；图中小写字母表示不同干旱处理条件下各指标的差异显著性，相同小写字母代表同一品种在不同处理间在 0.05 水平上差异不显著

## 三、结论与讨论

### (一) 农艺性状

大豆生长需水量大，对干旱环境最为敏感，干旱胁迫严重影响大豆产量和品质[15]。本研究表明，大豆生殖生长期(R4 期开始)遭受干旱胁迫，对其农艺性状具

有显著影响，主要体现在其生殖(收获)器官上；干旱胁迫使大豆生物量更多地向营养器官积累，导致其产量性状降低。生殖生长期干旱胁迫对荚果性状有显著影响，极端干旱 T6 条件下，‘ND12’和‘C103’的荚长均显著降低；在灌溉总量不变的条件下，分根灌溉处理能够缓解干旱胁迫对大豆产量的负面影响，其主要通过果荚性状(荚长、单株荚数)的上调增加产量，这在抗旱大豆品种中表现得尤为突出。适当的分根干旱处理并未导致抗旱型大豆品种产量的降低；相对于对照组 T1 处理而言，T2 处理的灌水量减少了 25%，但大豆单株产量及生物量分布均无显著差异，这与 Tabrizi 等[16]基于盈亏灌溉技术提升半干旱地区大豆产量的研究结果类似，分根灌溉对提高作物水分利用率至关重要。

作物生物量与其冠层太阳辐射截获量和光合产物的分配有直接关系[17]。本研究表明，鼓粒期干旱胁迫导致大豆生物量降低，原因可能是干旱胁迫加速了叶片衰老，减少了光能辐射截获量。与对照组 T1 相比，极端干旱处理 T6 大豆植株的总生物量在干旱敏感型大豆‘C103’和抗旱型大豆‘ND12’中分别降低了 66%和 47%。干旱导致大豆叶片截获辐射量减少，引起生物量降低[18]，而分根灌溉能有效缓解干旱胁迫导致的大豆叶片衰老，从而提高光能截获量，提高水分利用率。

### (二) 叶片渗透调节物质

淀粉和蔗糖是植物主要的光合产物，是碳水化合物的主要储存形式[19]；大豆叶片中通常含有较低的蔗糖浓度，液泡酸性转化酶能迅速水解蔗糖[20]。淀粉、蔗糖、可溶性总糖和脯氨酸为植物体内重要的渗透调节物质，其受到干旱胁迫的影响较大。本研究中，随着总灌溉量的减少，不同抗性大豆品种叶片中淀粉、蔗糖和可溶性总糖含量均显著降低；与前人研究结果类似[21, 22]，大豆和其他植物叶片中淀粉、蔗糖和可溶性总糖含量在干旱胁迫下急剧降低、这可能与其光合速率降低、糖代谢加剧有关[23]。与糖代谢规律不同的是，大豆叶片中游离脯氨酸含量在干旱胁迫下急剧上升，且抗旱型大豆‘ND12’的绝对含量始终高于干旱敏感型大豆‘C103’，其上升幅度也更大。游离脯氨酸含量的增加是植物在水分亏缺条件下的普遍反应，其通过调节大豆细胞间渗透势来保护植物应激细胞，提高植株抗旱能力[24]。本研究中，抗旱型大豆‘ND12’中更高的脯氨酸积累量，也反映出其具有更高的抗旱应激能力，这与前人研究结果类似[25, 26]。

在总灌溉量相同的条件下，分根干旱胁迫 T3 大豆叶片中蔗糖含量显著高于全根干旱胁迫 T4 大豆，而游离脯氨酸含量则显著低于全根干旱胁迫大豆。这表明，大豆根系两边水分分布不均，有利于缓解由干旱胁迫导致的叶片老化及糖合成降低(或糖代谢加剧)；这种分根干旱抗性可能是由于大豆受局部干旱影响，产生的干旱信号转导至叶片，从而诱发叶片气孔关闭，有效降低了水分耗散，这或与盈亏灌溉的节水机制类似[27]。

(三) 籽粒化学成分

大豆富含蛋白质及异黄酮、不饱和脂肪酸等多种活性成分，这些代谢产物有益于人体健康，在植物抗性生理中也发挥着多种重要功能[28]。前人研究表明，干旱胁迫对大豆次生代谢具有显著影响；与良好灌溉条件下种植的大豆相比，干旱大田种植的大豆具有更高的蛋白质含量，而籽粒异黄酮和脂肪酸含量则较低[29]。本研究探索了分根干旱胁迫对大豆籽粒蛋白质、异黄酮和脂肪酸积累量的影响，结果发现，干旱胁迫可促进大豆籽粒蛋白质的积累，并随着灌溉量的减少而呈逐渐增加的趋势，这可能是大豆通过改变源库关系对干旱胁迫的代谢响应[30]。受分根干旱胁迫影响，抗性大豆'ND12'籽粒蛋白质含量的上升幅度更大，蛋白质含量出现显著上调时，所处的干旱程度更高；抗旱型大豆籽粒蛋白质代谢受干旱胁迫影响的敏感程度更低，但响应幅度更大，干旱胁迫对不同基因型大豆蛋白质的影响存在显著差异[28, 31]。

大豆异黄酮是大豆中一类重要的抗性成分，参与了大豆体内一系列的重要生理过程。异黄酮的合成、积累受基因型、生长环境和灌溉水平等多种因素的影响[32, 33]。本研究中，随着灌溉总量的降低，大豆籽粒异黄酮含量整体呈降低趋势，抗旱型大豆异黄酮含量显著降低出现的干旱程度更深，较干旱敏感型大豆而言，其籽粒异黄酮对干旱胁迫的响应敏感度更低。良好的灌溉条件可促进大豆籽粒中异黄酮的合成积累，这与 Bennett 等[34]的研究一致。本研究进一步发现，适度的分根干旱胁迫使得大豆籽粒异黄酮苷元、$\beta$-葡萄糖苷异黄酮、丙二酰基异黄酮苷和乙酰基异黄酮苷含量均呈轻微上调；而当灌水量持续减少，大豆籽粒异黄酮积累量则显著降低；该结果与之前的报道类似，土壤水分的微小变化不会影响大豆籽粒异黄酮含量，但严重干旱会使其含量显著降低[35]。在总灌溉量相同的条件下，分根干旱胁迫 T3 大豆籽粒总异黄酮及各类型异黄酮含量均显著高于全根干旱胁迫 T4，这与前述大豆叶片糖代谢的变化规律类似。这表明，虽然深度干旱胁迫不利于大豆籽粒异黄酮的积累，但分根灌溉可在一定程度上缓解这种不利影响；分根干旱胁迫对大豆籽粒异黄酮积累的调控机制尚不清楚，这有待进一步研究。

水分亏缺改变了大豆脂肪酸组成，不饱和脂肪酸含量显著降低[36]，影响油脂稳定性，尤其是在种子发育阶段(R5～R6)[37]。本研究发现，干旱胁迫导致大豆籽粒脂肪酸积累量降低，而油酸含量的变化规律刚好相反，其含量随着灌水总量的减少而呈增加趋势。通过分析大豆脂肪酸的合成代谢通路可知，油酸是大豆饱和脂肪酸转向合成不饱和脂肪酸的第一个代谢物，其上游为饱和脂肪酸棕榈酸和硬脂酸，下游是不饱和脂肪酸亚油酸和$\alpha$-亚麻酸，油酸刚好位于饱和脂肪酸至不饱和脂肪酸合成通路的中间位置；干旱胁迫可能调控了大豆籽粒发育进程中，硬脂酰-酰基载体蛋白脱饱和酶(SACPD)和脂肪酸延长酶基因的表达加剧，或者脂肪酸脱饱和酶基因的表达抑制，从而导致了油酸上下游产物含量降低，而油酸含量增加，这也从另一个侧面证实了该代谢通路的合理性[37]。

间作套种(复合种植)是一种集约化的农业生产模式，其能够提高资源利用率，实现农业高产高效。间套作系统中，低位作物单侧受到高位作物遮挡，其地下部单侧土壤含水量低于另一侧，形成了特殊的分根干旱胁迫现象；利用这类异质性胁迫优势，延伸形成了根系分区灌溉技术，其作为一种新型的农业节水技术而备受关注[38]。该技术使不同区域根系受到交替的水分胁迫锻炼，利用根系的吸收补偿效应及干旱胁迫信号脱落酸的响应机制，提高植物对土壤养分和水分的利用率，减少无效的蒸腾耗水及棵间蒸发[27]。根系分区灌溉技术得到广泛运用，围绕分根干旱胁迫下作物光合生理特性等方面也开展了大量研究[38-40]。分根灌溉节水增效的作用已较为明确，但其作用机理还有待进一步阐释；尤其是本研究中发现的分根干旱胁迫对大豆化学成分的调控作用，其也具有与抗性生理表型类似的规律。大豆次生代谢在分根干旱胁迫(分根灌溉)中发挥着怎样的化学生态学功能？这还有待深入研究。而适度分根干旱胁迫对大豆籽粒化学组成的影响也为我们提供了一种调控有益代谢物积累的新思路，未来或在大豆功能成分的开发中加以利用。

# 第三节　异质性胁迫的代谢调控机制

## 一、胁迫记忆与表观遗传

植物不能通过运动的方式逃避不利环境，但能够合成各类化学物质来抵抗干旱、紫外线等逆境胁迫，防御真菌和植食性动物天敌。植物与环境的成功互动取决于复杂的感知系统与适当的生理响应组合，其对环境的诸多响应均受到胁迫历史的影响，特别是经常暴露于胁迫下改变了其生理反应，增强了逆境适应性[41]；这说明植物存在某种信息存储系统，并可随时访问以影响其对环境信号的响应[42]，这与 Trewavas 于 2003 年提出的“植物记忆”的概念相当契合[43]，他指出植物具有“在很长时间内检索信息的能力”。Walter 等[44]研究也发现，干旱、霜冻或热胁迫后的植物体内存在胁迫记忆现象。目前，对胁迫记忆的研究表明，其可能的机制是蛋白质、转录因子或保护性代谢物的积累，以及表观遗传修饰或 DNA 甲基化。

自然界各种环境变化对植物的影响复杂多变，存在逐渐积累、重复交替发生现象。植物在其生命周期中往往会遭受多次不同程度的环境胁迫，这些胁迫不仅影响其当代植株的生长发育及最终产量，也在一定程度上影响其下一代的生长发育[45]。当这些非生物胁迫发生时，诱导其表观遗传变异(DNA 甲基化状态的改变)，植物发生适应性响应，促进其对复发性胁迫的更快、更强的反应，从而有利于植物生存。根据其诱导的 DNA 甲基化是否能够遗传，可将胁迫记忆定义为短期、长期或跨代记忆。当逆境信号发生时，代谢物激素、活性氧等次级信号激活 DNA 甲基化相关基因，导致 DNA 甲基化水平和模式的改变，若是不可遗传的改变，则仅表现为可逆表观调控，即短期胁迫抗性；若通过有丝分裂可遗传，则表现为当代胁迫记忆；若减数分裂或有丝分裂(繁殖下一代)可遗传，则表现为跨代胁迫记忆(图 5-6)[46]。胁迫记忆是植物体在应对逆境时形成的调控信号和应答恢复机制；当逆境再次发生时，记忆会被迅速激活，启动相关的信号转导以及转录调控，从而增加植株的抗逆能力[47]。例如，近期，奚亚军教授团队利用周期性干旱胁迫处理柳枝稷，从生理和分子水平系统解析了柳枝稷对多次干旱胁迫的适应机理，揭示了柳枝稷对干旱胁迫存在的胁迫记忆(脱水记忆)行为[48]。

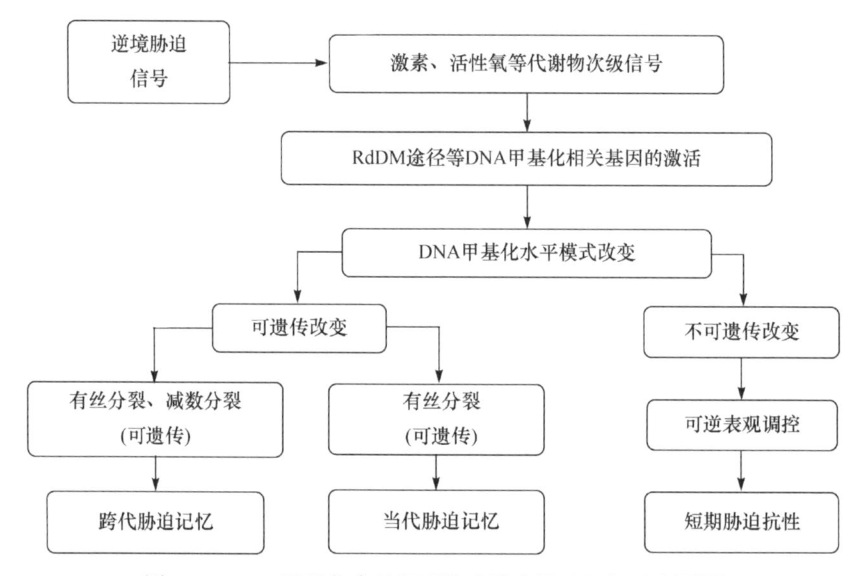


图 5-6 DNA 甲基化介导的逆境应答和胁迫记忆示意图[46]

诸多证据表明，胁迫记忆具有多种载体；除遗传物质外，代谢产物也发挥着胁迫记忆的载体功能。类胡萝卜素是一类重要的次生代谢产物，不仅参与植物着色、光合作用，也是光照下植物记忆的关键组分之一[49]。参与植物记忆是基于“类胡萝卜素池”对辐射的高度动态响应，以及它们对光合代谢的直接影响，特别是对非光化学猝灭(NPQ)的调节。类胡萝卜素通过不同的手段，在不同的时间尺度上对轻度胁迫记忆作出贡献(图 5-7)。所有这些过程都能够预防强光胁迫，并随之调节 NPQ 速率，使质子梯度在数秒内建立并在短时黑暗中消失。VAZ 叶黄素循环(类胡萝卜素、紫黄质、玉米黄素和玉米黄质)周期内，叶黄素类代谢物间的动态转化通常需要几分钟才能完成，而不到 1h 才能完全解除。LxL 叶黄素循环(环氧叶黄素和叶黄素)的动力学恢复速度要慢得多，要完全解除则需要几小时至几天时间。只有在严重的胁迫条件下才能启动 VAZ 循环的持续接合，并且需要几天时间才能完全恢复。在更长的时间尺度上，类胡萝卜素的合成和降解之间的平衡以及朝向$\alpha$-或$\beta$-途径的通量，决定了VAZ-循环池尺寸的调整[50]。

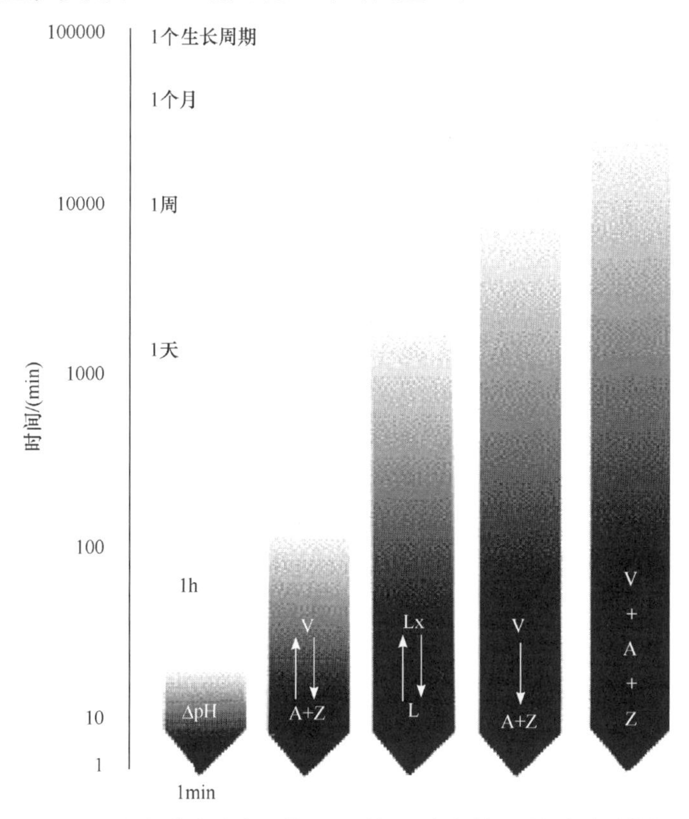


图 5-7　类胡萝卜素介导的不同时间尺度上的胁迫记忆机制[50]

V：violaxanthin，紫黄质；A：antheraxanthin，玉米黄素；Z：zeaxanthin，玉米黄质；L：lutein，叶黄素；Lx：lutein epoxide，叶黄素环氧化物

Nakabayashi 等[51]研究发现，具有自由基清除活性的类黄酮能够减轻拟南芥的氧化应激反应以抵御干旱胁迫，这证实了植物能利用特殊代谢物来抵御环境胁迫的观点。不同的植物应对胁迫时的表现不尽相同，机制各异；表观基因组学、代谢组学和转录组学等“组学”方法的应用，为我们提供了解决复杂的生物学问题的新思路，胁迫记忆机制可采用这些手段来深入阐释[52]。代谢组学正在成为全面了解非生物胁迫对细胞作用的重要手段；干旱胁迫期间，维管植物关闭气孔保存水分；每个气孔都是由一对保卫细胞组成，这些保卫细胞在干旱和相关激素脱落酸(ABA)的作用下收缩。复杂的细胞内信号网络的激活是这些反应的基础。保卫细胞代谢物的分析因而成为解析保卫细胞信号转导途径的基础。Zhu 等[53]使用 ABA 外源施加诱导离体甘蓝型油菜保卫细胞，基于代谢组学分析鉴定了甘蓝型油菜保卫细胞中的 390 种代谢物；其中 77 种初生或次

生代谢产物对 ABA 具有显著响应，包括碳水化合物、脂肪酸、硫代葡萄糖苷和类黄酮等；黄芥子油苷、槲皮素、菜油甾醇和谷甾醇等被证实可调控拟南芥、甘蓝型油菜的气孔关闭。研究人员基于代谢组学方法，筛选出可作为耐旱性作物选育的标记代谢物，为耐旱品种的选育提供了参考[54]。Swarcewicz 等[55]比较了干旱胁迫下两个春播大麦品种杂交后代的重组自交系(RIL)群体叶片和根代谢组的响应情况，发现叶和根之间在代谢组水平上对干旱的响应具有明显的器官特异性，并发现参与大麦响应干旱胁迫的代谢物种类相似，但含量变化不同。大豆是受非生物胁迫，特别是干旱和热胁迫不断威胁的作物，Das 等[56]使用非靶向代谢组学的手段研究了干旱和热胁迫下，大豆叶片中的关键代谢物(如碳水化合物、氨基酸、脂质、辅因子、核苷酸、肽和次生代谢物等)的差异性积累规律，发现调节碳水化合物、氨基酸、肽代谢以及嘌呤和嘧啶生物合成的各种细胞过程(如糖酵解、三羧酸循环、戊糖磷酸途径和淀粉生物合成等)的代谢物受到干旱及热应激影响显著。

综上所述,胁迫记忆理论或许能够解释分根干旱胁迫系统下的部分调控机制，受到胁迫部位持续不断的合成信号物质或相关的次生代谢产物，使机体始终处于胁迫状态，永远处于“记忆”模式；分根干旱胁迫作物一方面始终处于应对胁迫的“临战”状态，另一方面又不影响其正常生长。复合种植系统中各种异质性胁迫引发的胁迫记忆，与其植株的代谢调控密切相关；代谢群体响应可能是植物发挥胁迫记忆功能的重要载体。

## 二、植物风险敏感性

所有植物都面临着一个基本的经济决策——“最好的投资方式”。一旦根系分配失误可能会导致营养摄取减少，繁殖资源减少，适应性降低，并且在极端情况下存在死亡的风险。那么，环境如何影响这种分配，且地上和地下生物量分配在物种之间是否存在差异呢？当从土壤中摄取的资源受到限制时，植物通常表现出相同的适应性反应，它们将更多的生物量投入根部，保证根系的生长以期获得更多的资源来供给地上部的正常生长[57, 58]。植物无法通过运动的方式逃离不利环境，但可以通过生长可塑性将枝条和叶片延伸到光照充足的环境中，将根系更多地分配到营养充足的部分。植物的模块化结构允许其根据实际环境对地上部和地下部作出相应的反应；但植物必须做出的第一个决定是：如何在地上和地下结构之间正确分配资源？植物风险敏感性(risk sensitivity theory, RST)即是一种用以预测植物根系分配原则的新理论。

对资源变化的敏感性在人类、灵长类动物、鸟类和社会性昆虫中已有诸多记载；在适应性条件下，RST 预测主体会根据最小变量的丰富程度来选择冒险或风险规避策略，但实际观测结果与 RST 预测结果往往契合度不高。Dener 等[59]首次研究了植物对根际营养物质随时间变化的响应规律，研究人员以豌豆为研究对象，在不同的恒定营养浓度下培育植物；结果发现，籽粒数及单株产量在供试浓度范围内具有凹面关系，单粒重随着肥料利用率的增加而呈S形上升，其转折点为10～20mg · $L^{-1}$。根据RST预测，肥料浓度低于转折点，个体处于高风险状态，植物则应选择冒险策略。研究人员进一步基于分根胁迫试验研究了半根营养胁迫下植物的根系分配原则[图 5-8(a)]，对植株两侧设置不同的营养条件，使得两侧分别具有恒定或可变的营养水平，并维持可变侧与恒定侧营养水平具有相同均值[图 5-8(b)]。试验结束时，由恒定侧和变化侧中分配的根系生物量推断植物所做的选择[图 5-8(c)]。当更多的根已经发展到变化侧，即呈现冒险行为；在高于转折点的资源总量处理中，植物根系恒定侧生物量较变化侧分配得更多，这符合风险敏感性的预测结果。上述研究表明，豌豆植株在营养贫瘠条件下易选择冒险策略，在营养充足条件下则易选择规避风险策略。分根营养胁迫不仅影响根系生物量的积累，也对植株各部位生物量的分配具有显著影响；在低营养水平下，豌豆将整体生物量更多地分配给营养器官，保证植株的正常生长，因而“克扣”了向生殖器官的分配；而在较高营养水平下，植株在保证营养生长的前提下，将更多的生物量用以生殖生长；该营养条件下的植株产量明显高于低营养水平下的植株。该项研究首次讨论了植物中存在的风险敏感性现象，但风险敏感性机制的普适性还有待进一步验证[60]。

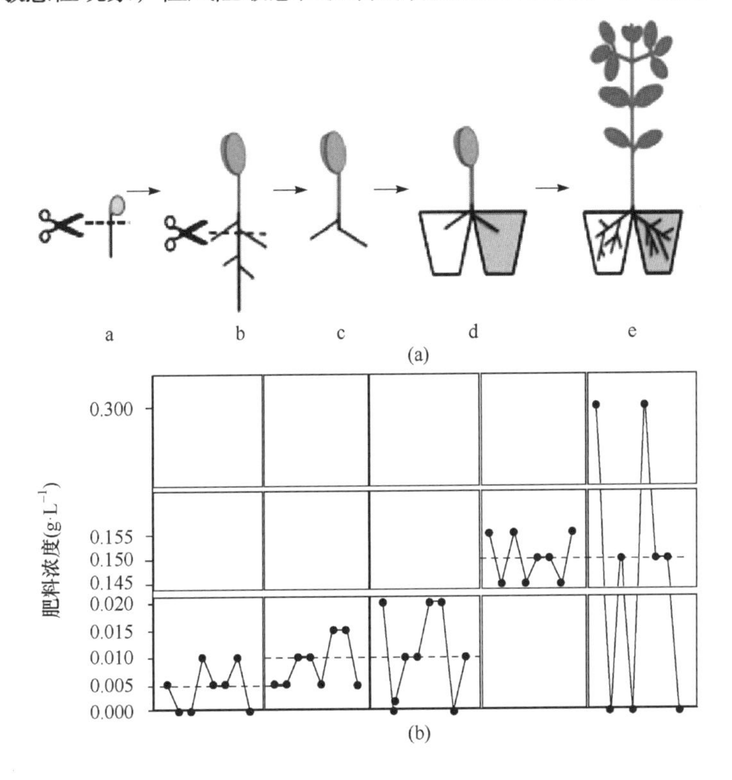

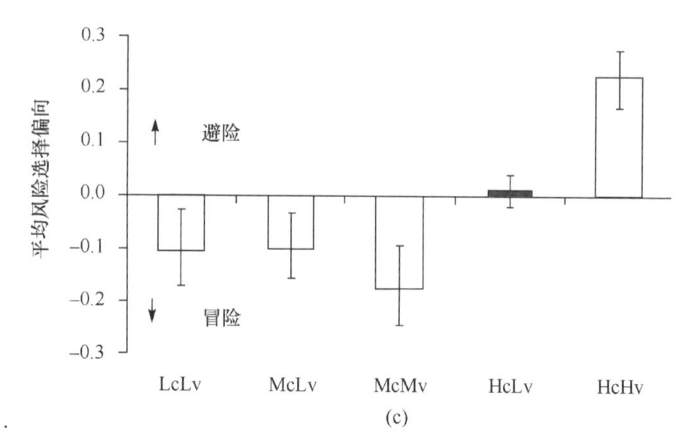


图 5-8　植物风险敏感性示意图[59]

(a) 分根处理示意图：a. 去除幼苗根尖，b. 侧根生长，c. 保留 2 根相似侧根，d 和 e. 分根处理；(b) 各处理典型灌溉轨迹：水平虚线表示恒定侧营养水平，波动实线表示变化侧时序性营养水平；(c) 各处理风险选择偏向，$Pc = (RC-RV)/(RC + RV)$。RC 和 RV 分别是恒定侧和变化侧根生物量，各处理第一个大写字母表示恒定侧的营养水平(L/M/H)，第二个大写字母表示变化侧方差(L/M/H)，小写字母 c 和 v 分别表示恒定侧、变化侧

风险敏感性理论或许对作物异质性胁迫机理的研究具有积极的参考价值。当两侧环境资源分布不均时，植物就面临着如何分配自身资源来获得更高营养水分等的摄入来保证其正常生长的问题，或许这能有助于深入阐释玉米-大豆间套作系统中诸多异质性胁迫的化学生态学机理。

## 参 考 文 献

[1] 叶学华, 胡宇坤, 刘志兰, 等. 水分异质性影响两种根茎型克隆植物赖草和假苇拂子茅的水分存储能力. 植物生态学报, 2013, 37(5): 427-435.

[2] Stein A, Gerstner K, Kreft H. Environmental heterogeneity as a universal driver of species richness across taxa, biomes and spatial scales. Ecology Letters, 2014, 17(7): 866-880.

[3] Brandt A J, del Pino G A, Burns J H. Experimental protocol for manipulating plant-induced soil heterogeneity. J Vis Exp, 2014, 85(85): e51580-e51580.

[4] Chaves M M, Zarrouk O, Francisco R, et al. Grapevine under deficit irrigation: hints from physiological and molecular data. Annals of Botany, 2010, 105(5): 661.

[5] Stoll M, Loveys B, Dry P. Hormonal changes induced by partial rootzone drying of irrigated grapevine. Journal of Experimental Botany, 2000, 51(350): 1627-1634.

[6] 张建华, 贾文锁, 康绍忠. 根系分区灌溉和水分利用效率. 西北植物学报, 2001, 21(2): 191-197.

[7] Liu F, Shahnazari A, Andersen M N, et al. Physiological responses of potato (*Solanum tuberosum* L.) to partial root-zone drying: ABA signalling, leaf gas exchange, and water use efficiency. Journal of Experimental Botany, 2006, 57(14): 3727-3735.

[8] Yan Y, Gong W, Yang W, et al. Seed treatment with uniconazole powder improves soybean seedling growth under shading by corn in relay strip intercropping system. Plant Production Science, 2010,

13(4): 367-374.

[9] Rahman T, Ye L, Liu X, et al. Water use efficiency and water distribution response to different planting patterns in maize-soybean relay strip intercropping systems. Experimental Agriculture, 2017, 53(2): 159-177.

[10] Yang F, Cui L, Huang S, et al. Soybean growth environment and group yield in soybean relay intercropped with different leaf type maize. Soybean Science, 2015, 34(3): 402-407.

[11] 施海涛. 植物逆境生理学实验指导. 北京：科学出版社, 2016.

[12] 韩博, 金凯, 张文娟, 等. 凯氏定氮法与杜马斯燃烧法测定大豆粗蛋白的比较研究. 中国畜牧杂志, 2010, 46(23): 67-69.

[13] Wu H, Deng J, Yang C, et al. Metabolite profiling of isoflavones and anthocyanin in black soybean [*Glycine max* (L.) Merr.] seed by HPLC-MS and geographical differentiation analysis in Southwest China. Analytical Methods, 2017, 9(5): 792-802.

[14] 吴海军, 杨才琼, 邓俊才, 等. 日本大豆引种四川盆地的品质评价研究. 草业学报, 2017, 26(1): 81-89.

[15] Desclaux D, Roumet P. Impact of drought stress on the phenology of two soybean (*Glycine max* L. Merr) cultivars. Field Crops Research, 1996, 46(1-3): 61-70.

[16] Tabrizi MS, Parsinejad M, Babazadeh H. Efficacy of partial root drying technique for optimizing soybean crop production in semi-arid regions. Irrigation and Drainage, 2012, 61(1): 80-88.

[17] Mayers J, Lawn R, Byth D. Agronomic studies on soybean [*Glycine max* (L.) Merrill] in the dry seasons of the tropics. I. Limits to yield imposed by phenology. Australian Journal of Agricultural Research, 1991, 42(7): 1075-1092.

[18] Jamieson P, Martin R, Francis G, et al. Drought effects on biomass production and radiation-use efficiency in barley. Field Crops Research, 1995, 43(2-3): 77-86.

[19] Huber S C, Rogers H H, Mowry F L. Effects of water stress on photosynthesis and carbon partitioning in soybean [*Glycine max* (L.) Merr.] plants grown in the field at different $CO_2$ levels. Plant Physiology, 1984, 76(1): 244-249.

[20] Goldschmidt E E, Huber S C. Regulation of photosynthesis by end-product accumulation in leaves of plants storing starch, sucrose, and hexose sugars. Plant Physiology, 1992, 99(4): 1443-1448.

[21] Liu F, Jensen C R, Andersen M N. Drought stress effect on carbohydrate concentration in soybean leaves and pods during early reproductive development: its implication in altering pod set. Field Crops Research, 2004, 86(1): 1-13.

[22] Lee B R, Jin Y L, Jung W J, et al. Water-deficit accumulates sugars by starch degradation-not by de novo synthesis-in white clover leaves (*Trifolium repens*). Physiologia Plantarum, 2008, 134(3): 403-411.

[23] Villadsen D, Rung J H, Nielsen T H. Osmotic stress changes carbohydrate partitioning and fructose-2, 6-bisphosphate metabolism in barley leaves. Functional Plant Biology, 2005, 32(11): 1033-1043.

[24] Krüger H G. Separately and simultaneously induced dark chilling and drought stress effects on photosynthesis, proline accumulation and antioxidant metabolism in soybean. Journal of Plant Physiology, 2002, 159(10): 1077-1086.

[25] Sharma P, Jha A B, Dubey R S, et al. Reactive oxygen species, oxidative damage, and antioxidative defense mechanism in plants under stressful conditions. Journal of Botany, 2012, 2012(2012).

[26] Shen X, Zhou Y, Duan L, et al. Silicon effects on photosynthesis and antioxidant parameters of soybean seedlings under drought and ultraviolet-B radiation. Journal of Plant Physiology, 2010, 167(15): 1248-1252.

[27] 康绍忠, 潘英华, 石培泽, 等. 控制性作物根系分区交替灌溉的理论与试验. 水利学报, 2001, 32(11): 80-87.

[28] Bellaloui N, Mengistu A. Seed composition is influenced by irrigation regimes and cultivar differences in soybean. Irrigation Science, 2008, 26(3): 261-268.

[29] Akitha Devi M K, Giridhar P. Variations in physiological response, lipid peroxidation, antioxidant enzyme activities, proline and isoflavones content in soybean varieties subjected to drought stress. Proceedings of the National Academy of Sciences, India Section B: Biological Sciences, 2015, 85(1): 35-44.

[30] Motzo R, Fois S, Giunta F. Protein content and gluten quality of durum wheat (*Triticum turgidum* subsp. durum) as affected by sowing date. Journal of the Science of Food and Agriculture, 2007, 87(8): 1480-1488.

[31] Raza M A, Feng L Y, Manaf A, et al. Sulphur application increases seed yield and oil content in sesame seeds under rainfed conditions. Field Crops Research, 2018, 218: 51-58.

[32] Altawaha A M, Seguin P, Smith D, et al. Irrigation level affects isoflavone concentrations of early maturing soya bean cultivars. Journal of Agronomy and Crop Science, 2007, 193(4): 238-246.

[33] Sakthivelu G, Akitha Devi M, Giridhar P, et al. Isoflavone composition, phenol content, and antioxidant activity of soybean seeds from India and Bulgaria. Journal of Agricultural and Food Chemistry, 2008, 56(6): 2090-2095.

[34] Bennett J O, Yu O, Heatherly L G, et al. Accumulation of genistein and daidzein, soybean isoflavones implicated in promoting human health, is significantly elevated by irrigation. Journal of Agricultural and Food Chemistry, 2004, 52(25): 7574-7579.

[35] Gutierrez-Gonzalez J J, Wu X, Gillman J D, et al. Intricate environment-modulated genetic networks control isoflavone accumulation in soybean seeds. BMC Plant Biology, 2010, 10(1): 105.

[36] Carrera C S, Dardanelli J L. Water deficit modulates the relationship between temperature and unsaturated fatty acid profile in soybean seed oil. Crop Science, 2017, 57(6): 3179-3189.

[37] Bellaloui N, Mengistu A, Kassem M A. Effects of genetics and environment on fatty acid stability in soybean seed. Food and Nutrition Sciences, 2013, 4(9A): 165.

[38] 徐云姬, 钱希旸, 李银银, 等. 根系分区交替灌溉对玉米籽粒灌浆及相关生理特性的影响. 作物学报, 2016, 42(2): 230-242.

[39] 王文静, 郁松林, 于坤, 等. 根区交替滴灌方式对葡萄根系形态特征与根系活力的影响. 石河子大学学报(自然科学版), 2014, 32(4): 414-421.

[40] 魏钦平, 刘松忠, 王小伟, 等. 分根交替不同灌水量对苹果生长和叶片生理特性的影响. 中国农业科学, 2009, 42(8): 2844-2851.

[41] Bruce T J A, Matthes M C, Napier J A, et al. Stressful "memories" of plants: evidence and possible mechanisms. Plant Science, 2007, 173(6): 603-608.

[42] To T, Kim JM. Epigenetic regulation of gene responsiveness in *Arabidopsis*. Frontiers in Plant Science, 2014, 4: 548.

[43] Trewavas A. Aspects of plant intelligence. Annals of Botany, 2003, 92(1): 1-20.

[44] Walter J, Jentsch A, Beierkuhnlein C, et al. Ecological stress memory and cross stress tolerance in plants in the face of climate extremes. Environmental & Experimental Botany, 2013, 94(5): 3-8.

[45] Crisp P A, Diep G, Eichten S R, et al. Reconsidering plant memory: intersections between stress recovery, RNA turnover, and epigenetics. Science Advances, 2016, 2(2): e1501340-e1501340.

[46] 李青芝, 李成伟, 杨同文. DNA 甲基化介导的植物逆境应答和胁迫记忆. 植物生理学报, 2014, 50(6): 725-734.

[47] 陈容钦, 舒文, 葛奎, 等. 干旱胁迫训练对花生生长及胁迫相关基因表达的影响. 植物生理学报, 2017, 53(10): 1921-1927.

[48] Zhang C, Peng X, Guo X, et al. Transcriptional and physiological data reveal the dehydration memory behavior in switchgrass (*Panicum virgatum* L.). Biotechnology for Biofuels, 2018, 11(1): 91.

[49] Garcia-Plazaola J I, Becerril J M, Hernandez A, et al. Acclimation of antioxidant pools to the light environment in a natural forest canopy. The New Phytologist, 2004, 163(1): 87-97.

[50] Esteban R, Moran J F, Becerril J M, et al. Versatility of carotenoids: an integrated view on diversity, evolution, functional roles and environmental interactions. Environmental and Experimental Botany, 2015, 119: 63-75.

[51] Nakabayashi R, Yonekurasakakibara K, Urano K, et al. Enhancement of oxidative and drought tolerance in *Arabidopsis* by overaccumulation of antioxidant flavonoids. Plant Journal, 2014, 77(3): 367-379.

[52] Fleta-Soriano E, Munné-Bosch S. Stress memory and the inevitable effects of drought: a physiological perspective. Frontiers in Plant Science, 2016, 7: 143.

[53] Zhu M, Assmann S M. Metabolic signatures in response to abscisic acid (ABA) treatment in *Brassica napus* guard cells revealed by metabolomics. Scientific Reports, 2017, 7(1):12875.

[54] Sprenger H, Erban A, Seddig S, et al. Metabolite and transcript markers for the prediction of potato drought tolerance. Plant Biotechnology Journal, 2018, 16: 939-950.

[55] Swarcewicz B, Sawikowska A, Marczak Ł, et al. Effect of drought stress on metabolite contents in barley recombinant inbred line population revealed by untargeted GC-MS profiling. Acta Physiologiae Plantarum, 2017, 39(8): 158.

[56] Das A, Rushton P J, Rohila J S. Metabolomic profiling of soybeans (*Glycine max* L.) reveals the importance of sugar and nitrogen metabolism under drought and heat stress. Plants, 2017, 6: 21.

[57] McCleery W T, Mohd-Radzman N A, Grieneisen V A. Root branching plasticity: collective decision-making results from local and global signalling. Current Opinion in Cell Biology, 2017, 44: 51-58.

[58] Hodge A. Root decisions. Plant Cell & Environment, 2009, 32(6): 628-640.

[59] Dener E, Kacelnik A, Shemesh H. Pea plants show risk sensitivity. Current Biology, 2016, 26(13): 1763-1767.

[60] Schmid B. Decision-making: Are plants more rational than animals? Current Biology, 2016, 26(14): R675-R678.

# 第六章 复合种植系统荫蔽-霉变复合胁迫与交叉抗性

全球变暖及其他极端气候条件下，农作物遭受非生物/生物组合胁迫的频率增加，严重影响作物生产[1]。研究表明，非生物胁迫如干旱、高温、低温以及盐胁迫会影响病原菌、昆虫和杂草的发生和传播，这些胁迫通过改变植物生理及相关理化防御反应直接或间接影响植物-病虫害的相互作用[2]。干旱等非生物胁迫增强了作物对杂草的竞争性相互作用，某些杂草表现出比作物更高的水分利用效率[3]。但作物复合胁迫因子的作用并不总是叠加的，而是由胁迫因素之间相互作用机制决定[4]。植物根据复合胁迫因子的差异来调整其对胁迫的反应，并在常规响应的同时也表现出一些独特的响应。因此，要充分认识到非生物和生物胁迫对植物的影响，必须先厘清相互作用机制。

## 第一节 复合胁迫分类及其对植物的影响

### 一、自然界中的胁迫分类

根据互作因子的数量，复合胁迫可以分为三类：单一胁迫(single stress)、多重独立胁迫(multiple individual stresses)以及组合胁迫(combined stresses)(图 6-1)。单一胁迫是指一个胁迫因子持续影响植物生长发育[图 6-1(a)]；多重独立胁迫是指在不同时间段发生的没有重复的两个或者两个以上的胁迫，也可称为相继胁迫(sequential stresses)[图 6-1(b)]；而组合胁迫则是指在同一时间段内两个或者多个胁迫因子同时发挥作用[图 6-1(c)]，或者是不同胁迫因子相继发生，其中两个或多个因子在某一时间段存在交集[图 6-1(d)]。

例如，夏季干旱和高温胁迫的共同发生，即为非生物组合胁迫；而同时攻击植物的细菌和真菌病原体则可定义为生物组合胁迫；镰刀菌属、链格孢菌属、胶孢菌属、刺盘孢属、拟茎点霉属真菌和黄单胞杆菌组合胁迫可引起核桃褐色顶端坏死[5]。当植物受到相继的多个胁迫时，先发生的胁迫可能会增加植物对后续胁迫的“耐受性”或者“敏感性”。例如，干旱使高粱对壳球孢菌(*Macrophomina phaseolina*)的敏感性增加[6]。在某些情况下，植物也可能受到同一胁迫因子的重复胁迫，即在植物受到单个或多个胁迫后，经历短期或长期的恢复期，之后再次受到同一胁迫的刺激。例如，在植物的不同的物候期发生多次的炎热天气或多次干旱和高温；干旱和高温胁迫通常伴随发生，是最为典型的组合胁迫，在干旱和半干旱地区种植的植物常常面临着盐碱和高温的双重胁迫；某些高光胁迫也常常伴随着高温胁迫，而大陆气候特征地区的植物还面临着干旱和寒冷的双重胁迫[7]。与非生物组合胁迫类似，植物也常常同时或者相继地遇到多种生物胁迫；与单一病原菌侵染相比，真菌、细菌和病毒组合胁迫的致病能力更强，造成的危害也更大[8]。植物也可能同时或者相继地受到生物和非生物的胁迫。研究表明，干旱和盐胁迫会增加植物对柄锈菌、黄萎病菌、镰刀菌、腐霉菌和白粉菌的抗性或者敏感性；如受到热胁迫的番茄植株不易受到番茄叶斑病的侵染[9]；气温升高会加快甜菜尾孢菌叶斑病的出现[10]；而盐胁迫则会加重串珠镰刀菌、疫霉菌对马铃薯的危害[11]。

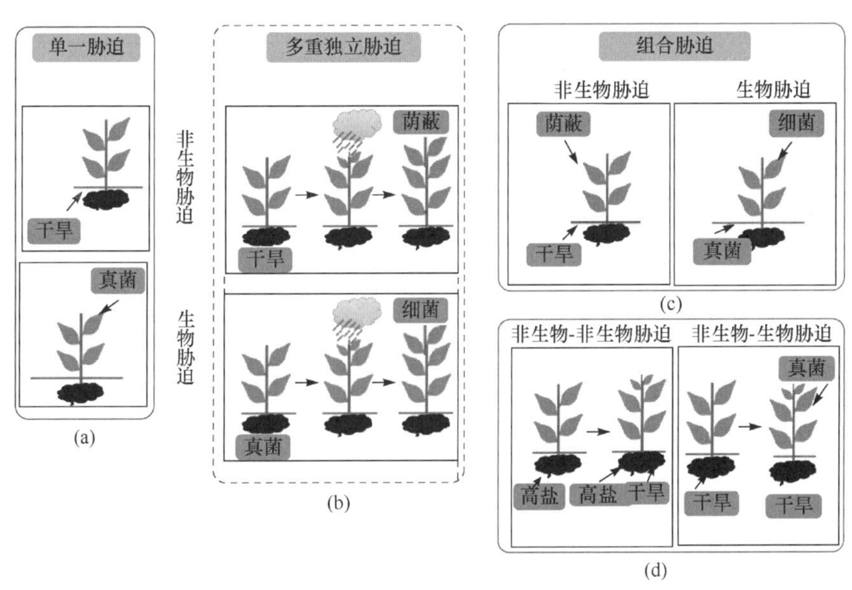


图 6-1　不同胁迫类型原理示意图[1]

## 二、复合胁迫对植物的影响

不同类型组合胁迫对植物的影响程度取决于胁迫的性质、严重程度和持续时间(图 6-2)。这些胁迫因子间的互作性质决定了作物对胁迫的响应方式。例如，干旱胁迫加上高温天气可能加速土壤水分蒸发，加剧干旱胁迫，导致作物减产；干旱-高温组合胁迫对植物生理的影响具有协同作用，这将导致作物更大程度的减产[图 6-2(a)][12]。某些胁迫组合如病原菌-高温的组合胁迫，高温不仅影响植物，同时也影响病原体；温度作为影响细菌病害发生的一个重要因子，它对番茄青枯病、燕麦褐条病以及水稻细菌性谷枯病的发生均有影响[13]。尽管如此，对于植物生长调控而言，组合胁迫的影响并不总是负面的，某些胁迫组合可以相互抵消彼此产生的不良影响，使植物获得有益的生长；某些胁迫也可能刺激植物产生对另一胁迫的耐受性，如高二氧化碳浓度可以改善干旱胁迫对小麦[14]和蓝草[15]的影响；暴露在高温和高盐组合胁迫下的圣女果比暴露在单一高盐胁迫或单一高温胁迫下的圣女果生长得更好[16][图 6-2(b)]。某些组合表现出更为复杂的相互作用关系，它们对不同植物的影响各异，某些非生物胁迫不仅能影响植物的生长，同时也调控了病原菌的生长。例如，干旱胁迫会抑制假单胞杆菌的生长，使得植物在干旱条件下表现出更低的病害敏感性；而对于立枯丝核菌造成的病害而言，干旱胁迫通过增加立枯丝核菌的孢子数量加重植物的病害程度[1][图 6-2(c)]。此外，高温加重小麦和燕麦对柄锈菌的敏感性，但可能会增加一些牧草(如百慕大草)对锈病的抗性[17][图 6-2(d)]。

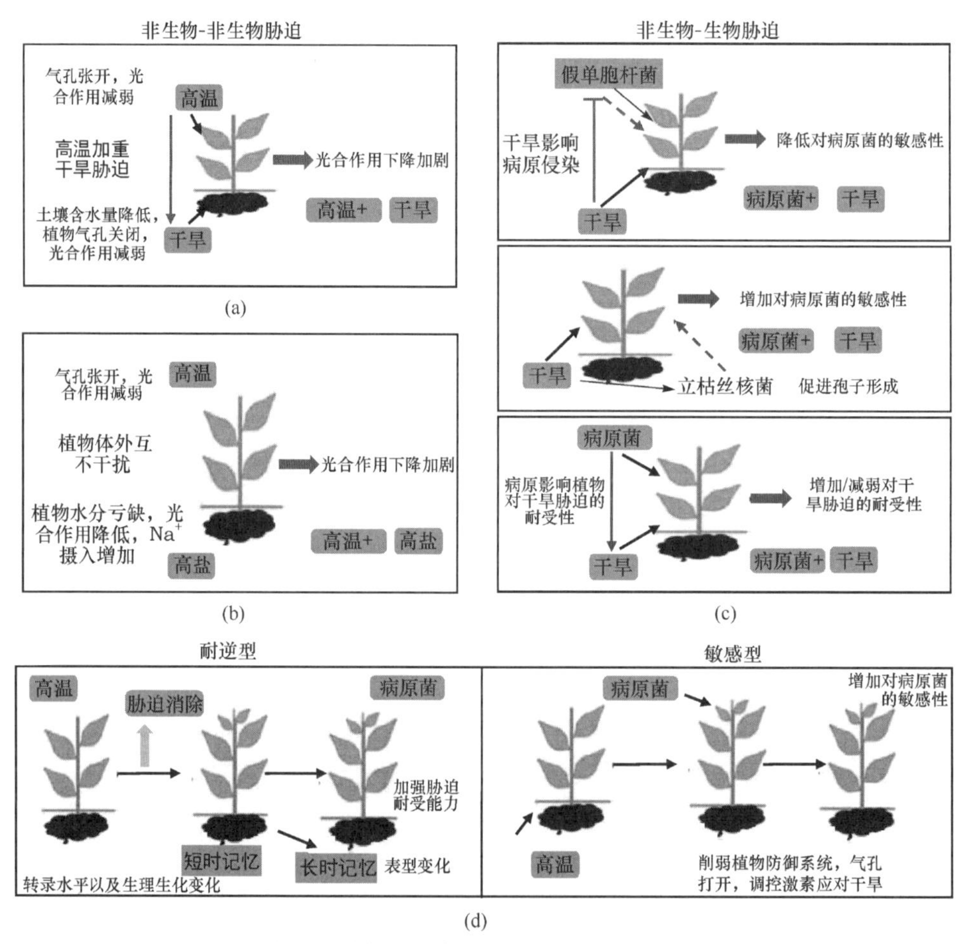


图 6-2　植物对组合胁迫的响应方式示意图[1]

# 第二节　植物交叉抗性的作用机理

## 一、交叉抗性定义

交叉抗性(cross-stress tolerance)是植物应对环境胁迫的一种常见策略，即植物暴露于一种类型的胁迫下会促使植物对一系列胁迫的抗性普遍增加的现象[18]。虽然，交叉抗性发生的具体分子机制尚未完全阐明，但是人们猜测，盐胁迫、干旱胁迫、热胁迫以及冷胁迫之间的交叉抗性具有相似的机制[19]。植物交叉抗性的产生与活性氧(ROS)、甲基乙醛和氧化信号通路密切相关，这些信号通路调控氧化还原和激素信号网络，从而实现胁迫响应基因的表达调控[20]。此外，植物应激反应的协同作用也带来了一种先发制人的优势，它使得植物在接触到单一刺激源后，能够普遍增加其抗胁迫能力[21]。这是因为当胁迫发生的频率增加时，植物在两个胁迫之间的短暂停滞可能还不足以使植物的相关响应回到其初始水平，这影响了植物对二次胁迫的响应。这些胁迫记忆的产生，可能使植物对二次胁迫的响应速度加快，并由此提高了植物对后续胁迫的耐受力[19]。

植物暴露于非生物/生物胁迫下的反应程度，取决于植物的发育阶段以及它所处的环境条件。很多组合胁迫都会引起植物表型损伤，而正如前面所述，植物对胁迫因子的响应受到胁迫类型的影响。总地来说，植物复杂的抗逆响应来自非生物和生物刺激所涉及的特定信号通路的相互作用；组合胁迫类型导致大量信号化合物的累积，在特定情况下，这种由复合胁迫引起的抗性变化，即被定义为交叉抗性(图 6-3)。

## 二、交叉抗性作用机理

植物具有感知各种胁迫信号的能力，从而激活特定的分子响应。其中，有一些分子对多种胁迫都有响应，它们将参与对特定复合胁迫的防御反应中，从而有助于保护植物并增强其抗逆性[22]。此外，植物以各种方式改变代谢过程，包括通过产生补偿溶质(如脯氨酸、甘氨酸、甜菜碱)以稳定蛋白质和细胞结构，或通过渗透调节稳定细胞膨压，或通过氧化还原反应清除细胞内过量的活性氧自由基，并重构细胞氧化还原平衡[23, 24]。植物对非生物胁迫的分子响应包括：胁迫感知、信号转导、基因表达以及最后产生代谢变化以调整机体对胁迫的耐受性[25]。

植物对温度的耐受能力具有可诱导性，这使得植物在急剧变化的温度环境中能更大程度地抵抗温度胁迫，并在生长形态上表现出对高温和低温胁迫的多种不同症状。极端温度(如高温、冷害、冻害)、干旱和盐胁迫均可能导致氧化胁迫，产生大量 ROS 和甲基乙醛，从而造成细胞损伤及大分子降解[26, 27]。因此，光合抑制、代谢功能障碍和细胞结构损伤会导致生长紊乱，降低生育能力，引起植物早

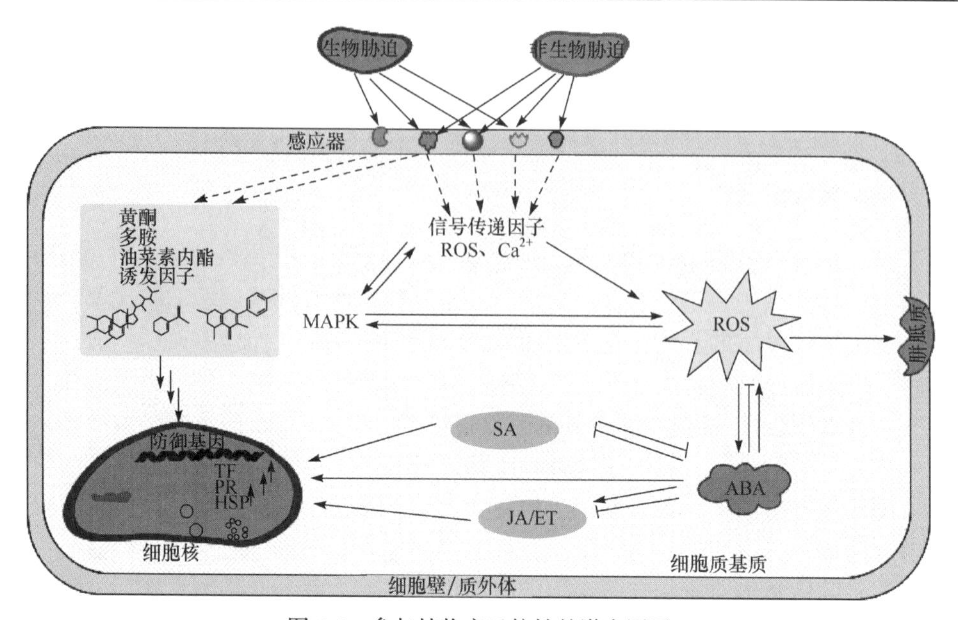


图 6-3　参与植物交叉抗性的潜在因子

MAPK：促分裂原活化蛋白激酶；SA：水杨酸；ABA：脱落酸；JA：茉莉酸；ET：乙烯

衰甚至死亡[28]。正常生长条件下，ROS 的表达量相对较低，但当植物遭受胁迫时，它们在植物中的积累量迅速增加。尽管 ROS 对细胞具有破坏作用，但它们也是植物细胞中重要的信号传递物质，可以调控抗性基因的表达，从而增强植物对非生物胁迫的抵抗能力[20]。同样地，非生物和生物胁迫下产生的甲基乙醚可同时作为有毒化合物和信号分子发挥作用；大量研究表明，在非生物胁迫中同时诱导 ROS 和甲基乙醚解毒通路，对提高植物耐受性同样重要[29, 30]。最近的大量研究表明，ROS(特别是 $H_2O_2$ 和甲基乙醚)对植物在细胞水平上的响应胁迫都表现出重要的信号转导功能，意味着它们可能是调控植物交叉抗性的中心成分。

(一) ROS 在植物交叉抗性中的作用

植物受到外界胁迫时，细胞内 ROS 迅速生成，ROS 在细胞中的重要作用之一是进行信号传递。植物通过调节细胞内的 ROS 水平来应对外界环境胁迫。长期以来，ROS 一直被认为是生物体中具有破坏性的有害物质。然而，近期研究表明，虽然高含量 ROS 导致细胞死亡，但低含量 ROS 则主要负责对植物应激反应的调节。生物胁迫下，ROS 主要参与信号转导，这可能会减弱非生物胁迫引起的氧化损伤，从而影响植物的交叉抗性。例如，被黄萎病菌侵染的拟南芥对干旱胁迫具有更高的耐受性，病原菌胁迫增加了木质素的从头合成，从而增强了植物导管对水分的通透性，而 ROS 在该过程中发挥了信号转导作用。此外，ROS 可以通过呼吸破裂氧化酶同系物 D(RBOHD)将胁迫信号放大，以实现细胞间的信号交流[31]，也可作为第二信使改变蛋白质结构，激活防御基因[32]。ROS 对生物和非生物胁迫均有响应，但是对不同胁迫的响应存在差异[33]。Davletova 等的研究表明，转录因子 *Zat12* 参与了拟南芥对非生物胁迫和生物胁迫的响应，*Zat12* 可能是清除 ROS 的调节剂[34]。ROS 极可能介导了非生物胁迫与生物胁迫响应网络之间交叉抗性的中心过程[35]；拟南芥中 ROS 的产生被细胞中 ROS 敏感型转录因子所感知，促使参与胁迫响应的基因被诱导[36]。而 Gechev 等的研究表明，ROS 可以通过激活胁迫反应相关因子，如促分裂原活化蛋白激酶(MAPK)、转录因子、抗氧化酶、脱水蛋白、低温诱导热休克和病程相关蛋白，从而提高植物对环境胁迫的抗性[37]。

### (二) 促分裂原活化蛋白激酶级联反应

当植物感知并识别到外界胁迫时，会激活促分裂原活化蛋白激酶(MAPK)级联反应，从而控制胁迫反应的各个通路[38]。MAPK 在所有真核生物中高度保守，并负责各种非生物和生物胁迫应答下不同细胞过程的信号转导，某些激酶同时参与了生物和非生物两种胁迫响应进程[39, 40]。由于 MAPK 参与多种胁迫反应，因此它们可能参与生物和非生物胁迫的交叉抗性，如棉花激酶 GhMPK6a 负责调控生物胁迫和非生物胁迫[41]。植物受到病原体侵染时，水杨酸(SA)介导激活 MAPK 通路导致病程相关蛋白表达，从而诱导抗性反应[42]。拟南芥蛋白 VIP1 经 MPK3 磷酸化后进入细胞核，并作为 *PR1* 的间接诱导物[43]。研究表明，病原体相关分子模式(PAMP)中的效应蛋白，如鞭毛蛋白能触发 MAPK 级联以建立病原体应答信号。此外，MPK3、MPK4 和 MPK6 等蛋白激酶也能对各种非生物胁迫产生反应[44]，这说明 MAPK 级联在控制胁迫反应的交叉抗性方面具有重要作用[45]。*OsMPK5* 基因过表达或以脱落酸(ABA)诱导 *OsMPK5* 的激酶活性，有助于增加植物对非生物胁迫和生物胁迫的耐受性。进一步的研究表明，*OsMPK5* 似乎在水稻胁迫反应中发挥了双重作用：一方面作为正调控因子提高植株对坏死性褐斑病病原菌(*Cochliobolus miyabeanus*)的抗性，另一方面也是非生物胁迫抗性的正调控因子[46]。MAPK 信号转导还与 ROS 和 ABA 信号转导途径相互作用，导致植物防御能力增强并诱导产生非生物胁迫和生物胁迫的交叉抗性[47]。

### (三) 内源激素在植物交叉抗性中的作用

通过特定的内源激素调控，可使植物防御系统对特定的环境胁迫做出反应。ABA 被认为是参与多种非生物胁迫的重要调控因子。ABA 浓度调控非生物胁迫信号网络，而生物胁迫则是优先通过 SA、JA/ET 等激素进行调控[48]。在某些条件下，生物胁迫也会导致 ABA 增加，例如，在 Pst DC 3000 感染植物后，观察到更高含量的 ABA[49]，并抑制了植物的其他防御反应[50]。然而，最近的研究表明，ABA 对生物胁迫抗性也具有积极影响[51, 52]。这种双重效应使得 ABA 成为一个备受争议的分子，因为它可以根据环境条件(胁迫类型和时间[51])从“好”到“坏”转换。在非生物-生物组合胁迫中，ABA 通常抑制 SA 和 JA/ET 的作用，从而增加植物对病原物或者食草动物刺激的敏感性[53, 54]。然而，由于在非生物胁迫下，ABA 的增加促使植物气孔关闭，作为“次生效应”也阻止了病原物由气孔侵入；在保护植物免遭非生物胁迫的同时，也避免了生物胁迫对植物的进一步伤害[55]。ABA 对病原物侵染的影响分为三个阶段：第一阶段，针对非生物-生物组合胁迫，ABA 首先对非生物胁迫发生响应，并诱导气孔关闭，防止水分流失；因为 ABA 对它们的诱导具有拮抗作用，所以此时 SA 或 JA/ET 信号通路尚未被激活。第二阶段涉及感染后反应，此时胼胝质发挥了重要作用，它是防御系统的重要组成部分，可以防止病原体入侵。侵染完成后，植物需要一个完整的 ABA 信号通路来增加被攻击植物中胼胝质的积累[56, 57]，并且 ABA 的存在可以根据环境条件诱导或抑制额外胼胝质的积累[58]；因此，前期胁迫诱导的 ABA 变化会影响生物胁迫对植物的影响，如通过胼胝质积累或诱导其他防御途径来增强抗性[59]。当 PAMP 刺激 SA、JA/ET 等特定激素的积累以调节防御反应时，第三阶段最终开始[60]。总之，ABA 作为非生物胁迫与生物胁迫互作之间的调节者的确切作用在很大程度上取决于植物对胁迫感知的时间。

## 第三节　复合种植系统中的荫蔽-霉变复合胁迫

### 一、研究背景

间作套种复合种植是一种集约化的农业生产模式，能有效提高资源利用率，实现农业高产增效。近年来，国内间套作大豆种植面积不断扩大，创造了良好的经济、社会和生态效益，成为缓解国内大豆危机的主力军之一[61]。我国南方丘陵和山区大面积推广的玉米-大豆间套作种植模式下，套作大豆受荫蔽的生育时期自出苗开始，至始花期或盛花期结束，即大豆主要在营养生长期受到玉米荫蔽[62, 63]；间作大豆受到荫蔽程度最大的生育时期自始花期或盛花期开始，至完熟期结束，即大豆主要在生殖生长期受到玉米荫蔽[64]。荫蔽环境可能作为一种环境胁迫信号激活大豆自身的防御系统，而引起一系列次生代谢变化。研究不同生育时期荫蔽对大豆代谢轮廓的影响，可为大豆间套作种植提供理论依据。

中国西南地区气候湿润，秋季多发连阴雨天气，特殊地理环境致使西南地区夏大豆在收获季节易遭受秋季连阴雨影响，而导致田间霉变发生。种荚是豆科植物抵御病虫害的最外层屏障，对其理化防御功能的发挥具有重要作用(附图 13)。我们前期研究结果表明，大豆种荚霉变指数与真菌丰度指标密切相关，并随着种荚霉变指数的上升，真菌群落丰度指数呈上升趋势；而籽粒霉变指数则刚好相反，随着籽粒霉变指数的上升，上述真菌群落丰度指数均呈下降趋势。这表明，大豆田间霉菌大量附着于种荚表面，由于大豆种荚的阻隔，大豆籽粒所受田间霉菌侵害程度降低[65]。大豆果实不同部位响应田间霉变的初生代谢组学研究结果也表明，种荚黄酮类成分在田间霉变抗性中可能发挥着重要作用[66]。另外，大量的研究表明，植物通过在分子、细胞和生理水平上激活了一系列反应来响应和适应这些环境胁迫[67]。将植物暴露于单一胁迫中，可能导致其对非生物胁迫的耐受性增加，甚至在某些情况下，也会增加植物对生物胁迫的耐受性，这被称为交叉胁迫耐受性[67, 68]。因此，间套作大豆具有交叉胁迫耐受性的潜能；不同间套作种植模式下，大豆受到荫蔽的时期存在差异，致使该类交叉胁迫潜能也存在差异；而作为大豆抗逆第一道防线的种荚，则是更加值得关注的部位。

本研究通过室内盆栽试验模拟间套作大豆不同生育时期荫蔽，并在大豆鼓粒初期(R5)对其种荚接种轮枝镰孢菌(*Fusarium verticillioide*)；并基于代谢组学方法，探究大豆种荚在不同生育时期荫蔽条件下，种荚对轮枝镰孢菌侵染的代谢响应，从而验证大豆种荚是否对荫蔽胁迫和轮枝镰孢菌形成的真菌胁迫具有交叉抗性，以期为复合种植大豆种荚抗田间霉变机理奠定基础。

## 二、试验设计与方法

### (一) 试验设计

试验以荫蔽敏感型大豆‘C103’为研究对象，采用二因素随机区组设计，A 因素为不同生育时期荫蔽处理，包括：全生育期正常光照(WL)、全生育期荫蔽(WS)、生殖生长期荫蔽(RS)、营养生长期荫蔽(VS)；B 因素为真菌处理，包括对照和轮枝镰孢菌接种处理。该试验以密度为三针的黑色遮阳网模拟荫蔽环境，控制透光率为 40%。每组处理设置 6 个生物学重复。

### (二) 菌悬液制备与种荚接种

#### 1. 轮枝镰孢菌菌悬液制备

溶解 10g 酵母膏，20g 蛋白胨于 900mL 无菌水中，高压 121℃灭菌 20min；加入 115℃高压灭菌的 0.2g · $mL^{-1}$ 葡萄糖溶液 100mL，配制为酵母浸出粉胨葡萄糖培养基(YPD)。取 25mL YPD 液体培养基于 50mL 锥形瓶中，并接种过夜培养的单个轮枝镰孢菌菌株，在 30℃、180r · $min^{-1}$ 定轨摇床过夜培养；再转移至 50mL 离心管中，3000r · $min^{-1}$ 离心 10min，弃上清液，使用无菌水清洗三次，向沉淀中加入 20mL 无菌水，漩涡振荡，使菌体再次悬浮。使用血球计数板计数，然后将其稀释为 $10^6$cfu · $mL^{-1}$ 细胞密度的孢子液。

2. 真菌接种

于大豆鼓粒初期(R5)进行真菌接种试验，采用无菌注射器在大豆种荚表面均匀扎 3 个小孔；向处理组种荚表面喷施孢子液至表面完全湿润，在种荚表面套一个透明密封袋保湿。对照组以等量的无菌水处理并封袋保湿。

(三) 样品制备与测试

接种 24h 后收集种荚样品，经液氮研磨，冻干 48h，用球磨仪研磨 1min，准确称取豆荚粉末 50mg，加入 80%甲醇水溶液 1mL；密封，漩涡振荡 10s；于冰水浴上超声(40kHz，300W)提取 1h，11000*g* 离心 10min，取全部上清液过 0.22μm 有机相滤头至 2mL 进样瓶，即为供试样品溶液，–20℃保存，待上机检测。

采用超高效液相色谱四极杆飞行时间质谱联用仪(UPLC/Q-TOF-MS)对种荚提取物进行代谢组学分析，其中，高效液相色谱为 Agilent 1290UPLC 系统，质谱分析仪为 Agilent 6545 Q-TOF MS 系统。液相条件：色谱柱为 Agilent Eclipse Plus-$C_{18}$ 柱(50mm×2.1mm×1.8μm)，柱温 35℃；流动相 A 和流动相 B 分别为含 0.1%甲酸的乙腈混合溶液和 0.1%甲酸水溶液；流速 0.300mL · $min^{-1}$，进样量为 1μL；梯度洗脱程序：0～4min，85%～78% A；4～10.5min，78%～61% A；10.5～13min，61%～56% A；13～17.5min，56%～5% A；17.5%～20min，5%～0% A；20～25min，0%～85% A。质谱扫描方式：正离子模式一级质谱全扫描，喷雾器压力 20psi；扫描频率 1rad · $s^{-1}$；各气路均使用氮气，干燥气流速度为 10L · $min^{-1}$，干燥气温度为 350℃。

(四) 数据处理分析

1. 色谱峰解卷积和峰对齐

使用 LC-MS 预处理软件 MassHunter Profinder B.06.00 对检测获得的原始文件进行数据预处理。使用 Profinder 程序进行峰识别、峰过滤、峰对齐等工作，逐一考察、优化各参数，并通过手动提取任意质量色谱峰来验证结果准确性，最终确定 Profinder 的各个参数。除 Profinder 默认的参数以外进行了如下调整：Compound ion count threshold (two or more ions)；MFE filters (absolute height 2000 counts)。处理结果包括质荷比(*m*/*z*)和保留时间(retention time 及峰面积的二维数据矩阵。

2. 数据统计分析

将变量导出至 MetoboAnalyst3.0 对数据进行峰面积的归一化处理，方法为 normalization by sum 并采用 Pareto scaling 和对数转换 Log transformation 标准化处理数据(http://www.metaboanalyst.ca)。将标准化处理后的数据导入 Simca-P 14.0(Umetrics AB，Umea，Sweden)软件中进行多元统计分析，采用默认的 UV 数

据变换，首先进行无监督的主成分分析，观察各组数据的聚类情况，去除离群样本；然后进行有监督的 OPLS-DA，并采用置换检验防止 OPLS-DA 模型的过度拟合。确定 OPLS-DA 第一主成分重要性投影值 VIP(variable importance for the projection)VIP>1 及学生 $t$ 检验 $p$ 值小于 0.05 的化合物为显著变化的差异代谢物。通过热图分析进一步讨论代谢物和样本之间的相似关系。

3. 代谢关联分析和代谢通路分析

代谢物关联分析采用皮尔逊相关系数，同时进行代谢物关联分析、显著性统计检验。并对 $p$ 值进行假阳性校验，FDR $p$ 值≤0.05 为显著相关。基于 KEGG(http://www.genome.jp/kegg/)数据库构建代谢物之间的通路关系[69]。方差分析判断不同组别之间代谢物含量的差异显著性。

## 三、结果与分析

### (一) 大豆种荚响应荫蔽-霉菌复合胁迫的代谢组学分析

1. 荫蔽-真菌相继胁迫对大豆种荚代谢轮廓的影响

对四种不同生育时期光照条件下，对照组和真菌接种处理组分别进行非靶向代谢组学分析，共获得 1630 个特征离子。基于 OPLS-DA 进行差异代谢物筛选。由 OPLS-DA 得分图(图 6-4)可知，基于获得的 1630 个特征离子，在全生育期正常光照条件下，无菌水对照和真菌处理的两组样品可得到明显分离[图 6-4(a)]。根据 VIP 值

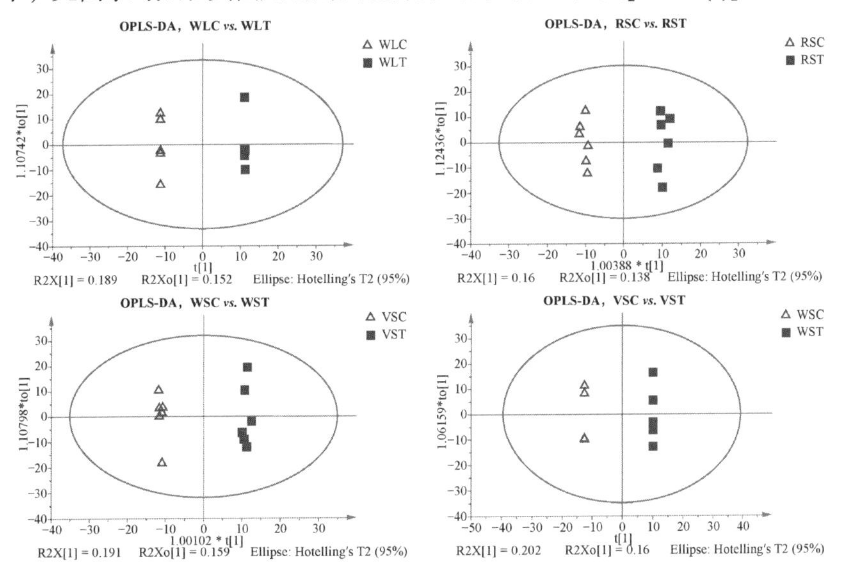


图 6-4　不同荫蔽条件下大豆代谢组的 OPLS-DA

WLC：全生育期光照未接菌；WLT：全生育期光照接菌；WSC：全生育期荫蔽未接菌；WST：全生育期荫蔽接菌；RSC：生殖生长期荫蔽未接菌；RST：生殖生长期荫蔽接菌；VSC：营养生长期荫蔽未接菌；VST：营养生长期荫蔽接菌

和 $t$ 检验结果，共筛到 160 个显著差异特征离子，采用 PCDL Manager B.07.00 构建的大豆代谢物数据库并结合 METLIN 在线数据库比对，对差异特征离子进行化合物注释，共成功注释到 43 个差异代谢物。

采用同样的方法，分别对全生育期荫蔽(VE～R5)、营养生长期荫蔽(VE～R1)和生殖生长期荫蔽(R1～R5)三种光处理下的无菌水对照和真菌处理的两组样品进行差异代谢物的筛选，其 OPLS-DA 得分图如图 6-4(b)～(d)所示，各荫蔽处理下对照组和霉菌处理组之间实现较好的分离。同样地，在全生育期荫蔽(VE～R5)、生殖生长期荫蔽(R1～R5)、营养生长期荫蔽(VE～R1)三种荫蔽条件处理下，分别获得了 112、208 和 155 个差异特征离子，且在这些差异特征离子中分别鉴定出 40 种、68 种和 66 种差异代谢物，主要包括黄酮、黄酮醇、异黄酮、皂苷、芪类、有机酸、类胡萝卜素、脂肪酸类等。

2. 荫蔽-霉菌相继胁迫下大豆种荚差异代谢物的通路注释

将不同光照处理下，对照和真菌处理组筛选所得的差异代谢物信息，导入 KEGG pathway 数据库，对筛选到的差异代谢物进行通路注释。结果如图 6-5 所示，由图 6-5 可知，全生育期正常光照条件下共注释到 10 条代谢通路、包括次生代谢物合成(biosynthesis of secondary metabolites)、异黄酮合成(isoflavonoid biosynthesis)、类黄酮合成(flavonoid biosynthesis)、黄酮和黄酮醇合成(flavone and flavonol biosynthesis)、$\alpha$-亚麻酸代谢(alpha-linolenic acid metabolism)、生物素代谢(biotin metabolism)等，其中以次生代谢物合成和异黄酮合成代谢通路上匹配的代谢物最多[图 6-5(a)]；全生育期荫蔽、生殖生长期荫蔽以及营养生长期荫蔽条件下，匹配数量较高的通路同样为次生代谢物合成和异黄酮合成代谢；其中，全生育期荫蔽条件下，异黄酮合成代谢通路中有 7 个代谢物被注释，类黄酮合成代谢通路上有 3 个化合物被注释[图 6-5(b)]；生殖生长期荫蔽条件下，有 7 个代谢物被注释到异黄酮合成代谢通路，1 个代谢物被注释到类黄酮合成代谢通路[图 6-5(c)]；营养生长期荫蔽条件下，异黄酮合成代谢通路上共有 13 个化合物被注释[图 6-5(d)]，说明营养生长期荫蔽条件下，大豆种荚能够调控更多类型的异黄酮来响应霉菌的刺激。所有处理均表明，异黄酮、黄酮醇、黄酮、脂肪酸、类胡萝卜素以及芪类在响应真菌侵染的过程中可能发挥了重要作用。

3. 大豆种荚代谢物总体相关性分析

通路注释结果表明，类黄酮化合物在大豆种荚对轮枝镰孢菌刺激的过程中响应激烈，脂肪酸、芪类和皂苷可能也存在潜在活性；为进一步阐明这些代谢物在各处理条件下的整体表达情况，对获得的代谢物进行样本和代谢物的双向聚类，并对代谢物进行相关性分析。从表达热图[附图 11(a)]可以看出，霉菌刺激后，无论正常光照条件

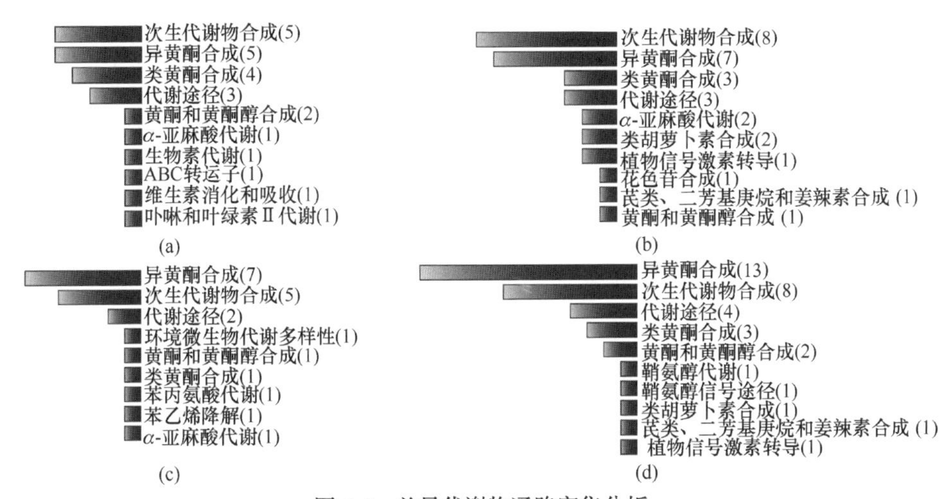


图 6-5 差异代谢物通路富集分析

(a) 全生育期光照；(b) 全生育期荫蔽；(c) 生殖生长期荫蔽；(d) 营养生长期荫蔽

还是荫蔽处理下，大豆植株种荚中的植物抗毒素成分均有明显的上升，并且以全生育期荫蔽下增加得最为明显；另外，大豆抗毒素的合成前体物大豆苷元以及异黄酮葡萄糖苷的积累量在真菌处理后普遍下调，酰化异黄酮糖苷和染料木素的积累量增加。

通过相关性分析热图[附图 11(b)]可以看出，代谢物间存在明显相关，如白藜芦醇、茉莉酸和甲基茉莉酸之间存在正相关关系，而与其他多数组分之间呈负相关关系；大豆苷元、大豆苷与紫檀素类化合物，如大豆抗毒素Ⅰ、大豆抗毒素Ⅱ、大豆抗毒素Ⅶ、菜豆素以及 2′-羟基大豆苷元、7,4′-二羟基-8-异戊烯基黄酮等多种类黄酮之间均存在负相关关系；大豆抗毒素Ⅱ、大豆抗毒素Ⅶ、山柰酚苷、柠檬酸、花葵苷、芷草素-7-*O*-鼠李糖苷、木犀草素、山柰酚-3-*O*-芸香糖苷、2′-羟基大豆苷元、丙二酰鹰嘴豆素 A-7-*O*-葡萄糖苷、丙二酰基大豆苷以及丙二酰基黄豆黄苷相互之间存在明显的正相关关系；脱落酸、芹菜素-7-芸香糖苷、葛根素、大豆抗毒素Ⅰ、黄豆黄素、菜豆素、毛蕊异黄酮、大豆皂苷Ⅲ相互之间也存在极为明显的正相关关系。

4. 大豆种荚抗菌化合物筛选

为进一步筛选在各处理条件下发挥关键作用的代谢物，再次对这些潜在抗性成分进行多元统计分析，利用 PLS-DA 的 VIP 值和学生 $t$ 检验进行差异代谢物筛选，结果如附图 12 所示。其中，附图 12(a)为正常光照条件下的 PLS-DA 模型，由图可知，真菌处理后豆荚代谢物相较于对照发生了明显改变，VIP>1 的前 15 个代谢物如附图 12(c)所示，包括：2′-羟基大豆苷元、7,4′-二羟基黄酮、白藜芦醇、黄豆黄素、大豆抗毒素Ⅰ、大豆抗毒素Ⅱ、大豆抗毒素Ⅶ、大豆皂苷Ⅱ、大豆皂苷Ⅲ、葛根素、菜豆素、山柰酚苷等，而 $t$ 检验结果显示[附图 12(d)]，‘C103’豆荚中响应轮枝镰孢菌的代谢物中，白藜芦醇、黄豆黄素、2′-羟基大豆苷元、大豆皂苷Ⅲ、大豆抗毒素Ⅰ和7,4′-二羟基-8-异戊烯基黄酮的差异具有显著性；其相对表达量如附图12(b)所示，白藜芦醇、黄豆黄素、2′-羟基大豆苷元、大豆抗毒素Ⅰ和7,4′-二羟基-8-异戊烯基黄酮等黄酮类抗毒素含量在真菌侵染的大豆种荚中均上调，而大豆皂苷Ⅲ含量下调。因此，光照条件下，发挥作用的潜在抗毒素为白藜芦醇、黄豆黄素、2′-羟基大豆苷元、大豆抗毒素Ⅰ和7,4′-二羟基-8-异戊烯基黄酮。

采用相同的方法对全生育期荫蔽(VE～R5)、营养生长期荫蔽(VE～R1)、生殖生长期荫蔽(R1～R5)三种处理条件下的无菌水对照和真菌处理的两组样品进行差异代谢物的筛选。结果表明，全生育期荫蔽条件下，对霉菌刺激响应最剧烈的抗性物质为：山柰酚-3-*O*芸香糖苷、7,4′-二羟基-8-异戊烯基黄酮、黄豆黄素、大豆抗毒素Ⅶ、大豆抗毒素Ⅰ、大豆抗毒素Ⅱ[附图12(e)～(h)]；生殖生长期荫蔽条件下，对霉菌刺激响应最剧烈的抗性物质为：黄豆黄素、大豆抗毒素Ⅶ、大豆抗毒素Ⅱ和2′-羟基大豆苷元[附图12(i)～(l)]；营养生长期荫蔽条件下，对霉菌刺激响应最剧烈的抗性物质为：大豆抗毒素Ⅱ、芹菜素、葛根素、大豆抗毒素Ⅶ、丙二酰刺芒柄花素-7-*O*-葡萄糖苷、丙二酰基大豆苷[附图12(m)～(p)]；

综上所述，荫蔽处理对大豆种荚响应轮枝镰孢菌的刺激可能具有积极作用。正常光照下，豆荚响应霉菌刺激的代谢物种类较少；荫蔽处理后，其代谢物响应种类增多，尤其以营养生长期荫蔽处理后，豆荚抗性代谢物的种类最多，其中大豆异黄酮和抗毒素的响应最为显著。

### (二) 不同生育时期荫蔽对大豆种荚代谢的影响

为进一步探究荫蔽是否影响大豆种荚对轮枝镰孢菌的响应，本试验以全生育期正常光照处理为对照，使其分别与全生育期荫蔽(图6-6)、生殖生长期荫蔽(图6-7)和营养生长期荫蔽(图6-8)处理下的大豆种荚代谢物进行OPLS-DA判别分析。结果发现，正常光照处理大豆种荚与各荫蔽处理组均能实现较好的分离。

#### 1. 全生育期荫蔽与全生育期正常光照

全生育期正常光照与全生育期荫蔽处理的豆荚代谢群体比较，其OPLS-DA得分图显示[图6-6(a)]，前两个主成分解释了总变量的43.5%，其中第一主成分分的贡献率为29%，而载荷图[图6-6(b)]表明，对区分二者起主要贡献的代谢物为山柰酚-3-*O*-芸香糖苷、木犀草素、丙二酰基大豆苷、丙二酰基黄豆黄苷、荭草素-7-*O*-鼠李糖苷、丙二酰鹰嘴豆素-7-*O*-葡萄糖苷、柠檬酸、葛根素、白藜芦醇和山柰酚苷，全生育期荫蔽降低了这些代谢物的含量。在此基础上，分别给予大豆种荚以霉菌刺激，会导致其差异代谢物群体发生明显变化[图6-6(c)]，与“正常光+真菌刺激”的大豆种荚相比，“全生育期荫蔽+真菌刺激”豆荚中大豆皂苷Ⅲ、大豆抗毒素Ⅷ、大豆抗毒素Ⅰ、黄豆黄素和长春西汀等抑菌活性更强的代谢物含量更高[图 6-6(d)]。这些抗性成分的增加意味着荫蔽处理与真菌刺激互作具有交叉抗性潜力，能够诱导种荚产生更强的抗性。

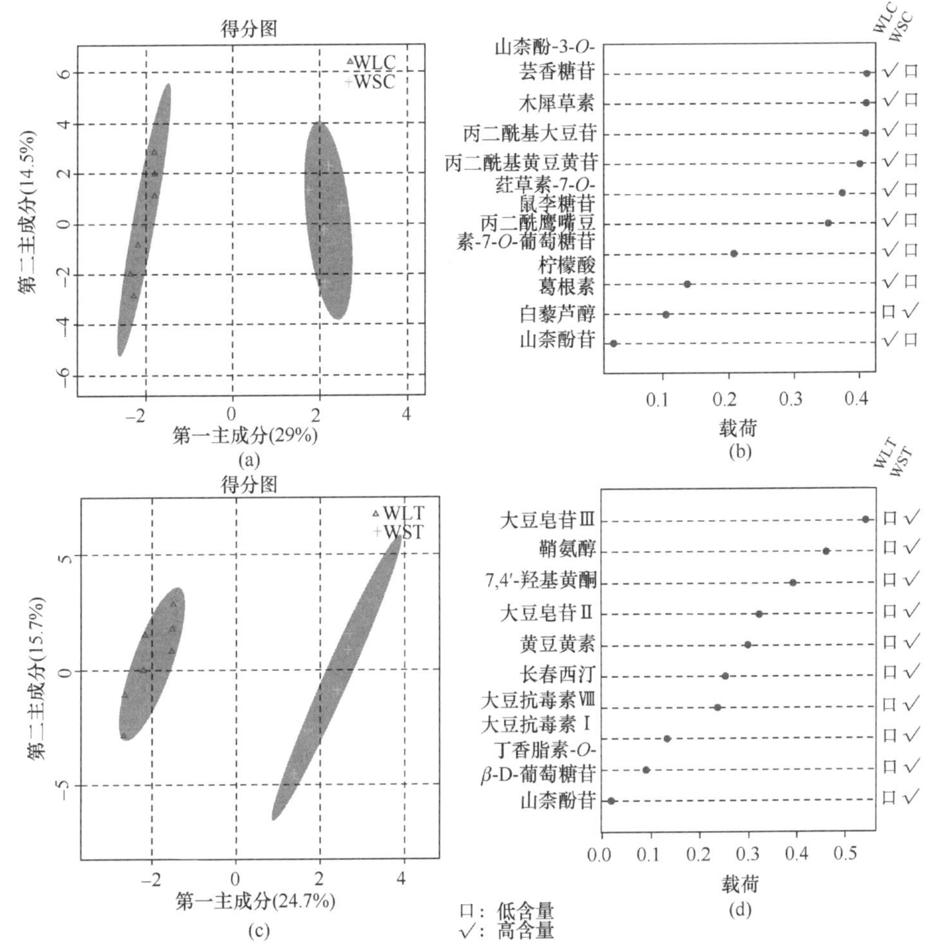


图 6-6　全生育期正常光照、全生育期荫蔽处理对霉菌侵染大豆种荚代谢的影响

WLC：全生育期光照未接菌；WSC：全生育期荫蔽未接菌；WLT：全生育期光照接菌；WST：全生育期荫蔽接菌

2. 生殖生长期荫蔽与全生育期正常光照

对生殖生长期荫蔽与全生育期正常光照的对照组[图 6-7(a)]和真菌处理组[图 6-7(c)]大豆种荚分别进行判别分析。OPLS-DA 结果表明，在生殖生长期给予大豆植株荫蔽处理，受到影响的代谢物主要为：松脂醇、灵芝酸、柠檬酸、山柰酚苷、鞘氨醇、木犀草素、山柰酚-3-*O*-芸香糖苷、刺芒柄花素、大豆苷元和大豆皂苷Ⅱ；其中，山柰酚苷、刺芒柄花素、大豆苷元和大豆皂苷Ⅱ相较正常光照增加，而其余组分降低[图 6-7(b)]。当生殖生长期荫蔽条件下的大豆种荚受到霉菌刺激，形成“荫蔽+霉菌”复合胁迫后，与正常光照相比，其差异最显著的组分为大豆

抗毒素Ⅷ、松脂醇、刺芒柄花素、柠檬酸、山柰酚-3-*O*-芸香糖苷、木犀草素、大豆皂苷Ⅱ、花葵苷、*E*-4-硝基二苯乙烯和黄豆黄素；其中，大豆抗毒素Ⅷ、刺芒柄花素、大豆皂苷Ⅱ、*E*-4-硝基二苯乙烯和黄豆黄素含量均较正常光照下显著增加[图 6-7(d)]。

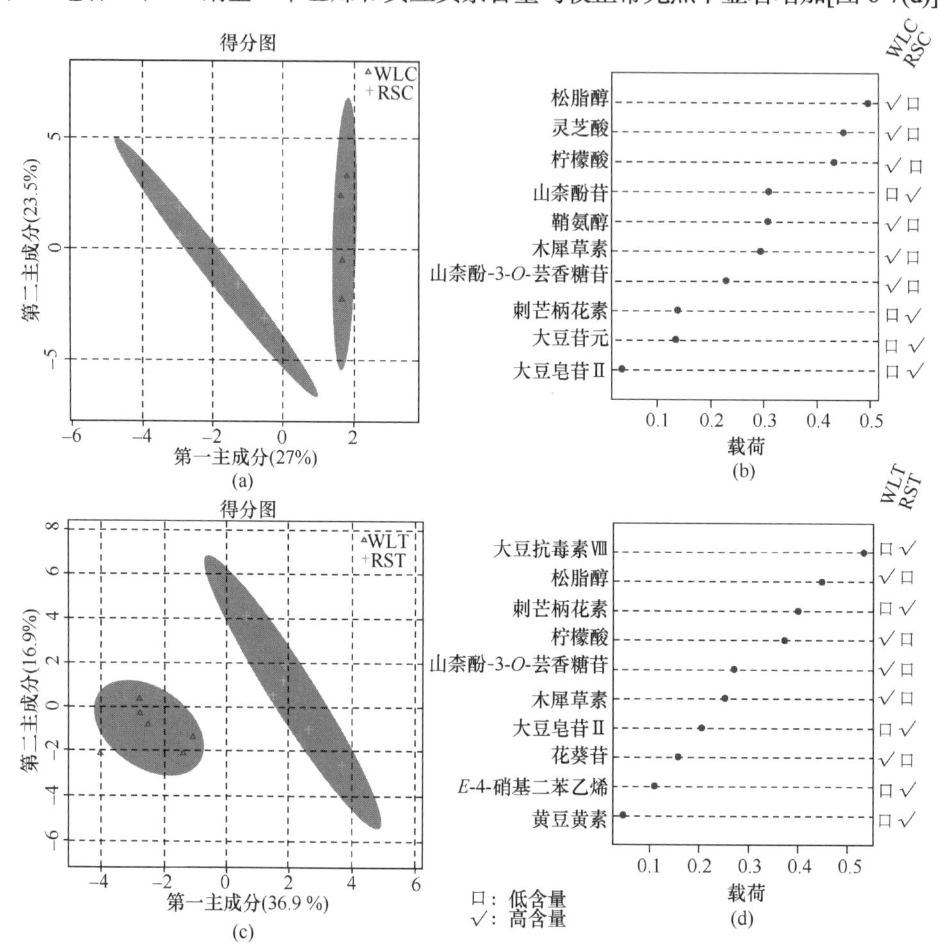


图 6-7　全生育期正常光照、生殖生长期荫蔽处理对霉菌侵染大豆种荚代谢的影响

WLC：全生育期光照未接菌；RSC：生殖生长期荫蔽未接菌；WLT：全生育期光照接菌；RST：生殖生长期荫蔽接菌

### 3. 营养生长期荫蔽与全生育期正常光照

对营养生长期荫蔽与全生育期正常光照的对照组[图 6-8(a)]和真菌处理组[图 6-8(c)]大豆种荚分别进行判别分析。OPLS-DA 结果表明，营养生长期荫蔽增加了大豆种荚中山柰酚苷、山柰酚、莛草素-7-*O*-鼠李糖苷和丁香脂素-*O*-*β*-D-葡萄糖苷的含量，而降低了丙二酰基黄豆黄苷、鹰嘴豆素 B、葛根素和丙二酰刺芒柄花素-7-*O*-葡萄糖苷的含量[图 6-8(b)]；营养生长期荫蔽处理大豆种荚，在后期接种霉菌，形成“荫蔽-真菌”相继胁迫后，大豆种荚中丁香脂素-*O*-*β*-D 葡萄糖苷、

大豆皂苷Ⅱ、山柰酚苷、大豆抗毒素Ⅷ的含量仍高于正常光照下真菌刺激的大豆种荚，而鞘氨醇、2′-羟基大豆苷元、葛根素、丙二酰基大豆苷、刺芒柄花素、大豆抗毒素Ⅰ的含量均较正常光照低[图 6-8(d)]。

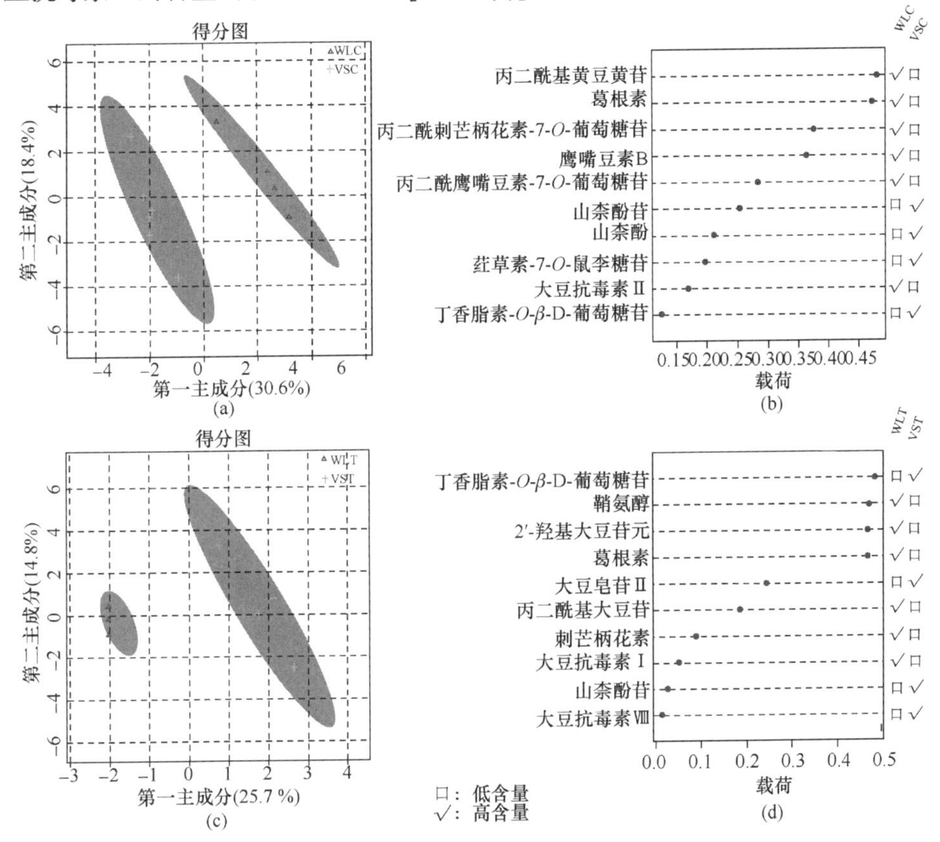


图 6-8　全生育期正常光照、营养生长期荫蔽处理对霉菌侵染大豆种荚代谢的影响

WLC：全生育期光照未接菌；VSC：营养生长期荫蔽未接菌；WLT：全生育期光照接菌；VST：营养生长期荫蔽接菌

综上所述，荫蔽处理条件下，大豆种荚代谢群体发生变化，尤其是苯丙烷代谢通路响应强烈；荫蔽环境在代谢层面上影响了豆荚的田间霉菌抗性。与正常光照相比，全生育期荫蔽和生殖生长期荫蔽处理均能够增加真菌刺激后豆荚中大豆抗毒素Ⅷ、黄豆黄素、大豆抗毒素Ⅰ等典型的抗毒素含量，表明“荫蔽-真菌”复合胁迫下，豆荚确实存在以抗毒素上调为载体的抗性提升潜力。而营养生长期荫蔽导致的“荫蔽-真菌”相继胁迫，则扰动了豆荚中更多的代谢群体响应，生成了甲基化植保素“大豆抗毒素Ⅷ”，形成了新的交叉抗性潜力。

### (三) 潜在抗性成分的相对含量显著性比较

对附图 12 中筛选到的潜在抑菌成分在各处理中样本的相对含量进行差异显

著性分析，结果如图 6-9 所示。由图可知，大豆种荚中筛选到的 12 种潜在抗性成分对轮枝镰刀菌的刺激均有明显的响应，其中，丙二酰基大豆苷[图 6-9(e)]仅在营养生长期荫蔽下对真菌侵染有显著响应，其余组分均在真菌侵染后显著（$p<0.05$）或者极显著（$p<0.01$）上调，说明通过 PLS-DA 筛选获得抗菌潜力代谢物的方法可靠。此外，我们分别对四种光照条件下培养的大豆种荚接种前后的代谢物含量进行多重比较分析，结果显示，对于鹰嘴豆素 B、大豆抗毒素Ⅰ、大豆抗毒素Ⅱ、大豆抗毒素Ⅶ等紫檀素类的植物抗毒素而言，荫蔽处理可在一定程度上增加其在大豆种荚中的积累量；其中，鹰嘴豆素 B[图 6-9(i)]含量主要在全生育期荫蔽和生

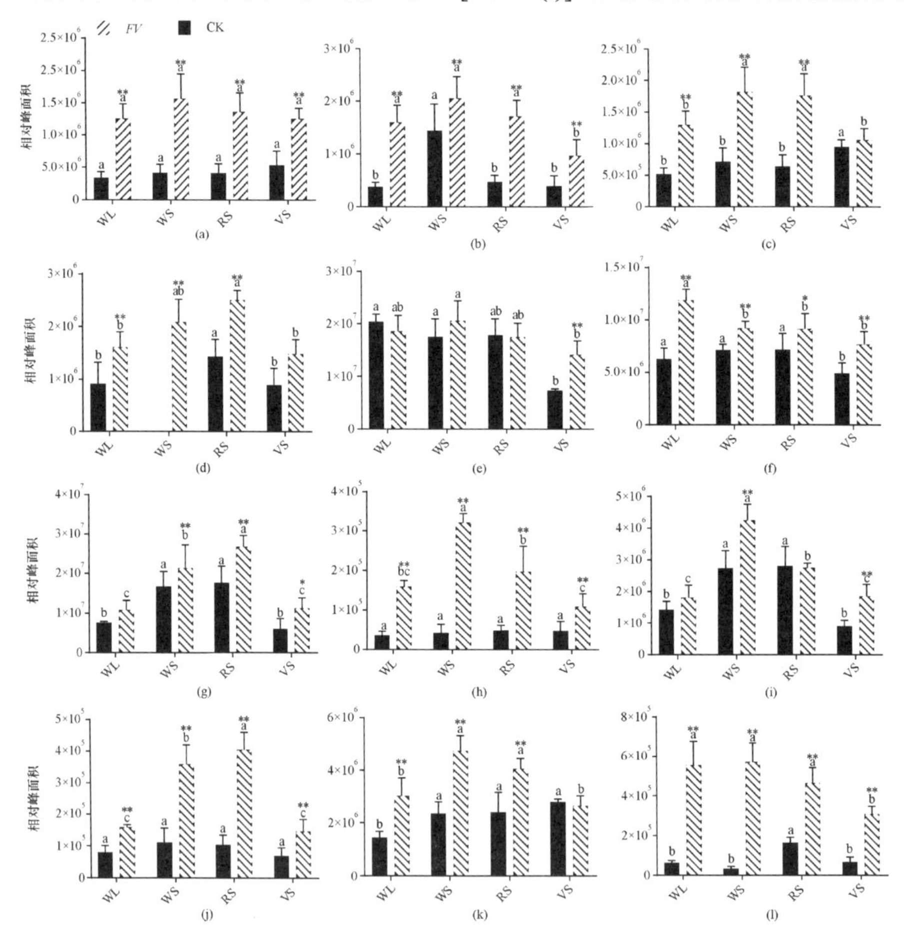


图 6-9　潜在抗性成分相对含量的比较

(a) *cis*-白藜芦醇；(b) 2′-羟基大豆苷元；(c) 黄豆黄素；(d) 丙二酰基黄豆黄苷；(e) 丙二酰基大豆苷；(f) 葛根素；(g) 丙二酰刺芒柄花素-7-*O*-葡萄糖苷；(h) 7,4′-二羟基-8-异戊烯基黄酮；(i) 鹰嘴豆素 B；(j) 大豆抗毒素Ⅶ；(k) 大豆抗毒素Ⅰ；(l) 大豆抗毒素Ⅱ；相同小写字母代表不同生育时期荫蔽大豆种荚间代谢物的差异不显著（$p>0.05$）；*代表接菌与未接菌豆荚间代谢物在 $p<0.05$ 水平差异显著，**代表在 $p<0.01$ 水平差异显著

殖生长期荫蔽条件下的豆荚中显著上调；大豆抗毒素Ⅰ[图 6-9(k)]在三种荫蔽处理的未接菌豆荚中的积累量均显著高于正常光照处理，接菌后营养生长期荫蔽豆荚中的含量与正常光照下生长的豆荚相比，其差异不显著；大豆抗毒素Ⅱ[图 6-9(l)]则仅在生殖生长期荫蔽时，未接菌豆荚中的含量显著高于正常光照处理；大豆抗毒素Ⅶ[图 6-9(j)]在接菌处理前，各光照处理之间无显著差异，而当种荚受到全生育期（或生殖生长期）荫蔽处理与霉菌侵染的复合胁迫时，其积累量显著上调。豆荚中大豆抗毒素含量受到轮枝镰刀菌侵染影响，鹰嘴豆素 B、大豆抗毒素Ⅶ和大豆抗毒素Ⅰ在全生育期荫蔽和生殖生长期荫蔽下的大豆种荚中的积累量均显著高于正常光照下生长的豆荚，而营养生长期荫蔽下的豆荚中的此类成分与正常光处理之间无显著差异。

综上所述，田间霉菌侵染诱导了大豆种荚中抗毒素的生成，荫蔽环境下生长的豆荚，其上调幅度更大；这种荫蔽上调作用具有空间异质性，全生育期荫蔽和生殖生长期荫蔽条件下生长的豆荚中，大豆抗毒素的上调幅度更为显著。此外，具有较好抑菌活性的其他多种黄酮和芪类代谢物在豆荚中也存在类似的变化规律。这表明，“荫蔽+霉菌”复合胁迫下，大豆种荚中存在以次生代谢产物为媒介的诱导抗性，大豆抗毒素的诱导合成是大豆种荚抵御田间霉菌的重要化学防御策略。

## 四、结论与讨论

### (一) 异黄酮是大豆防御轮枝镰孢菌的潜在抗性物质

通过 OPLS-DA 模型以及学生 $t$ 检验分析，分别在全生育期正常光照、全生育期荫蔽、营养生长期荫蔽和生殖生长期荫蔽处理下，真菌处理与对照组中筛选到了 6、7、10、4 种差异最为显著的次生代谢产物，这些化合物大多为黄酮类物质，包括 7,4-二羟基-8-异戊烯基黄酮、大豆抗毒素Ⅰ、大豆抗毒素Ⅱ、大豆抗毒素Ⅶ和鹰嘴豆素 B 等异戊烯基化黄酮派生物；以及葛根素、丙二酰基大豆苷、丙二酰基黄豆黄苷和 2′-羟基大豆苷元等异黄酮类成分，也包括白藜芦醇等多酚化合物。已有研究表明，大豆种荚中含有黄酮[70]、甾醇[71]、生物碱类[72]成分；其中，已报道的种荚组成型异黄酮包括：大豆苷元、染料木素、刺芒柄花素、7,4′-二羟基-6-甲氧基异黄酮、大豆苷、芒柄花苷、异刺桐素 A、2′-羟基赤藓素 A 等[70, 73]。

异黄酮是豆科植物体内重要的次生代谢产物，大豆固有异黄酮主要以糖苷形式存在，具有多种生理抗性功能[74]；研究表明，豆荚异黄酮异刺桐素 A 和 2′-羟基赤藓素 A 对金黄色葡萄球菌、屎肠球菌、绿脓杆菌、肺炎双球菌、大肠杆菌等细菌具有较强的抑制活性[73]；香豆雌酚、鹰嘴豆素 A、染料木素、柚皮素、异鼠李素等对大豆疫霉菌具有抑制作用[75]。我们前期通过对西南大豆种质资源中异黄酮含量与其田间霉变抗性间的相关性研究发现，A 环 C6 位甲氧基化的 GL 型异黄酮(黄豆黄素、黄豆黄苷、乙酰基黄豆黄苷、丙二酰基黄豆黄苷)及异黄酮苷元含量高的大豆具有更大的抗霉变潜力[76]，而进一步的抑菌活性验证试验表明，大豆异黄酮对黄曲霉具有抑制作用；其中，染料木类黄酮的抑菌效果最佳。此外，异黄酮对炭疽病菌、菜豆壳球孢菌、马铃薯坏疽病菌、疫霉病菌、立枯丝核菌、尖孢镰刀菌和大豆菌核菌等也有较好抑制作用[77-79]。

黄酮类成分的抗菌能力与其化学结构密切相关，未被取代的类黄酮通常具有更高的抑菌活性，羟基化和甲基化会降低类黄酮抗菌活性，但甲基化类黄酮抑菌活性强于羟基化的类黄酮[80]。而大豆抗毒素属于异戊二烯基化的紫檀素类异黄酮，是豆科植物中一类特殊的植保素[81]。其受到病原菌(如疫霉菌和球壳孢菌)的特异性诱导[82]。大豆抗毒素对病原真菌有强烈的抑制作用，抗性大豆品种能够诱导合成更多的大豆抗毒素以应对大豆锈菌的侵染[83]；大豆抗毒素Ⅰ、大豆抗毒素Ⅱ和大豆抗毒素Ⅲ的混合物能够抑制大豆致病真菌的生长，包括尾孢菌、大豆茎溃疡病菌、菜豆壳球孢菌、大豆菌核病和立枯丝核菌等[84]。此外，大豆抗毒素对辣椒炭疽病菌、葡萄孢菌和尖孢镰刀菌也表现出明显的抑制作用[85]。过表达异黄酮还原酶(GmIFR)的大豆植株，其籽粒中大豆苷元的积累量下降，而大豆抗毒素的相对含量增加，并对大豆疫霉病表现出更高的抗性[86]。目前已经报道的大豆抗毒素共 7 种，包括：大豆抗毒素Ⅰ、大豆抗毒素Ⅱ、大豆抗毒素Ⅲ、大豆抗毒素Ⅳ、大豆抗毒素Ⅴ、大豆抗毒素Ⅵ及呋喃型大豆抗毒素[87]。本研究中筛选到的差异代谢物主要为异黄酮类代谢物，其为大豆种荚抵御田间霉菌侵染的重要化学防御物质。

### (二) 荫蔽-霉菌复合胁迫可诱导豆荚产生交叉抗性

潜在抑菌活性成分在各荫蔽处理豆荚中的含量差异显著性分析，结果表明，真菌侵染豆荚后，其中的抗性成分较接种前显著上调。真菌刺激前，四种光照条件下大豆种荚中的7,4′-二羟基-8-异戊烯基黄酮和大豆抗毒素Ⅶ的积累量均无显著差异；而真菌侵染后，全生育期荫蔽和生殖生长期荫蔽处理的大豆种荚中 7,4′-二羟基-8-异戊烯基黄酮和大豆抗毒素Ⅶ的积累量显著高于正常光照和营养生长期荫蔽处理材料；而营养生长期荫蔽下生长的大豆种荚中的上述成分与正常光照相比无显著差异。此外，在单一生殖生长期荫蔽条件下，2′-羟基大豆苷元、黄豆黄素和丙二酰基黄豆黄素与正常光照相比差异不显著；而真菌刺激后，其含量相对于正常光照下则显著增加。这表明，全生育期荫蔽和生殖生长期荫蔽条件下，大豆种荚能积累更多的抗性成分；真菌胁迫下，这两种荫蔽处理均能提高大豆种荚中抗性成分的含量，这表明，大豆种荚对真菌侵染和荫蔽胁迫可能存在交叉抗性，且这种反应主要受到大豆生长后期荫蔽胁迫的调控，即荫蔽与真菌协同调控大豆种荚抗性。

植物交叉适应现象可能是因为植物对多种逆境具有共同的抗逆机制[88]，如共同的胁迫响应受体—共同的信号转导途径—诱导共同的基因—调控共同的酶和功能蛋白—产生共同的代谢产物，从而最终实现在不同的时空环境抵御不同的逆境胁迫。植物在一种逆境下生长受到抑制，各种代谢速度减慢，从而减弱了对胁迫条件的敏感性，伴随着基因表达模式的改变，从而对另一种胁迫所导致的伤害产生更强的抗性。研究表明，植物的交叉抗性与活性氧代谢、脱落酸和水杨酸代谢密切相关；光、病原菌等胁迫均可诱导植物产生脱落酸，并诱发各种信号转导；同时，许多逆境胁迫可启动抗氧化系统信号及渗透调节等反应[88]。本研究中，单一的荫蔽处理与单一的真菌处理均能诱导大豆种荚中大豆抗毒素、鹰嘴豆素、异黄酮等抗性成分的上调，这为大豆种荚对这两种胁迫具有共同的防御机制提供了可能。

## 参考文献

[1] Pandey P, Irulappan V, Bagavathiannan M V, et al. Impact of combined abiotic and biotic stresses on plant growth and avenues for crop improvement by exploiting physio-morphological traits. Frontiers in Plant Science, 2017, 8: 537.

[2] Seherm H, Coakley S M. Plant pathogens in a changing world. Australasian Plant Pathology, 2003, 32(2): 157-165.

[3] Valerio M, Lovelli S, Perniola M, et al. The role of water availability on weed-crop interactions in processing tomato for southern Italy. Acta Agriculturae Scandinavica, 2013, 63(1): 62-68.

[4] Choudhary A, Pandey P, Senthil-Kumar M. Tailored responses to simultaneous drought stress and pathogen infection in plants//Hossain M A, Wani S H, Bhattacharjee S, et al. Drought Stress Tolerance in Plants, Vol 1: Physiology and Biochemistry. New York: Springer International Publishing, 2016: 427-438.

[5] Belisario A, Maccaroni M, Corazza L, et al. Occurrence and etiology of brown apical necrosis on Persian walnut fruit. Plant Disease, 2000, 86(6): 599-602.

[6] Goudarzi A, Banihashemi Z, Maftoun M. Effect of salt and water stress on root infection by macrophomina phaseolina and ion composition in shoot in sorghum. China Petroleum Machinery, 2011, 47(3): 69-83.

[7] Jedmowski C, Ashoub A, Momtaz O, et al. Impact of drought, heat, and their combination on chlorophyll fluorescence and yield of wild barley (*Hordeum spontaneum*). Journal of Botany, 2015, 2015(6): 1-9.

[8] Lamichhane J R, Venturi V. Synergisms between microbial pathogens in plant disease complexes: a growing trend. Frontiers in Plant Science, 2015, 6: 385.

[9] Anfoka G, Moshe A, Fridman L, et al. Tomato yellow leaf curl virus infection mitigates the heat stress response of plants grown at high temperatures. Scientific Reports, 2016, 6: 19715.

[10] Richerzhagen D, Racca P, Zeuner T, et al. Impact of climate change on the temporal and regional occurrence of *Cercospora* leaf spot in Lower Saxony. Journal of Plant Diseases & Protection, 2011, 118(5): 168-177.

[11] Dzengeleski S, Rocha A B D, Kirk W W, et al. Effect of soil salinity and *Fusarium sambucinum*

infection on development of potatoes cultivar 'Atlantic'. Acta Horticulturae, 2003, 619(619): 251-261.

[12] Mittler R. Abiotic stress, the field environment and stress combination. Trends in Plant Science, 2006, 11(1): 15-19.

[13] Kůdela V, Pokorný R, Lebeda A. Potential impact of climate change on geographic distribution of plant pathogenic bacteria in Central Europe. Plant Protection Science, 2009, 45(Special): S27-S32.

[14] Kaddour A A, Fuller M P. The effect of elevated $CO_2$ and drought on the vegetative growth and development of durum wheat (*Triticum durum* Desf.) cultivars. Cereal Research Communications, 2004, 32(2): 225-232.

[15] Peters K, Breitsameter L, Gerowitt B. Impact of climate change on weeds in agriculture: a review. Agronomy for Sustainable Development, 2014, 34(4): 707-721.

[16] Rivero R M, Mestre T C, Mittler R, et al. The combined effect of salinity and heat reveals a specific physiological, biochemical and molecular response in tomato plants. Plant Cell & Environment, 2014, 37(5): 1059-1073.

[17] Coakley S M, Scherm H, Chakraborty S. Climate change and plant disease management. Annual Review of Phytopathology, 1999, 37(37): 399-426.

[18] Li ZG, Gong M. Mechanical stimulation-induced cross-adaptation in plants: an overview. Journal of Plant Biology, 2011, 54(6): 358-364.

[19] Walter J, Jentsch A, Beierkuhnlein C, et al. Ecological stress memory and cross stress tolerance in plants in the face of climate extremes. Environmental & Experimental Botany, 2013, 94(5): 3-8.

[20] Petrov V D, van Breusegem F. Hydrogen peroxide-a central hub for information flow in plant cells. AoB Plants, 2012, 2012: pls014.

[21] Bartoli C G, Casalongué C A, Simontacchi M, et al. Interactions between hormone and redox signalling pathways in the control of growth and cross tolerance to stress. Environmental & Experimental Botany, 2013, 94(10): 73-88.

[22] Chinnusamy V, Schumaker K, Zhu J K. Molecular genetic perspectives on cross-talk and specificity in abiotic stress signalling in plants. Journal of Experimental Botany, 2004, 55(395): 225-236.

[23] Janská A, Marsík P, Zelenková S, et al. Cold stress and acclimation-what is important for metabolic adjustment? Plant Biology, 2010, 12(3): 395-405.

[24] Munns R, Tester M. Mechanisms of salinity tolerance. Annual Review of Plant Biology, 2008, 59(1): 651-681.

[25] Agarwal P K, Agarwal P, Reddy M K, et al. Role of DREB transcription factors in abiotic and biotic stress tolerance in plants. Plant Cell Reports, 2006, 25(12): 1263-1274.

[26] Hossain M A, Fujita M. Evidence for a role of exogenous glycinebetaine and proline in antioxidant defense and methylglyoxal detoxification systems in mung bean seedlings under salt stress. Physiology and Molecular Biology of Plants, 2010, 16(1): 19-29.

[27] Banu M N A, Hoque M A, Watanabe-Sugimoto M, et al. Proline and glycinebetaine ameliorated NaCl stress via scavenging of hydrogen peroxide and methylglyoxal but not superoxide or nitric oxide in tobacco cultured cells. Bioscience Biotechnology and Biochemistry, 2010, 74(10): 2043-

2049.

[28] Krasensky J, Jonak C. Drought, salt, and temperature stress-induced metabolic rearrangements and regulatory networks. Journal of Experimental Botany, 2012, 63(4): 1593-1608.

[29] Hoque T S, Uraji M, Ye W, et al. Methylglyoxal-induced stomatal closure accompanied by peroxidase-mediated ROS production in *Arabidopsis*. Journal of Plant Physiology, 2012, 169(10): 979-986.

[30] Hoque T S, Uraji M, Tuya A, et al. Methylglyoxal inhibits seed germination and root elongation and up-regulates transcription of stress-responsive genes in ABA-dependent pathway in *Arabidopsis*. Plant Biology, 2012, 14(5): 854-858.

[31] Miller G, Suzuki N, Ciftci-Yiilmaz S, et al. Reactive oxygen species homeostasis and signalling during drought and salinity stresses. Plant Cell & Environment, 2010, 33(4): 453-467.

[32] Spoel S H, Loake G J. Redox-based protein modifications: the missing link in plant immune signalling. Current Opinion in Plant Biology, 2011, 14(4): 358-364.

[33] Koornneef A, Pieterse C M J. Cross talk in defense signaling. Plant Physiology, 2008, 146(3): 839-844.

[34] Davletova S, Schlauch K, Coutu J, et al. The zinc-finger protein Zat12 plays a central role in reactive oxygen and abiotic stress signaling in *Arabidopsis*. Plant Physiology, 2005, 139(2): 847-856.

[35] Atkinson N J, Urwin P E. The interaction of plant biotic and abiotic stresses: from genes to the field. Journal of Experimental Botany, 2012, 63(10): 3523-3543.

[36] Miller G, Shulaev V, Mittler R. Reactive oxygen signaling and abiotic stress. Physiologia Plantarum, 2008, 133(3): 481-489.

[37] Gechev T S, Van B F, Stone J M, et al. Reactive oxygen species as signals that modulate plant stress responses and programmed cell death. Bioessays, 2006, 28(11): 1091-1101.

[38] Wurzinger B, Mair A, Pfister B, et al. Cross-talk of calcium-dependent protein kinase and MAP kinase signaling. Plant Signaling & Behavior, 2011, 6(1): 8-12.

[39] Brader G, Djamei A, Teige M, et al. The MAP kinase kinase MKK2 affects disease resistance in *Arabidopsis*. Molecular Plant-Microbe Interactions, 2007, 20(20): 589-596.

[40] Fujita M, Fujita Y, Noutoshi Y, et al. Crosstalk between abiotic and biotic stress responses: a current view from the points of convergence in the stress signaling networks. Current Opinion in Plant Biology, 2006, 9(4): 436-442.

[41] Li Y, Zhang L, Wang X, et al. Cotton GhMPK6a negatively regulates osmotic tolerance and bacterial infection in transgenic *Nicotiana benthamiana*, and plays a pivotal role in development. FEBS Journal, 2013, 280(20): 5128-5144.

[42] Xiong L, Yang Y. Disease resistance and abiotic stress tolerance in rice are inversely modulated by an abscisic acid-inducible mitogen-activated protein kinase. Plant Cell, 2003, 15(3): 745-759.

[43] Pitzschke A, Djamei A, Teige M, et al. VIP1 response elements mediate mitogen-activated protein kinase 3-induced stress gene expression. Proceedings of the National Academy of Sciences of the United States of America, 2009, 106(43): 18414-18419.

[44] Gudesblat G E, Iusem N D, Morris P C. Guard cell-specific inhibition of *Arabidopsis* MPK3

expression causes abnormal stomatal responses to abscisic acid and hydrogen peroxide. New Phytologist, 2007, 173(4): 713-721.

[45] Andreasson E, Ellis B. Convergence and specificity in the *Arabidopsis* MAPK nexus. Trends in Plant Science, 2010, 15(2): 106-113.

[46] Sharma R, De Vleesschauwer D, Sharma M K, et al. Recent advances in dissecting stress-regulatory crosstalk in rice. Molecular Plant, 2013, 6(2): 250-260.

[47] Miura K, Tada Y. Regulation of water, salinity, and cold stress responses by salicylic acid. Frontiers in Plant Science, 2014, 5: 4.

[48] Liu C, Ying R, Lin Z, et al. Antagonism between acibenzolar-*S*-methyl-induced systemic acquired resistance and jasmonic acid-induced systemic acquired susceptibility to *Colletotrichum orbiculare* infection in cucumber. Physiological & Molecular Plant Pathology, 2008, 72(4-6): 141-145.

[49] Truman W, de Zabala M T, Grant M. Type III effectors orchestrate a complex interplay between transcriptional networks to modify basal defence responses during pathogenesis and resistance. Plant Journal for Cell & Molecular Biology, 2006, 46(1): 14-33.

[50] de Torres - Zabala M , Truman W, Bennett M H, et al. *Pseudomonas syringae* pv. tomato hijacks the *Arabidopsis* abscisic acid signaling pathway to cause disease. EMBO Journal, 2007, 26(5): 1434-1443.

[51] Luna E, Pastor V, Robert J, et al. Callose deposition: a multifaceted plant defense response. Molecular Plant-Microbe Interactions, 2011, 24(2): 183-193.

[52] García-Andrade J, Ramírez V, Flors V, et al. *Arabidopsis* ocp3 mutant reveals a mechanism linking ABA and JA to pathogen-induced callose deposition. Plant Journal, 2011, 67(5): 783-794.

[53] Robert-Seilaniantz A, Navarro L, Bari R, et al. Pathological hormone imbalances. Current Opinion in Plant Biology, 2007, 10(4): 372-379.

[54] Mauch-Mani B, Mauch F. The role of abscisic acid in plant-pathogen interactions. Current Opinion in Plant Biology, 2005, 8(4): 409-414.

[55] Melotto M, Underwood W, Koczan J, et al. Plant stomata function in innate immunity against bacterial invasion. Cell, 2006, 126(5): 969-980.

[56] Ton J, Jakab G, Toquin V, et al. Dissecting the beta-aminobutyric acid-induced priming phenomenon in *Arabidopsis*. Plant Cell, 2005, 17(3): 987-999.

[57] Ton J, Mauchmani B. Beta-amino-butyric acid-induced resistance against necrotrophic pathogens is based on ABA-dependent priming for callose. Plant Journal, 2004, 38(1): 119-130.

[58] Xiong L, Schumaker K S, Zhu J K. Cell signaling during cold, drought, and salt stress. Plant Cell, 2002, 14 (Suppl): S165-183.

[59] Zhou J, Xia X J, Zhou Y H, et al. RBOH1-dependent $H_2O_2$ production and subsequent activation of MPK1/2 play an important role in acclimation-induced cross-tolerance in tomato. Journal of Experimental Botany, 2014, 65(2): 595-607.

[60] Anderson J P, Badruzsaufari E, Schenk P M, et al. Antagonistic interaction between abscisic acid and jasmonate-ethylene signaling pathways modulates defense gene expression and disease resistance in *Arabidopsis*. Plant Cell, 2004, 16(12): 3460-3479.

[61] Liu J, Yang C Q, Zhang Q, et al. Partial improvements in the flavor quality of soybean seeds using intercropping systems with appropriate shading. Food Chemistry, 2016, 207: 107-114.

[62] 吴雨珊, 龚万灼, 廖敦平, 等. 带状套作荫蔽及复光对不同大豆品种(系)生长及产量的影响. 作物学报, 2015, 41(11): 1740-1747.

[63] 龚万灼, 吴雨珊, 雍太文, 等. 玉米-大豆带状套作中荫蔽及光照恢复对大豆生长特性与产量的影响. 中国油料作物学报, 2015, 37(4): 475-480.

[64] Egli D B. Time and the productivity of agronomic crops and cropping systems. Agronomy Journal, 2011, 103(3): 743-750.

[65] Liu J, Deng J, Yang C, et al. Fungal diversity in field mold-damaged soybean fruits and pathogenicity identification based on high-throughput rDNA sequencing. Frontiers in Microbiology, 2017, 8: 779.

[66] Deng J C, Yang C Q, Zhang J, et al. Organ-specific differential NMR-based metabonomic analysis of soybean [*Glycine max* (L.) Merr.] fruit reveals the metabolic shifts and potential protection mechanisms involved in field mold infection. Frontiers in Plant Science, 2017, 8: 508.

[67] Rejeb I, Pastor V, Mauch-Mani B. Plant responses to simultaneous biotic and abiotic stress: molecular mechanisms. Plants, 2014, 3(4): 458.

[68] Ramegowda V, Senthil-Kumar M. The interactive effects of simultaneous biotic and abiotic stresses on plants: mechanistic understanding from drought and pathogen combination. Journal of Plant Physiology, 2015, 176: 47-54.

[69] Kanehisa M, Goto S. KEGG: kyoto encyclopedia of genes and genomes. Nucleic Acids Research, 2000, 28(1): 27-30.

[70] Boué S M, Carter-Wientjes C H, Shih B Y, et al. Identification of flavone aglycones and glycosides in soybean pods by liquid chromatography-tandem mass spectrometry. Journal of Chromatography A, 2003, 991(1): 61-68.

[71] 张蒙, 许琼明, 王桃云, 等. 大豆荚的化学成分研究. 中草药, 2015, 46(3): 344-347.

[72] Wang T, Zhao J, Li X, et al. New alkaloids from green vegetable soybeans and their inhibitory activities on the proliferation of concanavalin A-activated lymphocytes. Journal of Agricultural and Food Chemistry, 2016, 64(8): 1649-1656.

[73] Wang T, Liu Y, Li X, et al. Isoflavones from green vegetable soya beans and their antimicrobial and antioxidant activities. Journal of the Science of Food and Agriculture, 2018, 98(5): 2043-2047.

[74] Veitch N C. Isoflavonoids of the leguminosae. Natural Product Reports, 2013, 30(7): 988-1027.

[75] Rivera-Vargas L I, Schmitthenner A F, Graham T L. Soybean flavonoid effects on and metabolism by *Phytophthora sojae*. Phytochemistry, 1993, 32(4): 851-857.

[76] 张潇文, 罗涵, 吴海军, 等. 西南大豆种质资源的化学评价及其与田间霉变抗性的相关性研究. 天然产物研究与开发, 2016, 28(7): 1001-1007.

[77] Formela M, Samardakiewicz S, Marczak L, et al. Effects of endogenous signals and *Fusarium oxysporum* on the mechanism regulating genistein synthesis and accumulation in yellow lupine and their impact on plant cell cytoskeleton. Molecules, 2014, 19(9): 13392-13421.

[78] Jiang Y N, Haudenshield J S, Hartman G L. Response of soybean fungal and oomycete pathogens to apigenin and genistein. Mycology, 2012, 3(2): 153-157.

[79] Durango D, Pulgarin N, Echeverri F, et al. Effect of salicylic acid and structurally related compounds in the accumulation of phytoalexins in cotyledons of common bean (*Phaseolus vulgaris* L.) cultivars. Molecules, 2013, 18(9): 10609-10628.

[80] Mierziak J, Kostyn K, Kulma A. Flavonoids as important molecules of plant interactions with the environment. Molecules, 2014, 19(10): 16240-16265.

[81] Ahuja I, Kissen R, Bones A M. Phytoalexins in defense against pathogens. Trends in Plant Science, 2012, 17(2): 73-90.

[82] Ng T B, Ye X J, Wong J H, et al. Glyceollin, a soybean phytoalexin with medicinal properties. Applied Microbiology & Biotechnology, 2011, 90(1): 59-68.

[83] Lygin A V, Li S, Vittal R, et al. The importance of phenolic metabolism to limit the growth of *Phakopsora pachyrhizi*. Phytopathology, 2009, 99(12): 1412-1420.

[84] Lygin A V, Hill C B, Zernova O V, et al. Response of soybean pathogens to glyceollin. Phytopathology, 2010, 100(9): 897-903.

[85] Lygin A V, Zernova O V, Hill C B, et al. Glyceollin is an important component of soybean plant defense against *Phytophthora sojae* and *Macrophomina phaseolina*. Phytopathology, 2013, 103(10): 984-994.

[86] Cheng Q, Li N, Dong L, et al. Overexpression of soybean isoflavone reductase (GmIFR) enhances resistance to *Phytophthora sojaein* in Soybean. Frontiers in Plant Science, 2015, 6: 1024.

[87] Aisyah S, Gruppen H, Madzora B, et al. Modulation of isoflavonoid composition of *Rhizopus oryzae* elicited soybean (*Glycine max*) seedlings by light and wounding. Journal of Agricultural and Food Chemistry, 2013, 61(36): 8657-8667.

[88] 尚庆茂, 李晓芬, 张志刚. 植物对逆境交叉适应的分子机制. 西北植物学报, 2007, 27(9): 1921-1928.

# 第七章　基于代谢组学策略的植物化学生态学研究

## 第一节　系统生物学与代谢组学概述

### 一、系统生物学概述

系统生物学是研究一个生物系统中所有组分(基因、mRNA、蛋白质等)构成，以及在特定条件下这些组分间相互作用关系的学科[1]。系统生物学将生物作为一个整体而不是独立组分进行研究，强调系统性；系统构成要素之间的一系列相互作用，是其最重要特征。系统生物学充分利用并整合了基因组、转录组、蛋白组和代谢组等多组学优势，从不同层次、不同角度来阐释生物响应规律及系统调控机制(图 7-1)[2]。

图 7-1　系统生物学构成[1]

基因组学主要分为以全基因组测序为目的的结构基因组学和以基因功能鉴定为目的的功能基因组学，旨在阐明生物整个基因组结构、结构与功能的关系以及基因之间的相互作用，研究方法包括基因组作图、基因定位、遗传分析等[3]。转录组监测的是在特定状态下，特定组织或细胞内所有转录产物(包括 mRNA、non-coding RNA、rRNA 和 small RNA 在内的集合)，是在整体水平上研究细胞中所有基因转录及转录调控规律的学科；其作为基因功能及结构研究的基础和出发点，是解读基因组功能元件，阐释生物生命活动规律的重要途径。蛋白质组学本质上是研究整体水平上的蛋白质特征，包括蛋白表达水平、翻译后修饰状态、蛋白相互作用等，由此获得蛋白水平上的关于疾病发生、细胞代谢或生命活动规律中整体而全面的信息[4]。其研究内容包括：蛋白质组全谱鉴定、定量蛋白组、功能蛋白组、相互作用蛋白组、结构蛋白组以及修饰蛋白组等。

代谢组学作为在基因组学和蛋白组学之后的一门新兴学科，主要研究生物体、组织、细胞的代谢物组分及其动态变化过程[5]，其主要关注分子量小于 1000 的小分子代谢物。DNA、RNA、蛋白质及代谢物等各个层面，循序渐进地决定着生物体表型，转录水平和蛋白水平都无法直接与表型联系，其他组学只能从基因和蛋白质的角度提示我们可能发生了什么，或者将会发生什么，但代谢组学与生物表型最为接近，从代谢水平明确地表明发生了什么，阐明了生物内部的切实变化规律(图 7-1)。

## 二、代谢组学概述

### (一) 代谢组学定义

#### 1. 代谢组学

20 世纪 70 年代，Devaux 等首次提出代谢轮廓(metabolic profile)这一概念[6]；1999 年，伦敦帝国大学 Nicholson 在“基于 NMR 生物系统(大鼠)对病原刺激的代谢响应”研究中首次定义了代谢组学(metabonomics)[7]；2000 年，德国马普研究所 Fiehn 在 *Nature Biotechnology* 刊文，阐述了基于 GC-MS 平台的代谢谱在植物功能基因组学研究中的重要作用，并提出了 metabolomics 这一概念[8]。metabonomics 与 metabolomics 均可译为代谢组学，有研究者认为，metabolomics 主要以植物和微生物为研究对象，而 metabonomics 主要以动物细胞、体液为研究对象，但二者均是指“关于定量定性描述生物体或组织甚至单个细胞的全部小分子代谢物成分，及其应答内因、外因动态变化规律的科学” [1]。从文献检索情况，可以看出，如今使用 metabonomics 一词表示代谢组学的研究，多采用核磁共振(NMR)手段；而使用 metabolomics 一词的代谢组学研究多基于色谱-质谱联用平台。

相较于其他组学手段，代谢组学优势突出，主要表现为：①代谢水平可将基因和蛋白水平的微小变化放大，转化为可观察的直观结果；②与其他组学相比，代谢物种类、数目远少于基因和蛋白质，有利于后续分析讨论；③代谢组学研究既能监测环境改变造成的生物体内源物质变化，也可发现不同个体之间的差异[9]。代谢组学现已被广泛用于疾病诊断、药物安全评价、植物和农业研究、食品健康及食品安全等领域。

2. 代谢流组学

代谢组学和代谢流组学(又称代谢通量组学，fluxomics)是系统生物学研究的重要组成部分。前者关注整个代谢物组的变化，对目标体系内的所有代谢物进行定性和定量分析；而后者则对目标体系内的代谢途径流量及其变化进行有效定量分析，确定特定代谢物在代谢网络中的通量分布、流向规律，分析系统的代谢能力，充分评估遗传和环境对生物体代谢的影响。代谢流组学的主要研究手段是代谢流分析，其分为基于物料平衡的代谢流分析(静态)和基于同位素示踪技术的代谢流分析(动态)[10]。静态代谢流分析基于特定时间范围内胞内代谢物总体容量保持不变的假设，根据代谢通路中各生物合成环节代谢物的计量关系，结合实验监测的底物消耗或产物生成速率，绘制代谢网络中各代谢物的通量分配图。动态代谢流分析则通过跟踪同位素标记代谢物在代谢网络中的流通变化情况，并基于模型模拟计算，实现代谢流的定量监测，从而准确评价遗传×环境因素对代谢网络的调控作用，筛选出重要的代谢途径和合成反应。通过代谢组学和代谢流数据的整合，可充分反映生物体的代谢状态，有助于代谢机制的深入解析。

Saffer 等[11]采用拟南芥突变体策略，基于 LC-MS 平台，通过拟南芥细胞壁聚合物中鼠李糖组分及黄酮鼠李糖苷组分的代谢流通量分析，探讨了 *rhm1* 突变体子叶中黄酮和细胞壁的关系，阐释了鼠李糖代谢流通量介导的 *rhm1* 突变体螺旋扭曲花瓣表型调控的分子机理。研究表明，黄酮鼠李糖基化的降低对 *rhm1* 突变体子叶表型没有影响；相反，通过分配更多鼠李糖合成细胞壁多糖，从而阻断黄酮合成或鼠李糖基化，能够抑制 *rhm1* 突变体的缺陷。由此证明了鼠李糖是子叶表皮细胞壁正常扩张必需的化学成分，并进一步推测含有鼠李糖的细胞壁多糖在表皮细胞形态发生中具有广泛作用。Gill 等[12]采用代谢组和转录组相结合的方法，研究了镰刀菌萎蔫病对不同类型紫花苜蓿中木质素、异黄酮类代谢物及其合成相关关键基因的表达情况；结果发现，咖啡酰辅酶 A 甲基转移酶基因(*CCoAOMT*)下调的转基因苜蓿植株对镰刀菌萎蔫病具有更好的抗性。代谢流通量分析结果发现，真菌胁迫下，抗性转基因材料中苯丙烷代谢流转向合成了更多的异黄酮，这些黄酮类代谢物及其中间产物对真菌具有较好的抑制活性，由此解开了 *CCoAOMT* 下调植株抗性增加的代谢机理。

(二) 代谢组学分类

代谢组学可依据研究层次、研究范围和研究对象等进行分类。

1. 研究层次

按照研究层次，代谢组学可分为整体代谢组(global metabonomics)、代谢物靶标分析(metabolite target analysis)、代谢轮廓(metabolite profiling)、代谢指纹(metabolite fingerprinting)等。整体代谢组研究即指对尽可能全面的小分子代谢物的整体变化情况进行广泛的关注；整体代谢组是真正意义上的代谢组学研究，其预处理和检测技术须满足高灵敏度、高选择性和高通量的要求，须对获得的海量数据进行深入解析[13]。代谢物靶标分析是指对特定的某类物质进行代谢组学研究。代谢轮廓分析则是重点关注数种预设的标记物，如某一类结构性质相关的化合物、某一代谢途径的所有中间产物或多条代谢途径的标志性组分。代谢指纹分析关注的则是众多小分子构成的指纹变化规律，该层次的研究不分离鉴定具体单一组分，而是对样品进行快速分类，即表型的快速鉴定。也有研究者按照代谢物发生变化的组织部位来区分代谢组，发生在细胞内的变化称为代谢指纹(metabolic signature)，发生在细胞外的变化称为代谢足迹(metabolic footprint)[14]。

2. 研究范围

依据代谢群体研究范围的大小，可分为非靶向代谢组和靶向代谢组两类。非靶向代谢组对生物样本中所有代谢物进行广泛的监测，能够较为全面地反映整体代谢群体的变化趋势。而靶向代谢组则主要针对特定物质，即目标化合物开展更有针对性的研究；最近出现的“广泛靶向代谢组”，依据大量的已有标准品来鉴别代谢物，实现广泛范围内代谢物的准确监测，属于靶向代谢组的一种特殊类型；与一般的靶向代谢组相比，其靶标监测范围更广、定量更准确[15]。非靶向代谢组学通常是基于大样本、多处理分析，要求样本重现性好，前处理方法也需要能够覆盖尽可能多的代谢物；而靶向代谢组更侧重于对目标化合物进行准确定量；实际研究工作中，通常先基于非靶向代谢组学分析，筛选获得重点关注的代谢物群体或代谢通路，再采用靶向代谢组学方法，对重点代谢通路上的关键代谢物进行靶标定量验证。

3. 研究对象

依据研究对象分类，代谢组学研究可分为动物代谢组、植物代谢组、微生物代谢组以及同时关注两类生物间代谢组互作的“双代谢组”(如植物-真菌互作)[16]。

(三) 代谢组学平台比较

代谢组学研究依托于高通量、高灵敏度和高分辨率的现代仪器分析平台。其中，GC-MS、LC-MS 和 NMR 是使用最广泛的分析平台[17]。不同平台具有各自的优缺点，基于不同类型的分析平台，灵活运用(组合)各类代谢组学技术手段，是揭示生物在代谢水平上响应外界信号或反映生长发育进程中自身变化的有效途径(图 7-2)。

| | 核磁共振NMR | 气质联用GC-MS | 液质联用LC-MS |
|---|---|---|---|
| 原理 | 原子核自旋的共振跃迁 | 分子在固定相和流动相(气体)间分配不同 | 分子在固定和流动相(液体)间分配不同 |
| 样品前处理 | 样本制备要求少、样本需求量少 | 需衍生化 | 无需衍生化 |
| 适用范围 | 主要是糖类、有机酸、氨基酸等 | 适用于易挥发、热稳定、中低极性物质 | 适用于极性较大的物质 |
| 灵敏度 | 低 | 高 | 高 |

图 7-2 代谢组学各平台比较

GC-MS 以惰性气体(如氦气)为流动相，以质荷比区分代谢物，其灵敏度高、重现性好、成本低，并且具有较全面的代谢物标准图谱数据库，有助于代谢物的定性鉴定；其缺点在于无法直接检测难挥发性物质，须进行烦琐的衍生化处理以降低样品极性，提高挥发性和热稳定性，继而提高代谢物监测的完整性和全面性[18]。衍生化的目的是减少互变异构化，防止脱羧反应发生，操作时先在待测物中加入甲氧胺吡啶溶剂使之发生肟化反应，再对待测物进行硅烷化处理，常见的硅烷化试剂包括双(三甲基硅烷)三氟乙酰胺和 *N*-甲基-*N*-(三甲基硅烷)三氟乙酰胺。大多数含有氨基(—$NH_2$)、巯基(—SH)等具有活泼氢原子的基团在衍生化后其分子间氢键减少、沸点降低，利于 GC-MS 平台的检测[19, 20]。

LC-MS 以有机试剂为流动相，依据分子在固定相和流动相间的分配比不同来分离物质；其优点在于检测范围宽，灵敏度高，相对于 GC-MS 来说，对样品的挥发性与热稳定性要求低[21]，但其局限性与 GC-MS 平台类似，即任何一种填料都不能分离所有代谢物，两者对代谢物的监测都具有偏向性；此外，由于 LC-MS 系统多检测的为中高极性代谢物，其结构复杂多样，谱库数据偏小也是其局限性之一。将 LC-MS 与 GC-MS 结合使用，可实现对生物代谢群体较为完整的监测(图 7-3)。

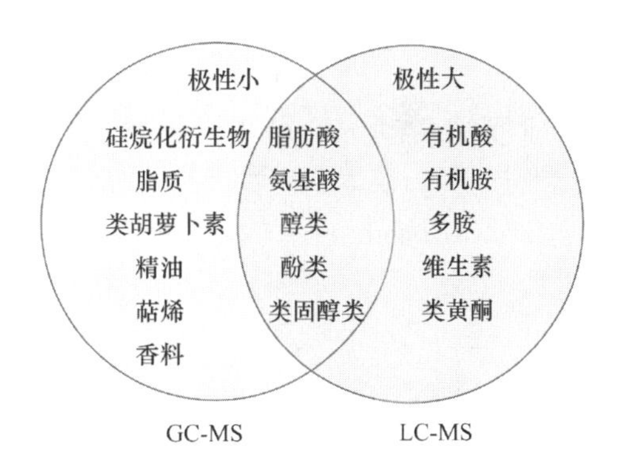


图 7-3 GC-MS 和 LC-MS 监测范围的偏向性比较

NMR 以原子核自旋的共振跃迁为探测对象，其原理是自旋原子核在恒定外加磁场中回旋转动，当进动频率与外加电磁波频率相等时，二者产生共振即为 NMR，原子核吸收电磁波能量的吸收曲线即 NMR 谱；可根据原子在分子中的位置与相对数量，对化合物进行定性定量分析[22]。NMR 具有样品制备方便快捷、无破坏性、无偏向性等优点，但其缺点在于灵敏度低，动态线性范围有限。

## 三、代谢组学工作流程

### (一) 基本流程

常规代谢组学工作流程包括：材料培养、样品收集、样品前处理、数据获取及多元统计分析等关键步骤。将植株样本采集后即刻以液氮速冻固定，材料于–80℃储藏以降低代谢物分解，试验材料应尽快以鲜样测试，将代谢物损失降到最低；根据试验目的，选择适当溶剂提取；提取完成后，利用真空离心浓缩机或氮吹仪对样品进行干燥浓缩，去除溶剂；根据分析平台选择性加入衍生化试剂，对样品进行衍生化处理，最后上机测试(图 7-4)。

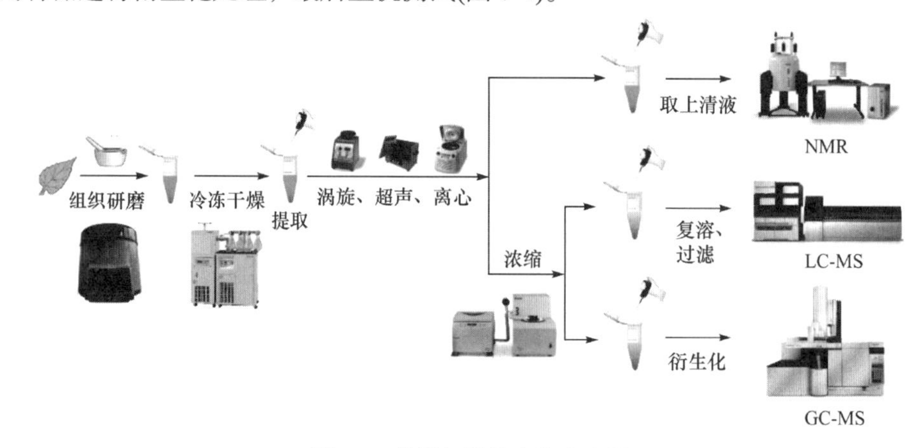


图 7-4　代谢组学基本技术流程

### (二) 质量控制

代谢组学研究结果易受人为因素、系统误差等因素的干扰。由于样本数量多，检测时间长，仪器稳定性及检测状态都会对试验结果产生巨大影响。质量控制体系(standard operating procedure, SOP)是从试验各方面精准把握，降低误差的关键步骤，主要包含三个部分：严格的质量标准、多重的实验质控、可追溯的数据分析。可从样品运输储藏、试验操作过程、数据分析三方面进行质量控制。在实验及上机过程中按照 SOP 文件，严格把控实验流程中的细节步骤合理加入质量控制(quality control, QC)样本及空白样本、添加合适内标及随机进样等，都是降低代谢组学高通量检测误差、获得可靠试验数据的重要手段。

#### 1. 取样及运输

(1) 快速原则：取样及运输过程中需快速进行，防止代谢物过多分解。

(2) 低温原则：在采集、处理及运输过程中，需全程保持低温；使用液氮快速冷冻样本，以保证样品代谢产物的完整性和有效性；样本需储存于–80℃冰箱或液氮罐中，避免样本反复冻融；全冷链运输或保证足够干冰维持低温。

(3) 代表性原则：样本必须具有代表性，一般设置 5～8 个生物学重复。

(4) 一致性原则：样本的采集、处理均应保持高度一致，以减小误差；如采样部位、采样时间、采样方法等。

(5) 避免污染：保证环境可控性，最好采用无菌器材；保持实验室清洁，避免杂质混入样本等。

### 2. 样品前处理

(1) 足够样本量：足够数量的考查样本是减少试验误差的基本条件，代谢组学分析一般设置 5～8 个生物学重复，3～5 个技术重复为最优；若后续需进行其他组学分析，则应保存同样批次的足够样本。

(2) 低温研磨：研磨须加入足够液氮，保证低温环境，经低温干燥后保存于–80℃待用。

(3) 充分萃取：依据试验目的，选择适当的溶剂进行萃取，尽可能将代谢物从样品中提取完全。

(4) 充分衍生化：GC-MS 常用衍生化试剂为甲氧基试剂和硅烷化试剂，试剂用量应保证饱和，并确定充足的衍生化时间以保证衍生化的完整性。

(5) 多针进样：大批量样品上机测试时，建议每个样本运行 3～6 针，增加进样次数以保证数据可靠性。

(6) 随机进样：进样过程会导致仪器污染加重，大样本测定存在潜在的交叉污染，仪器灵敏度也会随时间降低；随机进样可保证仪器对所有样本的影响一致；对于挥发性样本可采用低温控制进样器等方法。

(7) 间隔质控：取同批次相同体积的所有待测样本充分混匀、等分，制得 QC 样本；进样前运行 7～10 针 QC 样本，确保仪器稳定性；进样过程中每间隔 10～20 针进一次 QC 样本，检查仪器稳定性。

### 3. 数据分析

(1) 直观数据判断：加入 QC 样本、空白样本和内标是检测是否存在外源性污染和减少分析测试中的系统误差的重要方法；通过观察样本和内标的保留时间可判断仪器稳定性；从空白样本检测结果可判断试验过程中是否存在外源污染。

(2) QC 偏差计算：收集所有 QC 样本进行峰提取、归一化等数据预处理后计算峰面积 RSD 值，通常如果在一个样本中有超过 70%的化合物 RSD 值≤30%，则说明此方法具有良好的稳定性及重复性，数据具有可靠性。

(3) 多元判别分析：数据预处理后进行判别分析，观察得分图中理论上一致的 QC 样本的聚集情况，可反映方法和仪器的稳定性及数据质量情况，越密集代表数据效果越好，重现性好。

(4) 内标控制：计算内标的响应差异，RSD≤30%则表明系统稳定，数据质量高。

(三) 数据处理

代谢组学数据处理工作流程包括：滤噪、峰检测，获得原始数据；解卷积使化合物共流峰分离；离子峰积分，根据内标或标准品定量；将原始数据转换后进行归一化等预处理；预处理数据进行多元统计分析，包括热图分析、聚类分析、判别分析等；由上述统计分析筛选出候选化合物后，基于公共数据库或自建数据库比对，结合一级、二级质谱数据分析及标准品保留时间比对，对关键代谢物进行定性、定量分析(结构注释)，确定化合物结构(图 7-5)。

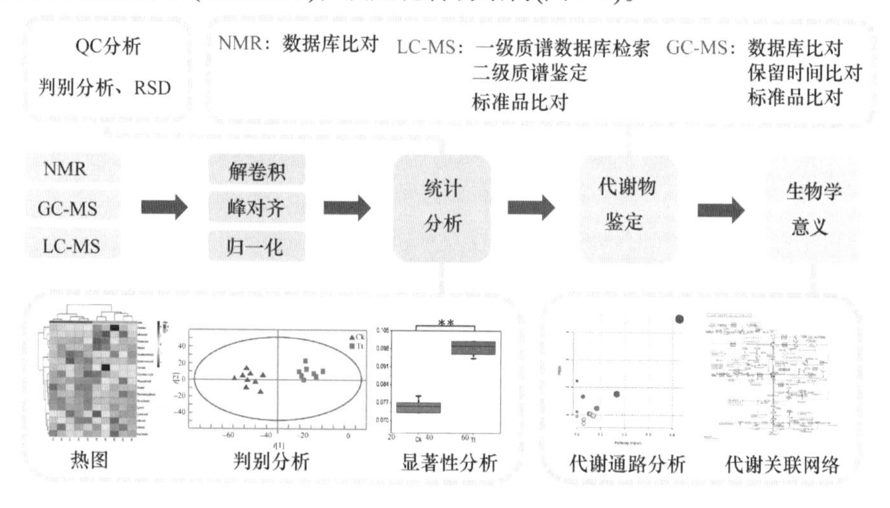


图 7-5　代谢组学数据处理流程图

预处理后数据被转换为可用于模式识别的数据矩阵，随后进行统计分析，常用的分析软件和网站包括 SIMCA-P、MetaboAnalyst 等。热图及聚类分析通过颜色深浅表征代谢物含量高低，直观展示代谢物在不同样本中的积累模式和差异。多元统计分析中，主成分分析(PCA)、偏最小二乘法(PLS)、正交归一化偏最小二乘法(OPLS)和最小二乘判别法(PLS-DA)等化学计量工具是高维数据预处理中模式识别的重要方法。模式识别分为非监督性分析和监督性分析两种方法，非监督性方法直接将预处理数据进行分析，对样本进行归类，并采用相应的可视化技术直观地表达出来，无需背景信息，如主成分分析；而监督性方法则是通过建立不同数学模型使不同类别样品达到最大分离度，利用已知信息对未知代谢群体进行有效推测，如正交归一化偏最小二乘法，它能够通过正交信号校正过滤并去除与识别对象不相关的噪声信息，达到更好分离效果，被广泛用于各种生物学研究层面中[23]。

代谢组学分析中，常见的得分图体现了样品分类信息，载荷图则能够挑选出对分类具有较大贡献的变量及其贡献值,从而发现可作为生物标记物的代谢变量。得分图上不同样本在二维主成分上被区分开来，体现的是不同处理样本的分类信息；通过观察各组数据的分布，可去除离群样本。载荷图一般与得分图相对应，载荷图中代谢物的位置体现的是各代谢物在不同组样本中的分布情况，距离某组样本越近(即与中心点距离越远的代谢物)，可能正是区分二者的重要代谢物。此外，可根据评价变量贡献的重要指标——VIP 值来判断各物质在区分不同组样本间起作用的重要程度,一般将 VIP>1 的代谢物作为区分不同样本组群的重要指标，即潜在的生物标志物；很多时候，也会将方差分析、$t$ 检验等与 VIP 值判断结合起来，共同实现差异代谢物的准确筛选(图 7-5)。

通过判别分析筛选出候选代谢物后，显著性分析结果可进一步验证其在不同处理间的分布情况；代谢通路分析则体现了差异代谢物在代谢通路上的富集情况(多通过 KEGG 数据库实现)；通路分析可直观呈现出与标记化合物密切相关的代谢通路信息，表征了生物代谢通路的响应情况，基于此可进一步阐释生物代谢模式对环境胁迫的响应机制。

## 四、代谢组学在植物化学生态学中的应用

### (一) 植物代谢组与化学生态学的关系

植物代谢组学是代谢组学的一个重要分支，旨在对不同生长时期或受某种刺激前后的植物组织中的代谢群体进行定性、定量分析，并阐析其代谢变化规律。从维持植物生命活动和生长发育所必需的初生代谢物，到与植物抗病、抗逆密切相关的次生代谢物，都是植物代谢组学的研究对象。化学生态学探讨并揭示生物种间、种内以化学物质为媒介的相互关系,是一门生态学与化学融合交叉的学科。高通量生物信息技术及系统生物学的提出，为化学生态学研究提供了新的思路，但基于基因组学、转录组学、蛋白组学的研究层次的局限，难以与生物表型建立直接联系。代谢组学作为生物内部生化反应的最终表现形式，可直观反映出研究对象对特殊环境或刺激的响应情况，将代谢组学手段应用于化学生态学研究，有利于我们深入认识生物种间、种内的相互作用与协同进化机制和以化学为媒介阐述生态系统的运作规律。

基于多种平台的代谢组学方法在植物学研究中已有广泛应用，成为阐释化学生态学中生物间不同互作模式的有力手段。植物通过对代谢物的调控以应对各种外界胁迫或环境变化(如病原体侵染和食草动物入侵等)，不同植食者对同一植物的攻击也会同时诱发植物产生多种不同的防御机制；这些防御机制多以代谢物为

媒介，通过诱导整株植物初生及次生代谢产物的组分、含量变化以直接或间接的方式发生相互作用。例如，蚜虫和根部线虫同时入侵拟南芥的研究已经较为深入，而针对芥子油苷响应此类生物胁迫的靶向代谢组学手段的引入，为日后更复杂的机理研究奠定了基础[24]。基于靶向代谢组学的此类研究都集中于研究一小类具有相似化学性质的已知代谢物，而非靶向代谢组学分析则通过探索未知的防御机制，为植物化学生态学开辟了新的研究领域[25]。

### (二) 代谢组学策略阐释植物地上部-地下部化学关联

植物化学物质介导了地上、地下部植食者间的相互作用关系[24, 26]。Kutyniok 等基于 GC-MS 和 LC-MS 平台对拟南芥茎部和根部代谢群体进行了多元统计分析，结果发现，蚜虫会对茎部产生显著的局部影响，而对根部影响不大；但芥子油苷的变化，揭示了蚜虫啃食会导致植物诱导性抗性的出现，并进一步证实地上部蚜虫啃食可减少根部线虫的入侵；根部线虫入侵并不会引起植物局部或整体代谢物的改变，也不会对蚜虫侵蚀数量产生影响[24]。在后续研究中，他们考虑了硝酸盐肥料对植物介导的植食者相互作用的影响[27]，发现较低浓度的硝酸盐条件下，地上部蚜虫侵蚀可使根部线虫数量增加；而在较高的硝酸盐施肥条件下，地上部蚜虫侵蚀则会减少根部线虫数量。GC-MS 监测根部初生代谢产物变化，共检测到 88 种化合物，其中 54 种可被鉴定。多变量统计分析结果显示，地上部蚜虫喂养只能导致根部代谢物群体发生微弱变化，但蚜虫对线虫数量的影响效果却是极其显著的，这表明，线虫对根部代谢物的微弱变化可能非常敏感。

野生烟草(*Nicotiana attenuata*)地上、地下部代谢物昼夜变化对食草动物的响应研究表明，食草动物的植食行为可受植物伤口诱导，试验通过施加植食性毛虫(*Manduca sexta*)的口腔分泌物来模拟毛虫入侵烟草[28]。代谢指纹图谱表明，烟草叶片和根部中分别有 182 种和 179 种化合物发生节律性变化，其中只有 10 种是在两部分组织中可被同时监测到的。该研究进一步关注了部分特定关键代谢物的变化规律，结合其生物合成的转录数据分析，揭示了代谢物积累的组织特异性，表明昼夜节律可能在植物对植食者入侵响应中发挥着重要的协调作用，而这种作用主要由代谢物介导。

### (三) 代谢组学策略揭示植物化学防御的分子机理

#### 1. 茉莉酸代谢

茉莉酸代谢物茉莉酮不仅与直接抵御食草动物侵害有关，还可吸引食草动物天敌，从而起到间接防御作用；并且作为挥发性物质，其在植物间的信号传递中也发挥着重要作用。Stitz 等[29]利用烟草突变体探究茉莉酸在植物防御植食者中的作用,将来自拟南芥的甲基转移酶在烟草中表达,使烟草体内游离茉莉酸甲基化,从而增加了茉莉酸甲酯的合成，使茉莉酮含量降低，这导致突变体更易受到植食者攻击。基于 GC×GC-TOF MS 平台，对比检测到含量最高的 42 种挥发性有机物(VOC)，其在处理后突变体与野生型植株间差异显著；主成分分析(PCA)和偏最小二乘判别分析(PLS-DA)可将早期和晚期挥发性有机物的响应情况明显区分开。此外，基于 LC-MS 平台的叶片非靶向代谢组学分析，发现突变体中烟碱、二萜糖苷、腐胺和亚精胺偶联物等抗性物质含量降低，PLS-DA 可将突变体和野生型植株区分开来。将靶向代谢组学、非靶向代谢组学与不同分析平台相结合，有助于进一步阐释茉莉酸代谢在植物抵御生物胁迫中的重要作用。

2. 木质素代谢

Gaquerel 等[30]在烟草中鉴定了与羟基肉桂酸酰基转移酶(HCT)基因具有高度相似性的 *N*-酰基转移酶基因(类 HCT 基因),该基因受酚胺合成转录因子 *MYB8* 控制，并受到植食性动物的诱导[31]。他们利用代谢组学手段研究了类 HCT 基因沉默植株中，木质素合成以及与植食者入侵相关的酚胺代谢响应情况；对响应植食者入侵的特征代谢物咖啡酰基/阿魏酰基-腐胺和咖啡酰基/阿魏酰基-亚精胺进行了靶向定量分析。结果发现，这些代谢物均未显示出明显的沉默现象，但一种未知的多胺化合物却表现出沉默现象。进一步利用 LC-MS 平台开展了非靶向代谢组学分析，结果发现，在受植食者入侵的叶片中，香豆素代谢流大量流向了香豆酰基酚胺代谢物。PCA 可将基因沉默和植食者处理样本区分开来，基因沉默植株中代谢物数量增加。对所有受基因沉默影响的代谢物进行聚类分析，并对酚胺的同分异构体和衍生物进行了详细注释。由此证明了类 HCT 基因介导了酚胺途径和木质素合成间的竞争关系,也证实了木质化在植物诱导防御机制中的重要作用。该研究基于代谢组学策略，阐释未知代谢网络，有助于揭示植物防御机制及其代谢流调控的关联作用。

3. 生物胁迫互作

玉米真菌轮枝镰孢菌(*Fusarium verticillioides*)与玉米黍黑粉菌(*Ustilago maydis*)的相互作用关系一直是研究热点，轮枝镰孢菌可导致玉米黍黑粉菌生物量减少并减弱其对植物的伤害[32]。Jonkers 等[33,34]基于 LC-MS 平台，结合真菌共培养试验，对其代谢群体组成进行了较全面的阐述。Steinbrenner 等[35,36]基于 GC-MS 平台探讨了烟草天蛾(*Manduca sexta*)和棉铃虫(*Helicoverpa zea*)互作对番茄叶片代谢组的影响，结果发现，整株植物(茎尖、叶、茎和根)初生代谢物表现出组织特异性响应。茎尖和根部组织以及受损叶片中代谢响应最剧烈，并形成了植物对生物胁迫的系统响应。Combès 等[37]研究发现，三尖杉内生真菌子囊菌(*Paraconiothyrium variabile*)可通过其代谢产物实现对病原菌尖孢镰刀菌(*Fusarium oxysporum*)的抑制，从而为宿主提供保护；他们进一步开展了体外竞争试验，并基于 LC-MS 平台进行代谢组学分析，结果发现了一系列受病原体诱导产生的化合物，其中 13-*O*-9,11-十八碳二烯酸可有效抑制霉菌毒素——白僵菌素的产生，促进植物诱导性防御作用。

(四) 代谢组学策略揭示化感作用机制

近年来，代谢组学在植物化感作用研究中也有所应用。Scognamiglio 等[38]基于 NMR 平台对 16 种地中海植物提取物进行了比较代谢组学分析，以探究这些植物对卵穗山羊草(*Aegilops geniculata*)的化感作用。研究结果表明，大多数植物提取物对卵穗山羊草具有化感作用，其主要活性成分为酚酸类代谢物，如类黄酮和羟基肉桂酸酯衍生物等。PCA 结果显示，用不同植物提取物处理后的卵穗山羊草样本被明显区分开来，其中，氨基酸和有机酸对样本分离起到了重要作用。聚类分析也可将卵穗山羊草样本分为无代谢反应、轻微代谢反应和强烈代谢反应三组。传统的生物测定方法难以阐释这种互作机制，而利用代谢组学手段可为深入揭示化感作用机理提供新的思路。

生态系统中真菌-植物共生现象非常普遍。Schweiger 等[39]研究了丛枝菌根(AM)与植物根系的互作模式，选择了 5 种非模式植物与常见模式植物，探究植物叶片对常见 AM 真菌(*Rhizophagus irregularis*)的共性和特异性响应。采用 GC-MS 技术对碳水化合物、有机酸和糖醇类代谢物进行靶向代谢组学分析，利用 HPLC-FL(高效液相色谱-荧光检测)监测氨基酸含量，并基于 LC-MS 平台对叶片甲醇提取物进行了非靶向代谢组学分析。其中，18%～45%的极性化合物为不同物种的共有化合物，被标记为核心代谢组，其余化合物为物种特异性代谢物。虽然核心代谢组可以体现植物共有的反应模式，但是代谢物的响应又是具有物种特异性的；代谢物响应的低保守性，体现了不同植物与真菌之间长久的共同进化作用，这导致了代谢物具有物种响应的特异性。

代谢组学作为不断发展的新兴学科，不同特点代谢平台的灵活运用，可以尽可能全面地勾勒出植物在特定状态下的“代谢指纹”，并对具有代谢特征的样本加以区分。在后续研究中，所获得的新样本只需要与前期建立的代谢数据进行比对，即可将新样本依据已有的代谢特征进行分类，这避免了重复性的生理生态评估工作。代谢组学策略不仅可以阐释植物在不同发育阶段的代谢特征，也可将外观相近但品质不同的种质资源进行代谢特征鉴定，还可进一步阐释植物-植物、动物-植物、微生物-植物间以代谢物为媒介的相互作用关系。此外，代谢组学手段的运用可以实现以不同代谢模式来阐释植物对环境胁迫的响应机制，也可通过对植物与特定环境互作过程中相关代谢物的鉴定，对胁迫响应进行分类，这对于化学生态学研究中活性代谢物的筛选具有重要意义。

# 第二节　多组学关联分析及其应用策略

近年来，新技术的不断涌现，加快了系统生物学研究向定量化、高通量的持续发展，特别是在单细胞层次研究基因组、转录组、蛋白质组和代谢组，已成为人们发现生命化学物质基础和深入阐释其分子机制的新方向。研究策略也由单一组学逐渐发展为多组学整合的联合分析；在大数据时代，利用多组学(multi-omics)整合手段开展工作，是现代化学生态学研究的发展趋势。多组学联合应用结合了不同组学方法的特点与优势，为深入阐释生物生长发育与生命活动规律提供了新的研究思路。代谢组-基因组关联分析将基因型和代谢物和生物表型联系起来，应用于全基因组关联分析(GWAS)及数量性状位点分析(QTL)分析，以重构代谢通路；代谢组-转录组关联分析可对代谢物相关功能基因进行鉴定，对代谢通路整合分析，构建基因-代谢物调控网络；代谢组-蛋白组关联分析可进行互相验证，可直观阐释代谢物变化原因。

## 一、多组学数据整合策略

多组学数据整合分析涉及多个层面的数据，这些数据分别以非监督方式进行分类。在理想的联合分析中，不但要综合考虑不同层面的分子变异，还要考虑不同变异间的相互关系，进而分析不同层面分子的上调/下调或激活/抑制关系。不同层面的整合分型以及基因通路激活抑制的联合分析构成了多组学数据挖掘的核心。可以采用的分析方法包括：基于已发表文献知识数据库的 Integrated Pathway Activities(IPA)分析；基于网络分析的 Pathway Recognition Algorithm using Data Integration on Genomic Models (PARADIGM)，PARADIGM 可实现不同层次表达，并以信号通路程度展示[40]。此外，常用的方法还有基于序贯分析(sequential analysis)的一致性聚类(consensus clustering)及综合聚类(integrative clustering)等方法[41]。

多组学数据分析的一大难点是，在错综复杂的数据中寻找到最核心的通路与驱动基因。所采取的策略可简单分为两类：一是功能的相关性，即通过通路整合分析，同时展示代谢物和基因的表达变化；二是表达的相关性，多采用 Cytoscape、Metscape、IPA 等系统工具对代谢物-基因表达的相关性进行计算，构建共表达调控网络，快速挖掘候选目标[42]。一般会通过关联分析找到多个层面数据间的相互关系，寻找相互具有调控关系的位点或基因。再通过复杂的网络图，将基因组变异、基因表达差异、甲基化修饰差异以及基因间的相互作用在同一张图上展示出来。除了用网络图展示外，还可以用变异总览图(compact visualization of genomic alerations)将不同层面发生了变异的基因以及在不同样本中的变异情况整体展示。

此外，还可以对关键通路以及基因表达水平、甲基化修饰或基因组水平变异进行联合展示。通过热图与网络图相结合等形式，将差异的表达、甲基化修饰或基因组变异与关键的变化通路整合起来集中展示关键基因、关键通路及其相互关系。

## 二、多组学关联的应用

### (一) 通路整合与机制解析

组学关联分析可用于解析次生代谢产物的生物合成途径、疾病发生发展机制、植物生长发育调控与抗逆耐逆机制。常采用功能相关分析和表达相关分析两种方法。其中，功能相关分析是对代谢通路做整合分析，同时展示代谢物和基因的表达变化情况[附图 14(a)][43]。而表达相关性分析则需要计算代谢物-基因表达相关性，构建共表达调控网络，从而快速挖掘候选目标[附图 14(b)][44]。

木酚素为常用中药板蓝根的主要药用成分，其在板蓝根中含量极低(<1‰)；阐明木酚素的生物合成途径与调控机制，对提高木酚素含量具有重要意义。研究者采用代谢组和转录组关联分析手段，以 MeJA 处理板蓝根，对处理样本进行时序性取样(0h、1h、3h、6h、12h、24h、36h)，并基于 UPLC-Q TOF-MS 平台进行非靶向代谢组学和转录组学分析。通路整合分析结果表明，MeJA 处理后，通路中多数代谢物含量均显著上调。*PAL2*、*C4H1*、*4CL3*、*PLR3* 等途径调控基因的表达量也呈现上调趋势[附图 15(a)]。基因表达趋势分析，共发现了 26 个 profile 中的 10 个具有显著响应。其中，cluster18 和 cluster21 呈上升趋势[附图 15(b)]，包含的基因大多与初生代谢、JA 信号通路、苯丙烷代谢通路相关。利用 cluster18 和 cluster21 中木酚素合成相关基因及转录因子，与该通路上的所有代谢物构建共表达调控网络[附图 15(c)]。结果共筛选到 10 个转录因子和 2 个合成基因 *4CL3* 和 *DIR9*。随后，采用体外酶活和体内 RNAi 实验对目标基因 *4CL3* 进行了功能验证，发现每个 *4CL* 家族成员都有独特的催化特性，并且只有 *4CL3* 的表达与落叶松树脂醇含量正相关。由此证明，*4CL3* 对木酚素生物合成具有重要作用，能够将咖啡酸催化为相应的咖啡酸辅酶 A。该研究是转录组与代谢组整合分析的典型范例，两类组学数据相互验证，逐步缩小范围，最后获得关键候选基因[45]。

类似案例如 Lou 等[46]通过转录组和代谢组关联分析，揭示了葡萄风信子的花色形成机理。他们对蓝色风信子和白色风信子变种进行代谢组学分析，结果发现，风信子花青素合成通路上多个代谢物发生了显著变化，进一步对两种风信子进行转录组测序分析，找到了花青素代谢通路上差异表达的关键基因；将花青素合成差异代谢物与差异表达基因进行关联分析，结果发现，白色风信子中的山柰酚、儿茶素、表儿茶素以及杨梅素的含量上升，而飞燕草素衍生物和花青素衍生物的生物合成受阻，从而揭示了葡萄风信子花色形成机理，这其中也运用了代谢流通量分析(代谢流组学)的研究策略。

### (二) 功能基因定位

多组学关联在功能基因定位上也有重要的应用。一般地，植物表型受到体内代谢物的调控，而代谢物合成受基因调控；针对某一表型对其功能基因定位，常采用的研究思路如图 7-6 所示，即先将难以量化和估计的表型信息关联到相应代谢物，该类代谢物能够代表或者指示具体性状；再将代谢物数据作为表型与基因组数据进行代谢组-基因组的大规模关联分析(mGWAS)，从而获取能够调控目标代谢物的潜在功能基因，最后对候选基因功能进行验证。

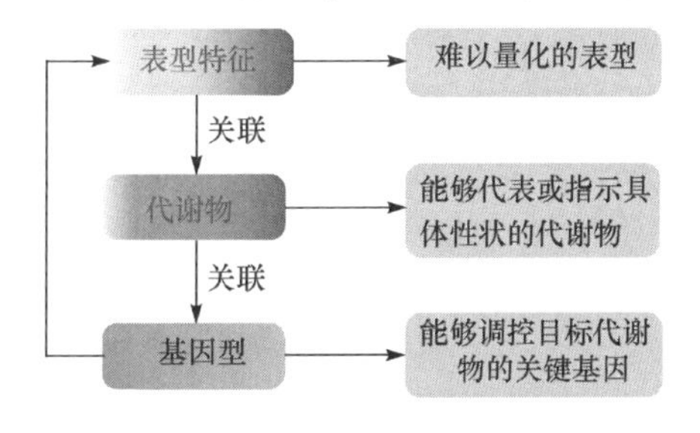

图 7-6　功能基因定位技术路线

例如，采用 mGWAS 技术确定番茄风味改良的关键基因，首先分别从嗅觉(即挥发性成分)和口感(糖类和有机酸)角度，对番茄代谢物进行评价；并将消费者的喜好与番茄代谢物进行关联分析，找到与风味相关的代谢物；再将代谢物与基因型进行关联分析，找到与风味代谢物相关联的调控位点；最后，通过转基因或遗传育种方式对候选基因加以验证，最终阐释其生物学功能[47, 48]。中国科学院遗传与发育生物学研究所王国栋研究组系统分析了黄瓜测序品种‘9930’的不同组织、不同发育阶段的 23 个样品的 85 种挥发性化学物质，包括 36 种挥发性萜。同时，对 23 个黄瓜组织进行了转录组学分析，并将其用于 VOC-基因关联分析，筛选出了可能参与黄瓜挥发性生物合成途径的候选基因。在此基础上，利用基因组水平的基因表达-挥发物关联分析的方法，构建了黄瓜挥发性化合物的代谢网络，系统性地研究和阐明黄瓜挥发性化合物的生物合成通路和调控的分子机制。候选酶体外生化试验结果表明，*TPS11/TPS14*、*TPS01* 和 *TPS15* 分别参与了黄瓜的根、花和果实中挥发性萜类化合物的合成。进一步研究发现，*SSU1* 可能在根和花中调控了挥发性单萜前体物 GPP 的合成，从整体上揭示了黄瓜挥发性萜类物质多样性形成的分子基础。该研究也为进一步明确挥发性化合物在植物-环境互作中的生理功能，以及黄瓜风味品质改良育种奠定了基础[49]。

### (三) 植物抗逆机理

逆境胁迫对植物生长发育的影响，体现在植物代谢、蛋白合成、RNA 转录和基因表达等多个层面。植物遭受逆境胁迫最直观的表现形式是表型变化，如缺水造成植物萎蔫。与此同时，植物机体会启动一系列抵御机制，包括基因表达调控、代谢物质释放等(如过氧化物的清除、有机酸的释放、热激蛋白的表达等)，有些转录因子也参与了植物响应逆境胁迫过程。这些防御机制多元而复杂，单一组学分析不足以对其进行全面深入的剖析；采用多组学关联分析，可实现多组学间的相互验证，快速鉴定代谢相关功能基因，并更为直观地揭示代谢物调控机理。

Liu 等[50]利用代谢组和转录组关联分析，研究了水稻植株对二化螟刺激的动态响应。结果表明，当水稻受到二化螟幼虫损伤时，有 4729 个基因和 151 个代谢物发生响应；进一步分析表明，防御相关的植物激素、转录因子、莽草酸和萜类化合物的次生代谢被激活。Stefania 等[43]采用非靶向代谢组学手段，时序性地监测了葡萄开花后的代谢物变化，结果发现，大部分酚类、胡萝卜素和生育酚类物质差异显著；芳樟醇、橙花醇、$\alpha$-松油醇等 12 种挥发性单萜类成分的含量在果实成熟的最后阶段显著上调。转录组学分析结果，共筛选得到 4889 个差异基因，所有上调基因均富集到“次生代谢过程”这个基因本体话术语(GO term)。进一步对差异代谢物和差异基因进行网络关联分析，发现与果实成熟相关的单萜类代谢调控网络中共包含 222 个基因，其中有 116 个基因差异表达；这些基因大多与萜类、脂类、激素代谢相关，且上调基因的启动子区显著富集于 MYB 和干旱应答转录因子结合位点。据此，他们认为葡萄浆果通过调节次生代谢途径来应对干旱胁迫，特别是苯丙素、类胡萝卜素、玉米黄质和挥发性单萜的生成，对葡萄组分和风味特征造成了潜在的影响。

## 第三节　新兴代谢组学在植物化学生态中的应用

近年来，随着分析化学技术的进步和生化手段的创新发展，不同平台优势的代谢组学手段得以在各种类型植物生态学研究中发挥作用。从植物组织到亚细胞结构，从植物、微生物到与之关联的土壤基质，从中高极性代谢物到挥发性小分子，代谢组学策略贯穿于植物化学生态学研究的各个层面，发挥着越来越广泛、越来越重要而深刻的作用。

### 一、亚细胞代谢组

亚细胞代谢组学(subcellular metabolomics)是近年来随着细胞器分离技术和代谢组学技术发展而产生的新领域，是代谢组学研究的新方向。传统亚细胞分离技术与先进质谱鉴定技术的融合，为亚细胞代谢组学的研究提供了技术平台。亚细胞代谢组，是亚细胞结构(如亚细胞区室、细胞器等)所包含的所有代谢物群体。细胞内代谢物可根据空间结构、分布及功能的不同，分成不同的细胞器或细胞区域，如细胞膜、胞浆、线粒体、溶酶体、过氧化物酶体、内质网、细胞核和高尔基体等。全细胞代谢物种类繁多，直接进行全细胞的代谢组学分析，会受到上样量、细胞内代谢物结构复杂、性质差异大的影响，增加仪器分离难度，使得重点代谢物难以分离、鉴定；尤其是对于痕量代谢物的检测存在盲区，由此导致标志物筛查困难重重。但各种代谢物可根据其功能特性差异，在细胞内有特定的空间分布，各种亚细胞组分也有各自特征性的代谢物组成。因此，分离亚细胞组分可以减少观测的靶向代谢物种类，富集痕量代谢物，有望分离和鉴定出更多的新代谢物，筛选获得新的功能基因，实现痕量代谢物功能的深度阐释。

Krueger 等[51]以模式植物拟南芥为研究对象，建立了植物亚细胞代谢组的标准操作流程。Hoermiller 等[52]基于 GC-MS 平台，对具有不同抗冻性的拟南芥突变体进行了亚细胞区室化的靶向代谢组学分析，研究了低温诱导植物代谢物在亚细胞水平上的动态变化情况，揭示了植物基于亚细胞层面的抗冻代谢机理。亚细胞代谢组工作流程中核心的步骤即是通过超高速离心，实现不同细胞亚细胞区室代谢物的分层。Benkeblia 等[53]采用超高速离心技术，对成熟大豆叶片非水相组分(溶剂：氯仿/正庚烷)进行了亚细胞分层；并基于 GC-MS 平台，建立了大豆叶片亚细胞结构的代谢组学分析方法，揭示了大豆叶片基质、细胞溶质和液泡结构中的代谢标志物。

## 二、土壤代谢组

以土壤为研究对象的代谢组学一直存在较大争议，关键问题主要集中于土壤基质过于复杂，背景干扰大，难以提取获得真实可靠的代谢群体信息。尽管存在诸多困难，近年来许多研究者也在土壤代谢组学方面进行了诸多尝试。Swenson 等[54]采用水相萃取有机物(WEOM)的方法，基于 GC-MS 平台，建立了一种简单的非靶向代谢组学工作流程。他们分析比较了氯仿蒸气熏蒸前后土壤中 55 种代谢物含量，研究了微生物对土壤中有机质(SOM)循环作用的影响，并运用 $^{13}C$ 标记法，研究了土壤对微生物代谢物的吸收类型，探讨了生物代谢和微生物群落与陆地碳循环之间的联系。Sugiyama 等[55]采用 HPLC-UV 法测定比较了大田种植大豆不同生育时期根际土与非根际土中大豆异黄酮的含量及其降解速率，结果发现营养生长期大豆根际异黄酮分泌量高于生殖生长期，大豆糖苷的降解速率远大于苷元。

## 三、特异组织代谢组

植物在漫长的进化过程中，进化出一些特异性组织，这些组织中往往含有一些特殊的代谢产物，如青蒿素即主要在青蒿叶片表面的分泌型腺毛中合成和积累。这些组织器官中含有的代谢物具有独特的化学生态学意义。Brechenmacher 等[56]采用 GC-MS 和 UPLC-Q TOF-MS 联合代谢组学方法，监测了接种慢生根瘤菌(*Bradyrhizobium japonicum*)大豆根毛中的 2610 种代谢物，其中海藻糖是众多代谢物中对根瘤菌接种响应最强烈的代谢物；进一步通过对大豆接种海藻糖合成受阻的慢生根瘤菌突变体，证实了接种根毛中检测到的海藻糖主要来源于细菌，而海藻糖往往具有渗透调节作用，因此推测接种过程中根瘤菌在根毛表面或接触面遭受了渗透胁迫。

腺毛是产生大量次生代谢产物的工厂，Balcke 等[57]对栽培番茄和野生番茄腺毛和叶片进行了比较代谢组学、转录组学、蛋白质组学分析，并基于 $^{13}C$ 标记确定了腺毛中的次生代谢物特征，证实了番茄Ⅵ型腺毛可进行光合作用，其碳源是来自叶片的蔗糖；腺毛可通过积累不饱和脂肪酸、氧化脂质和谷胱甘肽来应对氧化胁迫。腺毛中存在着不同的代谢机制，可增加异戊二烯途径的前体物供应，特别是枸橼酸-苹果酸穿梭提供了胞质乙酰辅酶 A 和质体糖酵解及苹果酸酶，由此促进了质体丙酮酸的形成。同时，该研究也提出了使腺毛达到高代谢生产率的途径。

挥发性成分是植物特异组织产生的特殊代谢物，在植物与环境的互作中发挥重要的生态作用，如吸引传粉者和保护植物免受食草动物/真菌攻击的功能。Wei 等[49]采用固相微萃取与气相色谱-质谱联用技术(SPMC-GC-MC)对黄瓜 23 个组织中 85 种挥发性化学物质(包括 36 种挥发性萜烯)进行了定量分析，并对黄瓜组织中相关基因的转录表达进行了定量监测；这是首次有关单株植物体内各种组织的整体挥发性图谱的研究，为进一步阐明植物挥发性代谢物生物合成途径建立一个标准工作流程。

## 四、广泛靶向代谢组

代谢组学按照监测的代谢物范围或研究策略，可分为非靶向代谢组和靶向代谢组两类。这两种方式各有优劣，非靶向代谢组监测的代谢物范围广，体现整体性和全域性概念，但与此对应的，则会导致监测代谢物的丰度低，对痕量代谢物的检测能力有限，容易出现假阳性现象；而靶向代谢组(定量代谢组)则针对特定代谢物进行定量分析，其监测限值低，可实现痕量代谢物的准确监测，但其对标准品具有一定要求。实际研究中，多将二者结合起来使用，先基于非靶向代谢组筛选关键代谢物、定位重要代谢通路，再基于靶向代谢组进行精准验证。但这依然可能导致对某些痕量代谢物的监测盲区，而这些痕量代谢物往往具有重要的生物学功能。近年来，华中农业大学罗杰教授团队提出了广泛靶向代谢组学的概念，该方法整合了非靶向代谢组与靶向代谢组学的优势，基于大量的标准对照品，建立了近 2000 个黄酮、萜类、脂质等重要次生代谢物的质谱数据库，有效实现了痕量代谢物的高灵敏度、高通量的靶向定性定量分析。同时，该团队充分利用华中农业大学在水稻、玉米等作物种质资源方面的材料优势，紧密结合 QTL 定位、全基因组关联分析(GWAS)等分子生物学方法，实现了作物次生代谢产物生物合成及调控机理的深入研究；近年来，在 *Cell*[48]、*PNAS*[58]、*Nature Genetics*[59]、*Nature*

*Communications*[15]等国际知名期刊发表的一系列研究论文，成为代谢组学与基因组学整合分析在作物育种中应用的典型范例。

如 2013 年发表于 *PNAS* 的论文 *Genetic analysis of the metabolome exemplified using a rice population*[58]，即是利用‘珍汕 97’(ZS97)和‘明恢 63’(MH63)作为亲本构建的 210 份水稻重组自交系(RIL)；通过广泛靶向代谢组学，建立了水稻抽穗期旗叶和萌发后 72 h 发芽种子的代谢谱，并结合重测序信息开展了水稻人工群体代谢数量位点(mQTL)研究。该研究应用 LC-ESI-MS/MS 构建的广泛靶向代谢谱，分别从水稻抽穗期旗叶和萌发后 72h 发芽种子检测到 683 种和 317 种代谢物，其中有 100 种代谢物同时分布在两个组织中。同时，对不同组织样本进行了 mQTL 定位，对上述代谢产物进行了遗传连锁分析，揭示了不同组织代谢物积累差异，并解析了其分子遗传基础。他们进一步结合转录组信息及生物信息学分析，筛选到了与各种代谢物数量性状位点关系密切的 24 个候选基因，其中包括调控重要农艺性状和生命活动规律的基因，并对其进行了功能验证。该项研究为阐释植物代谢可塑性建立了有力的鉴定方法，提供了大量的高质量数据，提升了人们对基因组和植物表型关联的认识。

## 五、同位素标记代谢组

同位素标记代谢组属于代谢流组学(动态)范畴，也可定义为 $^{13}$C 代谢通量分析($^{13}$C metabolic flux analysis, $^{13}$C-MFA)，其建立在利用稳定 $^{13}$C 同位素标记底物的基础上，可实现代谢途径中代谢物分布变化的精确示踪。$^{13}$C 代谢组学分析的关键步骤包括：①代谢模型的构建及标记底物选择；②标记试验获得 $^{13}$C 代谢流数据；③代谢流通量计算及拟合度检验；④$^{13}$C 代谢流结果的可视化分析；⑤有效信息的提取和生物学意义阐释[60]。早期代谢流分析主要在大肠杆菌等体系中应用，以提高其代谢工程效率；目前，$^{13}$C 代谢流分析已运用在胞内代谢途径的鉴别、评估以及生物过程中细胞代谢变化和产物高产的代谢机理研究等诸多方面[61]。$^{13}$C 标记的葡萄糖常被运用在代谢通量组学的研究中，$^{13}$C-谷氨酰胺、$^{13}$C-乳酸、$^{13}$C-丙酸酯及 $^{13}$C-丙三醇等标记化合物底物在通量组学的研究中也有广泛应用[62]。

丹参迷迭香酸(RA)和紫草酸 B(LAB)具有显著生物活性，Di 等[63]以 $^{13}$C-苯丙氨酸示踪法探究了丹参须根中酚酸代谢来源及生物合成途径，明确了 RA 和 LAB 的生物合成途径是优化丹参中重要酚类化合物产生的必要前提。研究人员取丹参新鲜须根于培养基上培养 20 天后，更换为含 $^{13}C_6$-L-苯丙氨酸(苯环上 6 个碳被 $^{13}$C 标记)的培养液中继续培养；以另外两组分别含有普通 L-苯丙氨酸和超纯水的培养液作为对照，在 24h 内进行时序性取样 8 次。基于 UPLC Q TOF-MS 代谢物动态监测，阐述了丹参中酚酸的代谢来源及其合成途径。该研究拓展了对丹参苯丙烷代谢途径的认识，关键酶候选基因的确定为利用代谢工程提高酚酸产量奠定了基础。

定量代谢组学(quantitative metabolomics, QM)基于同位素内标法，实现生化标记物的绝对定量，是阐析植物复杂抗逆代谢响应机制的有力工具。但 QM 检测范围窄、同位素标准品成本高，因而使得 QM 的应用受到一定限制。Li 等[64]开发了一种简单、有效、廉价的代谢物标记方法，大大提高了 $^{13}C$ 标记代谢物的有效性。研究者基于 LC-MS/MS 平台，建立了 271 种在非生物胁迫中具有重要功能代谢物的 QM 方法，并开发了一种新的代谢标记方法，该方法利用大肠杆菌-酵母菌两步培养，生成了可作为内标的 $^{13}C$ 标记代谢物。

## 六、辅酶因子代谢组

植物细胞含有大量的辅酶因子，如叶酸、硫胺素、核黄素等代谢产物，它们在次生代谢调控通路中发挥着辅酶功能，可实现化学基团在不同酶上的转移，对蛋白酶表达具有重要调控作用；关注这一类辅酶代谢物群体的代谢组学，被称为辅酶因子代谢组学(cofactome)。大量辅酶因子的结构清楚，具有成熟的商业化标准品销售，结合高灵敏度质谱分析技术，可对其进行准确、高通量的监测；辅酶因子组学或将成为未来代谢组学发展的新热点[61]。Hayden 等[65]通过辅酶因子组学分析，提出了通过碳代谢流向调控，促进燕麦油脂合成，从而提高生物燃料产量的新思路。该研究采用 454 焦磷酸测序及订制基因芯片技术，对含油量不同的两个燕麦品种的胚乳发育进程进行了基因表达轮廓分析，揭示了燕麦淀粉和油脂中碳分配的分子机理。比较转录组学分析与代谢轮廓分析结果显示，能量代谢与碳分配途径间存在密切关联，随着燕麦能量代谢需求的增加，其籽粒中对应当量的油脂含量降低。他们进一步扩展研究了辅酶因子代谢及其与碳分配的调控网络关系，研究结果表明，上调辅酶因子供应(辅酶因子组)，可提高碳池容量，从而提高油脂和储藏蛋白含量。该研究揭示了辅酶因子组与碳分配间的密切关系，提供了一种将淀粉转为油脂的生物技术途径。

## 七、双代谢组

植物受到病原菌刺激，一方面可诱导生成次生代谢产物(如大豆抗毒素)，实现植物化学防御功能[66]；另一方面，微生物自身也存在代谢响应，其在与植物互作进程中，也可产生一系列代谢产物；尤其在微生物种间也存在各种拮抗关系，诸多代谢产物成为这种拮抗作用的媒介，其在植物内生菌研究中多有呈现[67]。此外，植物产生植保素以应对真菌胁迫的同时，病原真菌也对植保素具有一定调控作用，这种由病原菌介导的对植保素结构的修饰作用，被称为植保素的“解毒效应”(detoxification)[68]。这种解毒效应往往导致植保素活性的降低，如水稻中重要的黄酮类植保素樱花素(sakuranetin)，具有较高的抑菌活性；当稻瘟菌(*Pyricularia oryzae*)侵染水稻后，导致樱花素发生解毒效应，其 C7 位脱甲基生成中等活性的柚皮素(naringenin)，C4 或 C7 位发生木糖化反应生成低抑菌活性的樱花亭-4′-*O*-*β*-D-木糖苷和柚皮素-7-*O*-*β*-D-木糖苷，因而降低水稻抗性[69]。

从上述研究中不难看出，“微生物—植物—微生物”之间存在复杂的以代谢产物为媒介的代谢调控关系，区分植物、微生物及其拮抗菌等的代谢群体，是深入阐释其互作机制的关键。为此，Allwood 等[16]提出了“双代谢组学”(dual metabolomics)概念，研究人员以悬浮培养拟南芥与丁香假单胞菌番茄致病变种 *Pst*(*Pseudomonas syringae* pathovar *tomato*)为例，基于植物细胞-病原体共培养方法，通过差速过滤、离心分离植物和病原体细胞；采用傅里叶变换红外光谱(FT-IR)技术，监测逆境条件下宿主和病原体细胞内代谢组(代谢指纹)及其胞外代谢物(代谢足迹)，进而实现了对分离的宿主和病原体同时进行代谢组学分析(即“双代谢组学”)；双代谢组学方法的建立有助于提升人们对植物-微生物互作机制的认识程度。

## 第四节　代谢组学数据库与应用软件

代谢组学数据样本量大、信息复杂，多维数据矩阵内各变量高度相关，传统单变量分析法无法实现数据信息的有效提取。因此，如何从海量数据中挖掘并提炼出各代谢物之间的潜在联系，对获取具有生物学意义的标记代谢物至关重要。代谢组学数据处理一般包括：数据采集、数据预处理(包括解卷积、峰提取、峰对齐、数据归一化)，以及化学计量学分析等。化学计量学运用数学、统计学、计算机科学以及其他相关学科的理论和方法，优化化学量测过程；通过解析化学测量数据，最大限度地获取有关物质系统的化学信息[70]。模式识别是化学计量学方法中，解决复杂体系归类和标记物搜索问题的主要手段之一。模式识别借助计算机对采集的多维原始数据进行降维、分类及特征选取，这个过程包括非监督和有监督两种模式[71]；其中，非监督模式识别是根据数据本身的属性来判别样本是否属于不同的类型，如主成分分析和系统聚类分析(HCA)。有监督的模式识别，则是对已知类别的样本构建模型，再通过模型置换检验判断所建立模型的准确性；常用方法有偏最小二乘判别法、正交偏最小二乘判别法及稀疏偏最小二乘判别法(SPLS-DA)等。本节将简要介绍代谢组学研究中常用的数据库及重要的数据处理软件。

### 一、代谢组数据预处理软件

在代谢组数据预处理方面，不同的数据采集平台有各自独特数据处理方式和处理软件。NMR 的原始数据预处理相对简单一些，主要包括谱图去噪、溶剂峰消除、调相与基线校正、分段积分、归一化和标准化等步骤。其中，数据归一化和标准化处理是预处理中较为重要的两个处理过程，而且归一化与标准化的方法繁多，选择合适的归一化与标准化方法是解决问题的关键。数据经简单的谱图处理和分段积分后，生成一个原始数据矩阵，归一化是对数据矩阵的行操作，意义在于消除仪器稳定性、灵敏度及个体差异等因素对分析结果的干扰。标准化是对数据矩阵的列操作，意义在于突出与生物信息相关的信号，同时削弱干扰信号(噪声)的影响，使得样本与样本之间更具可比性。最常用的是 min-max 标准化和 z-score 标准化。对同一代谢组数据集使用不同的数据预处理方法，其分析结果也会有差异，因此，需要根据生物样品特性、试验目的等因素来选择恰当的数据预处理方法。原始数据的处理软件有很多，除了仪器开发商开发的软件外，也有一些商业化的数据处理软件，如 Mnova 核磁谱图处理软件，该软件可以处理 Bruker、Varian、JEOL、Gemini、Siemens、Nuts 等核磁数据。

相对于 NMR，色谱质谱联用所获得的原始数据，其处理更加复杂。通常，一套原始的色谱质谱联用代谢组学数据，其处理步骤主要包括：滤噪、色谱解析、峰检测、色谱匹配、化合物定性、定量等。相关软件也是多种多样，包括 IST GCMS、Waters MarkerLynx、Agilent MassHuner 及 AB MarkerView 等仪器供应商开发的软件，也有独立于色谱仪器的商业化处理软件，如 XCMS、AMDIS、AnalyzerProy 及 Targetfinder 等。其中，仪器供应商开发的处理软件，可对其对应仪器产生的原始数据进行直接处理，而其他软件则需要将色谱信号转换为可供读取的数据格式，如 CDF、NetCDF、CSV、AIA 和 mzData 等。

由于组学数据中的量纲和浓度可能差别较大，有的甚至达几个数量级，采用这种未经修饰的数据进行多变量分析时，响应较高的信号容易被凸显出来，而掩盖一些响应低却非常重要的信号，因而，后期模型的建立以及特异性生物标记的筛选将受到影响。为克服这种量纲和浓度差异对数据处理结果的影响，需要对原始数据进行标度换算或加权处理。数据标度换算的方式有多种，包括中心化转化(mean center scaling)、自适换算(unit variance scaling)和帕雷托换算(Pareto scaling)等[72]。采用标度换算可以通过赋予所有变量相同的权重来减少样本间的数据差异，标度换算的工具包括 SPSS、MetaboAnalyst、Mass Profiler Professional、SIMCA-P 等。

## 二、代谢组模式识别方法

高通量、高分辨的分析仪器在获取生物样品中更丰富、更准确的代谢信息的同时，也给后续数据分析带来了巨大的挑战。通常，生物样品的代谢轮廓数据具有很高的维数，而且数据点之间存在严重共线性，因此，通常需要采用相应的多变量统计分析方法来降低数据的维数和消除共线性，并提取出有用的生物信息。模式识别技术可以实现数据的降维，从而获得更加准确直观的结果，它是一种建立在传统统计学方法之上的模型判别技术，主要包括非监督方法和有监督方法两大类。

非监督方法包括主成分分析、非线性映射和聚类分析等。其中，主成分分析是一种古老的多变量统计分析技术,其主要思想是在数据信息损失最少的原则下，通过线性投影将原来的多维变量转换成一组新的正交变量。在对代谢组学数据进行分析时，主成分分析可以将原始数据中高维变量空间压缩成若干个主成分空间来代表总体数据[73]。有监督方法主要包括：簇类独立软模式法(SIMCA)、偏最小二乘法(PLS)，偏最小二乘判别分析(PLS-DA)、正交偏最小二乘判别分析(OPLS-DA)、人工神经元网络(ANN)、贝叶斯概率论方法(BPA)和线性判别法(LDA)等。不同的建模方法适用于不同的研究对象，PLS 是代谢组数据处理中最常用的方法之一，该方法运用偏最小二乘原理，因此对于大量数据而言，不能要求其拟合函数的偏差严格为零，但为了使近似曲线尽量反映数据点的变化规律，应保证其偏差平方和最小。采用该方法可以最大程度地反映两组数据之间的差异[74]。正交投影偏最小二乘判别分析，是 PLS 的改进方法，通过正交信号校正技术滤掉与类别判断不相关的变量信息，只保留与类别判断有关的变量，从而使判别分析集中在这些与类别判断相关的变量信息上，提高了模型判别的准确性[75]。等效于从原始数据中去除了额外的影响因素，因此适合用于易受环境因素影响的分析，如常受到研究对象的性别、饮食以及其他环境因素等影响的研究中。但是，PLS 和 OPLS 对模型的预测能力并无本质差异，PLS 主要通过自身主成分的提取来弥补结构噪声的影响，而 OPLS 则可去除与 $\boldsymbol{Y}$ 矩阵无关的 $\boldsymbol{X}$ 矩阵的变化，消除模型的结构噪声，从而使对照组与处理组的差异达最大。但是，值得一提的是，只有通过检验的 PLS 模型才能采用 OPLS-DA 模型进行区分，且仅用于寻找引起模型差异的代谢物。若 PLS 模型没有通过检验，虽然可以获取完全区分的两组数据，但其寻找到的代谢物可能并不具有生物学意义[76]。

目前，SIMCA-P、Multi Experiment Viewer version、Origin、SPSS 和 MATLAB 等较成熟的多元统计分析软件，均可用于模式判别分析。其中，由 Umetrics 公司研发的 SIMCA-P(http://umetrics.com/products/simca)软件，是目前公认的多元变量统计分析软件之一，被绝大多数代谢组服务提供商所采用。SPSS 是世界上最早也是最著名的统计分析软件之一，其在自然科学和社会科学的多个领域均有广泛应用；它可以对数据进行管理和分析，以命令行的方式进行操作。MATLAB 是一种用于数值计算、可视化及编程的高级语言，其具有交互式环境，可提供算法源码和二次开发接口，用户也可以自行导入和编写相关的算法程序。尽管这些分析软件功能强大，但仍然存在不足。例如，SIMCA-P、SPSS 和 MATLAB 属于商业软件，需要收费，SPSS 虽然数据分析功能强大，但是可视化效果不佳，而 MATLAB 则需要有一定的程序语言基础。此外，代谢组学数据的分析，除了多元变量统计分析，还有原始数据前处理、数据处理、单变量统计分析等；很显然，单一的统计软件并不能满足一个完整代谢组数据处理的需求。而另一些代谢组数据处理、统计分析与可视化的开源软件工具能够很好地综合各种分析功能，并整合多种数据库，能够更大程度地满足数据分析的需求，如 XCMS 和 MetaboAnalyst。

2006 年发布的 XCMS，是基于 R 语言开发的用于 LC-MS 数据处理分析的软件[77]，其主要用于 LC MS raw files 数据的预处理，包括保留时间校正、数据过滤、峰识别、峰提取等。此外，XCMS 也可以整合其他的 R 包，如 ggplot2、prcomp、heatmap2、muma，进行多变量统计分析、聚类分析及个性化绘图等。XCMS Online(https://xcmsonline.scripps.edu)则是 XCMS 的网页版本[78, 79]，其不需要 R 语言编程，支持多种实验方案数据的分析，可进行单变量分析和 PCA 分析，结果包括 TIC 前处理图表、PCA、热图等。值得注意的是，XCMS Online 是由开发 METLIN 数据库的美国斯克里普斯研究院开发，因此其整合了 METLIN 数据库，能够使代谢物定性与 METLIN 数据库无缝连接，网页界面也与 METLIN 数据库非常相似。此外，XCMS Online 还可进行通路分析，同时还整合了蛋白数据和基因数据。

MetaboAnalyst 是 2009 年发布的一款代谢组学分析软件[80, 81]，是一款使用率很高的在线工具，目前版本为 4.0。MetaboAnalyst 支持多种平台的数据(NMR、GC-MS、LC-MS 等)，总共包括五大类 12 个功能模块：靶向和非靶向代谢组分析模块、靶向或注释的代谢组学分析模块(代谢通路分析与富集分析)、非靶向代谢组分析模块、多元代谢组分析模块和多组学关联分析模块。有别于其他代谢组学数据分析软件，MetaboAnalyst 可进行代谢通路分析、富集分析、生物标记物分析(ROC 曲线)、临床研究的功效分析和样本量估算、基因表达数据的代谢通路整合分析等。但该工具不能处理原始数据，只能对经过预处理的数据进行分析。因此，可以结合 XCMS 使用，先采用 XCMS 对原始数据进行预处理，再使用 Metabo Analyst 进行统计分析、代谢通路分析及其他高级分析。

## 参 考 文 献

[1] 漆小泉, 王玉兰, 陈晓亚. 植物代谢组学:方法与应用. 北京. 化学工业出版社, 2011.

[2] Bennett M J. Plant systems biology: network matters. Plant Cell & Environment, 2015, 34(4): 535-553.

[3] Terryn N. Plant genomics. FEBS Letters, 1999, 452(1-2): 3.

[4] Kersten B, Bürkle L, Kuhn E J, et al. Large-scale plant proteomics. Plant Molecular Biology, 2002, 48(1-2): 133-141.

[5] Fiehn O. Metabolomics — the link between genotypes and phenotypes. Plant Molecular Biology, 2002, 48(1-2): 155-171.

[6] Devaux P G, Horning M G, Horning E C. Benzyloxime derivatives of steroids. A new metabolic profile procedure for human urinary steroids human urinary steroids. Analytical Letters, 1971, 4(3):

151-160.
[7] Nicholson J K, Lindon J C, Holmes E. 'Metabonomics': understanding the metabolic responses of living systems to pathophysiological stimuli via multivariate statistical analysis of biological NMR spectroscopic data. Xenobiotica, 1999, 29(11): 1181-1189.
[8] Fiehn O, Kopka J, Dörmann P, et al. Metabolite profiling for plant functional genomics. Nature Biotechnology, 2000, 18(11): 1157-1161.
[9] 许国旺, 路鑫, 杨胜利. 代谢组学研究进展. 中国医学科学院学报, 2007, 29(6): 701-711.
[10] 高振, 熊强, 徐晴,等. 代谢通量分析在酶合成过程中的应用研究进展. 化工进展, 2013, 32(7): 1625-1628.
[11] Saffer A M, Irish V F. Flavonol rhamnosylation indirectly modifies the cell wall defects of *RHAMNOSE BIOSYNTHESIS1* mutants by altering rhamnose flux. The Plant Journal, 2018, 94(4): 649-660.
[12] Gill U S, Uppalapati S R, Gallego-Giraldo L, et al. Metabolic flux towards the (iso)flavonoid pathway in lignin modified alfalfa lines induces resistance against *Fusarium oxysporum* f. sp. medicaginis. Plant, Cell and Environment, 2018, 41(9): 1997-2007.
[13] Doerr A. Global metabolomics. Nature Methods, 2016, 14(1): 32.
[14] 贾伟, 敖平, 王晓艳. 代谢组学:系统生物医学的关键角色. 科学, 2012, 64(6): 12-15.
[15] Peng M, Shahzad R, Gul A, et al. Differentially evolved glucosyltransferases determine natural variation of rice flavone accumulation and UV-tolerance. Nature Communications, 2017, 8(1): 1975.
[16] Allwood J W, Clarke A, Goodacre R, et al. Dual metabolomics: a novel approach to understanding plant-pathogen interactions. Phytochemistry, 2010, 71(5): 590-597.
[17] Zhang A, Sun H, Wang P, et al. Modern analytical techniques in metabolomics analysis. Analyst, 2012, 137(2): 293-300.
[18] Ma Y, Zhang P, Yang Y, et al. Metabolomics in the fields of oncology: a review of recent research. Molecular Biology Reports, 2012, 39(7): 7505-7511.
[19] Dunn W B, Bailey N J, Johnson H E. Measuring the metabolome: current analytical technologies. Analyst, 2005, 130(5): 606-625.
[20] Dunn W B, Ellis D I. Metabolomics: current analytical platforms and methodologies. Trends in Analytical Chemistry, 2005, 24(4): 285-294.
[21] Theodoridis G, Gika H G, Wilson I D. LC-MS-based methodology for global metabolite profiling in metabonomics/metabolomics. TRAC Trends in Analytical Chemistry, 2008, 27(3): 251-260.
[22] Smolinska A, Blanchet L, Buydens L M, et al. NMR and pattern recognition methods in metabolomics: from data acquisition to biomarker discovery: a review. Analytica Chimica Acta, 2012, 750(11): 82-97.
[23] 刘江, 陈兴福, 邹元锋. 基于中药指纹图谱多维信息的化学模式识别研究进展. 中国中药杂志, 2012, 37(8): 1081-1088.
[24] Kutyniok M, Müller C. Crosstalk between above- and belowground herbivores is mediated by minute metabolic responses of the host *Arabidopsis thaliana*. Journal of Experimental Botany, 2012, 63(17): 6199-6210.

[25] Kuhlisch C, Pohnert G. Metabolomics in chemical ecology. Natural Product Reports, 2015, 32(7): 937-955.

[26] Hofmann J, Ashry A E N E, Anwar S, et al. Metabolic profiling reveals local and systemic responses of host plants to nematode parasitism. The Plant Journal, 2010, 62(6): 1058-1071.

[27] Kutyniok M, Müller C. Plant-mediated interactions between shoot-feeding aphids and root-feeding nematodes depend on nitrate fertilization. Oecologia, 2013, 173(4): 1367-1377.

[28] Kim S G, Yon F, Gaquerel E, et al. Tissue specific diurnal rhythms of metabolites and their regulation during herbivore attack in a native tobacco, Nicotiana Attenuata. PLoS One, 2011, 6(10): e26214.

[29] Stitz M, Baldwin I T, Gaquerel E. Diverting the flux of the JA pathway in *Nicotiana attenuata* compromises the plant's defense metabolism and fitness in nature and glasshouse. PLoS One, 2011, 6(10): e25925.

[30] Gaquerel E, Kotkar H, Onkokesung N, et al. Silencing an *N*-acyltransferase-like involved in lignin biosynthesis in nicotiana attenuata dramatically alters herbivory-induced phenolamide metabolism. PLoS One, 2013, 8(5): e62336.

[31] Onkokesung N, Gaquerel E, Kotkar H, et al. MYB8 controls inducible phenolamide levels by activating three novel hydroxycinnamoyl-coenzyme A:polyamine transferases in *Nicotiana attenuata*. Plant Physiology, 2012, 158(1): 389-407.

[32] Lee K, Pan J J, May G. Endophytic Fusarium verticillioides reduces disease severity caused by *Ustilago maydis* on maize. Fems Microbiology Letters, 2009, 299(1): 31-37.

[33] Estrada A E R, Hegeman A, Kistler H C, et al. *In vitro* interactions between *Fusarium verticillioides* and *Ustilago maydis* through real-time PCR and metabolic profiling. Fungal Genetics & Biology, 2011, 48(9): 874-885.

[34] Jonkers W, Estrada A E R, Lee K, et al. Metabolome and transcriptome of the interaction between *Ustilago maydis* and *Fusarium verticillioides in vitro*. Applied & Environmental Microbiology, 2012, 78(10): 3656-3667.

[35] Gómez S, Steinbrenner A D, Osorio S, et al. From shoots to roots: transport and metabolic changes in tomato after simulated feeding by a specialist lepidopteran. Entomologia Experimentalis, 2012, 144(1): 101-111.

[36] Steinbrenner A D, Gómez S, Osorio S, et al. Herbivore-induced changes in tomato (*Solanum lycopersicum*) primary metabolism: a whole plant perspective. Journal of Chemical Ecology, 2011, 37(12): 1294-1303.

[37] Combès A, Ndoye I, Bance C, et al. Chemical communication between the endophytic fungus paraconiothyrium variabile and the phytopathogen *Fusarium oxysporum*. PLoS One, 2012, 7(10): e47313.

[38] Scognamiglio M, Fiumano V, D'Abrosca B, et al. Chemical interactions between plants in Mediterranean vegetation: the influence of selected plant extracts on *Aegilops geniculata* metabolome. Phytochemistry, 2014, 106: 69-85.

[39] Schweiger R, Baier M C, Persicke M, et al. High specificity in plant leaf metabolic responses to arbuscular mycorrhiza. Nature Communications, 2014, 5: 3886.

[40] Bersanelli M, Mosca E, Remondini D, et al. Methods for the integration of multi-omics data: mathematical aspects. BMC Bioinformatics, 2016, 17(2): S15.

[41] Suravajhala P, Kogelman L J A, Kadarmideen H N. Multi-omic data integration and analysis using systems genomics approaches: methods and applications in animal production, health and welfare. Genetics Selection Evolution, 2016, 48(1): 38.

[42] Großkinsky D K, Syaifullah S J, Roitsch T. Integration of multi-omics techniques and physiological phenotyping within a holistic phenomics approach to study senescence in model and crop plants. Journal of Experimental Botany, 2018, 69(4): 825-844.

[43] Stefania S, Wong D C J, Panagiotis A, et al. Transcriptome and metabolite profiling reveals that prolonged drought modulates the phenylpropanoid and terpenoid pathway in white grapes (*Vitis vinifera* L.). BMC Plant Biology, 2016, 16(1): 67.

[44] Amar D, Safer H, Shamir R. Dissection of regulatory networks that are altered in disease via differential co-expression. PLoS Computational Biology, 2013, 9(3): e1002955.

[45] Zhang L, Chen J, Zhou X, et al. Dynamic metabolic and transcriptomic profiling of methyl jasmonate-treated hairy roots reveals synthetic characters and regulators of lignan biosynthesis in *Isatis indigotica* Fort. Plant Biotechnology Journal, 2016, 14(12): 2217.

[46] Lou Q, Liu Y, Qi Y, et al. Transcriptome sequencing and metabolite analysis reveals the role of delphinidin metabolism in flower colour in grape hyacinth. Journal of Experimental Botany, 2014, 65(12): 3157.

[47] Tieman D, Zhu G T, Resende R M Jr, et al. A chemical genetic roadmap to improved tomato flavor. Science, 2017, 355(6323): 391.

[48] Zhu G, Wang S, Huang Z, et al. Rewiring of the fruit metabolome in tomato breeding. Cell, 2018, 172(1): 249-261.

[49] Wei G, Tian P, Zhang F, et al. Integrative analyses of nontargeted volatile profiling and transcriptome data provide molecular insight into VOC diversity in cucumber plants (*Cucumis sativus*). Plant Physiology, 2016, 172(1): 603-618.

[50] Liu Q, Wang X, Tzin V, et al. Combined transcriptome and metabolome analyses to understand the dynamic responses of rice plants to attack by the rice stem borer *Chilo suppressalis* (*Lepidoptera*: *Crambidae*). BMC Plant Biology, 2016, 16(1): 259.

[51] Krueger S, Steinhauser D, Lisec J, et al. Analysis of subcellular metabolite distributions within *Arabidopsis thaliana* leaf tissue: a primer for subcellular metabolomics //Sanchez-Serrano J J, Salinas J. Arabidopsis Protocols. Totowa, NJ: Humana Press, 2014: 575-596.

[52] Hoermiller I I, Naegele T, Augustin H, et al. Subcellular reprogramming of metabolism during cold acclimation in *Arabidopsis thaliana*. Plant, Cell & Environment, 2017, 40(5): 602-610.

[53] Benkeblia N, Shinano T, Osaki M. Metabolite profiling and assessment of metabolome compartmentation of soybean leaves using non-aqueous fractionation and GC-MS analysis. Metabolomics, 2007, 3(3): 297-305.

[54] Swenson T L, Jenkins S, Bowen B P, et al. Untargeted soil metabolomics methods for analysis of extractable organic matter. Soil Biology and Biochemistry, 2015, 80: 189-198.

[55] Sugiyama A, Yamazaki Y, Hamamoto S, et al. Synthesis and secretion of isoflavones by field-

grown soybean. Plant and Cell Physiology, 2017, 58(9): 1594-1600.
[56] Brechenmacher L, Lei Z, Libault M, et al. Soybean metabolites regulated in root hairs in response to the symbiotic bacterium *Bradyrhizobium japonicum*. Plant Physiol, 2010, 153(4): 1808-1822.
[57] Balcke G U, Bennewitz S, Bergau N, et al. Multi-omics of tomato glandular trichomes reveals distinct features of central carbon metabolism supporting high productivity of specialized metabolites. Plant Cell, 2017, 29(5): 960-983.
[58] Gong L, Chen W, Gao Y, et al. Genetic analysis of the metabolome exemplified using a rice population. Proceedings of the National Academy of Sciences, 2013, 110(50): 20320-20325.
[59] Chen W, Gao Y, Xie W, et al. Genome-wide association analyses provide genetic and biochemical insights into natural variation in rice metabolism. Nature Genetics, 2014, 46(2): 714-721.
[60] 黄明志, 鲁洪中, 林佳. 生物过程代谢组学与代谢流测定. 生物产业技术, 2018, 1: 68-73.
[61] 张凤霞, 王国栋. 植物代谢组学应用研究——现状与展望. 中国农业科技导报, 2013, 15(2): 28-32.
[62] Jain M, Nilsson R, Sharma S, et al. Metabolite profiling identifies a key role for glycine in rapid cancer cell proliferation. Science, 2012, 336(6084): 1040-1044.
[63] Di P, Zhang L, Chen J, et al. 13C tracer reveals phenolic acids biosynthesis in hairy root cultures of *Salvia miltiorrhiza*. ACS Chemical Biology, 2013, 8(7): 1537-1548.
[64] Li K, Wang X, Pidatala V R, et al. Novel quantitative metabolomic approach for the study of stress responses of plant root metabolism. Journal of Proteome Research, 2014, 13(12): 5879-5887.
[65] Hayden D M, Rolletschek H, Borisjuk L, et al. Cofactome analyses reveal enhanced flux of carbon into oil for potential biofuel production. The Plant Journal, 2011, 67(6): 1018-1028.
[66] Uchida K, Akashi T, Aoki T. The missing link in leguminous pterocarpan biosynthesis is a dirigent domain-containing protein with isoflavanol dehydratase activity. Plant Cell Physiol, 2017, 58(2): 398-408.
[67] Vallet M, Vanbellingen Q P, Fu T, et al. An integrative approach to decipher the chemical antagonism between the competing endophytes *Paraconiothyrium variabile* and *Bacillus subtilis*. Journal of Natural Products, 2017, 80(11): 2863-2873.
[68] Katsumata S, Hamana K, Horie K, et al. Identification of sternbin and naringenin as detoxified metabolites from the rice flavanone phytoalexin sakuranetin by *Pyricularia oryzae*. Chemistry & Biodiversity, 2017, 14(2): e1600240.
[69] Katsumata S, Toshima H, Hasegawa M. Xylosylated detoxification of the rice flavonoid phytoalexin sakuranetin by the rice sheath blight fungus *Rhizoctonia solani*. Molecules, 2018, 23(2): 276.
[70] 韩胜男, 张晓杭, 周培培, 等. 化学计量学在中药组效关系研究中的应用进展. 中国中药杂志, 2014, 39(14): 2595-2602.
[71] Eriksson L, Antti H, Gottfries J, et al. Using chemometrics for navigating in the large data sets of genomics, proteomics, and metabonomics (gpm). Analytical & Bioanalytical Chemistry, 2004, 380(3): 419-429.
[72] Noda I. Scaling techniques to enhance two-dimensional correlation spectra. Journal of Molecular Structure, 2008, 883(1): 216-227.

[73] Liu B, Shen X, Pan W. Integrative and regularized principal component analysis of multiple sources of data. Statistics in Medicine, 2016, 35(13): 2235-2250.
[74] 柯朝甫, 武晓岩, 侯艳, 等. 偏最小二乘判别分析交叉验证在代谢组学数据分析中的应用. 中国卫生统计, 2014, 31(1): 85-87.
[75] Trygg J, Wold S. Orthogonal projections to latent structures (OPLS). Journal of Chemometrics, 2010, 16(3): 119-128.
[76] Westerhuis J A, Velzen E J J V, Hoefsloot H C J, et al. Multivariate paired data analysis: multilevel PLSDA versus OPLSDA. Metabolomics, 2010, 6(1): 119-128.
[77] Smith C A, Want E J, O'Maille G, et al. XCMS: processing mass spectrometry data for metabolite profiling using nonlinear peak alignment, matching, and identification. Analytical Chemistry, 2006, 78(3): 779-787.
[78] Gowda H, Ivanisevic J, Johnson C H, et al. Interactive XCMS online: simplifying advanced metabolomic data processing and subsequent statistical analyses. Analytical Chemistry, 2014, 86(14): 6931-6939.
[79] Tautenhahn R, Patti G J, Rinehart D, et al. XCMS online: a web-based platform to process untargeted metabolomic data. Analytical Chemistry, 2012, 84(11): 5035-5039.
[80] Chong J, Soufan O, Li C, et al. Metabo-analyst 4.0: towards more transpa rent and integrative metabolomics analysis. Nucleic Acids Research, 2018, 46(w1): W484-W494.
[81] Xia J, Wishart D S. Using MetaboAnalyst 3.0 for comprehensive metabolomics data analysis. Current Protocols in Bioinformatics, 2016, 55: 14. 10.1-14.10.91.

# 第八章　植物化学生态学研究方法

植物化学生态学研究与化学分析方法的发展密切相关。近年来，随着研究的深入扩展，更多其他学科的方法手段在化学生态学研究中也有所体现，尤其是色谱-质谱联用、核磁共振、电镜分析、质构分析等理化方法，以及遗传转化、分子对接等分子生物学方法的应用，为作物化学生态学研究注入了新的动能，在分子机理阐释方面发挥了重要作用，体现出交叉学科研究的方法学优势。本章将重点介绍近年来在化学生态学研究中所采用的新方法及其原理与应用案例。

## 第一节　色谱-质谱联用技术

### 一、色谱原理

色谱分析被广泛应用于混合物组分的分离，其原理是当不同的两相做相对运动时，混合物中各组分由于其在两相中溶解、分配、吸附等作用的差异而达到相互分离的目的(图 8-1)。各类色谱技术不断发展创新，但其核心的分离原理并未改变，被分离的组分都是在两相间进行分离。固定相是具有极大表面积的静止物质，而流动相则是通过或者沿着静相的表面流动的物质。静相可以是固体或液体(液体附着于惰性支持剂上)；动相可以是液体或气体。按两相状态可分为以气体作为流动相的色谱法——气相色谱法(gas chromatography, GC)，以液体作为流动相的色谱法——液相色谱法(liquid chromatography, LC)；依据固定相在色谱分离系统中存在的形态可分为柱色谱法(填充柱色谱法、开放柱色谱法)、平面色谱法(纸色谱法、薄层色谱法)等。

现代作物化学生态学研究中使用较为普遍的色谱方法为高效液相色谱(HPLC)及气相色谱，其中尤其以超高效液相色谱(UPLC)在系统生物学研究中具有突出优势。UPLC 借助 HPLC 的理论及原理，涵盖小颗粒填料、低系统体积及快速检测手段等全新技术，增加分析通量、灵敏度及色谱峰容量。与传统的 HPLC 相比，UPLC 的速度、灵敏度及分离度是 HPLC 的数倍；代谢组、蛋白组学分析的样本量极大，需要在短时间分析成千上万的样品，UPLC 不损失分离度的高速度优点得以突显。

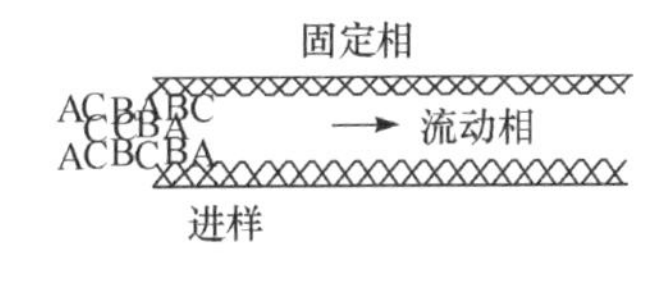

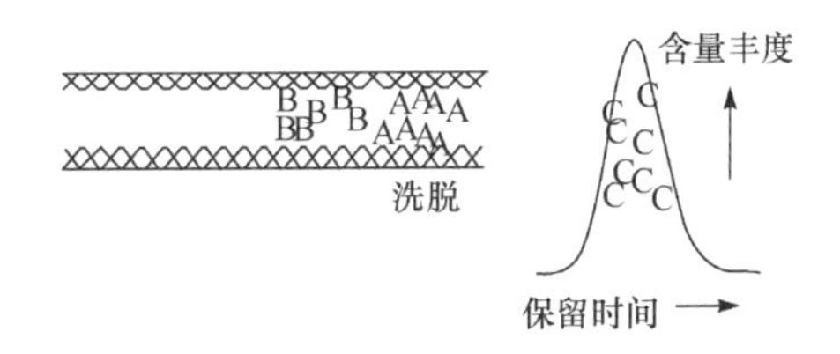


图 8-1　色谱分离原理

## 二、质谱原理

质谱仪是一种极佳的定性鉴定工具，主要由离子源(将样品电离为离子)、质量分析器(区分不同质荷比的离子)、检测器(获得质谱图)和真空系统构成(图 8-2)。根据样品被离子化后得到的不同离子在电场或磁场内运动行为的差异，得到不同质荷比的离子信息。基于质谱信息，可得到样品的定性定量结果。质谱仪类别繁多，各类别之间存在交叉，但可按照离子源和质量分析器加以区分。按照质量分析器不同，可分为四极杆质谱仪、飞行时间质谱仪、离子阱质谱仪、傅里叶变换质谱仪(FT-MS)等。按照使用特点区分可分为液相色谱-质谱联用仪、气相色谱-质谱联用仪、傅里叶变换质谱仪等。

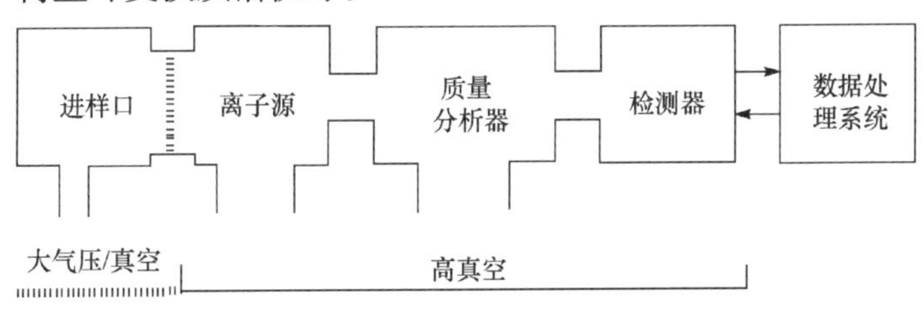


图 8-2　质谱仪基本构件

待分析样品经离子源电离后可得到带有样品信息的离子。离子源种类繁多且功能多样，可将多种离子源与同一台质谱仪联合使用。电子轰击电离源(EI)和化学电离源(CI)常与气相串联质谱联用。电喷雾离子化(ESI)、大气压化学电离(APCI)、大气压光电离(APPI)、基质辅助光解吸离子化(MALDI)等，常与液相串联质谱联用。离子源产生的离子经质量分析器可得到按质荷比(*m*/*z*)顺序排列的谱图信息。

质谱仪类型繁多，将不同的或相同的多个质量分析器串联使用，可弥补各自劣势，发挥其优势。常见的质谱仪类型包括：单四极杆质谱仪(Q)、飞行时间质谱仪(TOF)、三重四极杆质谱仪(QqQ)、四极离子阱(QTrap)、四极杆飞行时间串联质谱仪(QTOF)、离子阱-飞行时间质谱仪(Trap TOF)等。

质谱仪具有多种工作(扫描)模式，包括以下几种。

(1) 全扫描模式(full scan)：设定 $m/z$ 范围，采集该范围内所有离子质谱；适用于非靶向代谢组学分析，检测样本总离子流，针对总离子流图进行峰对齐、提取、归一化处理，提供后续统计分析使用的数据集。

(2) 单离子检测扫描(single ion monitoring, SIM)：针对一级质谱，常用于已知化合物检测，为提高离子灵敏度，排除其他离子干扰，只扫描特定离子。

(3) 选择反应检测扫描(selective reaction monitoring, SRM)：针对二级质谱或多级质谱的某两级之间，即母离子选一个离子，碰撞后，从形成的子离子中也只选一个离子。噪声和干扰被排除得更多，灵敏度、信噪比更高，适用于复杂的基质背景高的样品。

(4) 多反应检测扫描(multi reaction monitoring, MRM)：即多个化合物同时测定，类似于多个 SRM 程序。对于靶向代谢组学来说，由于需要对所确定的化合物准确定量，因此通常选择三重四极杆质谱仪做 MRM 分析。

总体上讲，对于未知混合样本的定性分析(非靶向代谢组)，优先考虑全扫描模式；对于筛选确定的需要准确定量监测的代谢物(靶向代谢组)，倾向于采用 SIM 或 SRM/MRM；对于背景基质极度复杂的样本，优先选择 SRM 或 MRM。常规 MRM 定量工作程序：①全扫描找到目标准分子离子峰(母离子)；②二级全扫描，初步优化条件，筛选合适的二级碎片离子(子离子)；③优化 SRM 或 MRM 条件，用所选离子对进行定量分析。不同质谱仪的工作模式各有侧重，简要比较结果如表 8-1 所示。

**表 8-1　质谱仪工作模式比较**

| 质谱仪类型 / 扫描模式 | 单四极杆(Q) | 三重四极杆(QqQ) | 离子阱(Trap) | 飞行时间(TOF) | 离子阱-飞行时间(Trap TOF) |
| --- | --- | --- | --- | --- | --- |
| 一级质谱(MS)全扫描 | 有 | 有 | 有，高灵敏度 | | |
| 二级质谱(MS/MS)全扫描 | 无 | 有 | 有，高灵敏度 | 无 | 有，高灵敏度 |
| $MS_n(n\geqslant3)$ | 无 | 无 | 有 | 无 | 无 |
| 单离子检测扫描(SIM) | 有，高灵敏度 | | 有 | | |
| 选择反应检测扫描(SRM/MRM) | 有，高灵敏度 | | 有 | | |
| 高分辨率 | 无 | 无 | 有(分辨率>5000) | | |

## 三、新型色谱-质谱联用技术

色谱法可实现复杂混合组分的分离，但定性能力有限；质谱具有极佳的定性鉴定功能，但分离能力有限。将二者结合起来，则能发挥各自专长，使分离和鉴定同时进行；以液相/气相色谱-质谱联用为代表的化学分析平台，能够有效实现代谢物群体的分离、定性、定量，目前市场上多数质谱仪都是和气相色谱或液相色谱组成的联用仪器。同时，为了丰富未知物结构信息，增加分析的选择性，各种串联质谱法应运而生，即以各种类型的质谱-质谱联用方式工作。化学生态学研究中，采用了多种新型的色谱-质谱联用技术，本小节简要介绍离子淌度质谱、二维纳升级液相色谱的原理与应用。

### (一) 离子淌度质谱

离子淌度(ion mobility, IM)，又称离子迁移率，是指离子在电场力加速作用下向前运动，在运动中与淌度管内的缓冲惰性气体碰撞并产生阻力，受到的阻力越大，离子在淌度管内的漂移时间越长，每个离子由于漂移时间不同而实现分离。类似液相分离可获得化合物保留时间，通过淌度分离后，可获得每个离子的漂移时间[1]。离子漂移时间长短与离子的质荷比、离子带电荷数目和离子的三维结构密切相关。质荷比越大，漂移时间越长；对于相同质荷比的离子，带电荷数目越少，在淌度管内的漂移时间越长；对于质荷比相同且带电荷数数目相同的离子，结构越舒展，其在淌度管内的漂移时间越长[2]。经软件处理后，可得到离子与淌度管内气体的碰撞截面漂移参数(collision cross section, CCS)。CCS 值为离子的物理常数，相同化合物的 CCS 值不受保留时间和基质影响，因此，CCS 值可作为离子定性参数，用于目标代谢物[3]、蛋白复合物的筛查鉴定[4]。与依赖质荷比分离的质谱不同，离子淌度主要依据离子形态差异进行分离；在高分辨质谱上利用淌度技术，可实现在保留时间、质荷比基础上的另一维分离，即包含液相保留时间、质荷比、漂移参数的三维数据分离(图 8-3)[5]。

近年来，离子淌度在代谢组学[6]、蛋白组学[7]及脂质组学[8]研究中得到了广泛的应用。淌度质谱将离子分离增加了一个维度，不仅可以分离得到更多的离子，而且由于淌度质谱可以将干扰离子与目标物有效分离，使得二级谱图质量更好，提高了化合物鉴定的可信度[9]。尤其对于一些液相上很难分离开的同分异构体，若采用淌度质谱，可将这些三维结构上有差异的同分异构体进行分离并准确鉴定其化学结构[10, 11]。

### (二) 二维纳升级液相色谱

超高效液相色谱的原理是以液体为流动相，具有不同极性的单一溶剂或不同

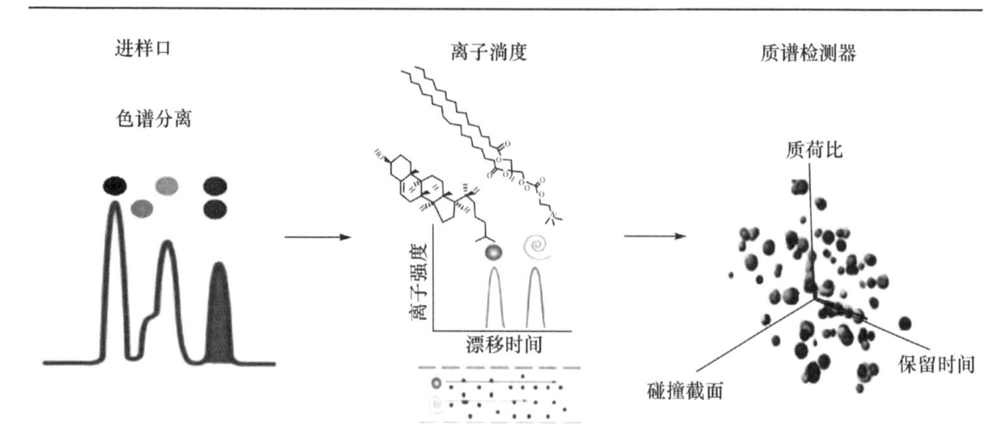


图 8-3　离子淌度质谱三维分离示意图[6]

比例的混合溶剂、缓冲液等流动相在超高压输液系统作用下被泵入装有固定相的色谱柱，样品各成分在柱内被分离后，经检测器检测，实现对试样的高效分离。而纳升级超高效液相色谱(Nano UPLC)则是针对纳升级、毛细管、窄径分离而设计的，目的在于获得最高效色谱分辨率、灵敏度及重现性。Nano UPLC 具有低扩散性特征，使其对紫外、荧光、电喷雾质谱等具有超高的灵敏度，从而有效提升微量样品的定量准确性，并可从样品中获取更全面的数据信息，制备的样品体积更小，成本更低，溶剂消耗更少。上述优点使得 Nano UPLC 在蛋白组学[12]、代谢组学[13]研究应用广泛，是蛋白质组学与生物标志物研究(特别是当样品量非常有限时)的首选系统。

天然产物中通常包含诸多结构类似物，这些代谢物的差异可能仅仅体现在局部官能团的不同，如双键数量、位置，烷基侧链长度等的不同。传统的一维液相色谱系统无法对结构类似的混合物进行充分分离，而二维液相色谱(2D-LC)可将分离机理不同而又相互独立的两支色谱柱串联起来，一次分析便能全面而充分地分离此类混合物(图 8-4)。

2D-LC 组合了两个液相色谱柱，使色谱峰容量成倍增加，在高精度的定量分析工作，如生物制药分析、肽作图以及药物杂质控制分析中使用广泛[15, 16]。2D-LC 可单独使用，也可作为补充技术验证检查分离物，或作为提取样品指纹图谱的高效工具；2D-LC 结合了两种不同的分离方法，在二维平面上分辨复杂的混合物，可实现化合物的快速、高效、全面的分析；2D-LC 与质谱系统连接，将大幅提高检测灵敏度和效率，2D-LC-MS 能够分离同分异构体，降低基质效应[17]。当纳升级液相与二维液相结合，即形成了更加高效的二维纳升级超高效液相色谱(2D-Nano UPLC)，其多与质谱串联使用，大幅提高分析检测的分离度、灵敏度与工作效率，是未来以代谢组学、蛋白组学为代表策略的作物化学生态学研究的重要手段。

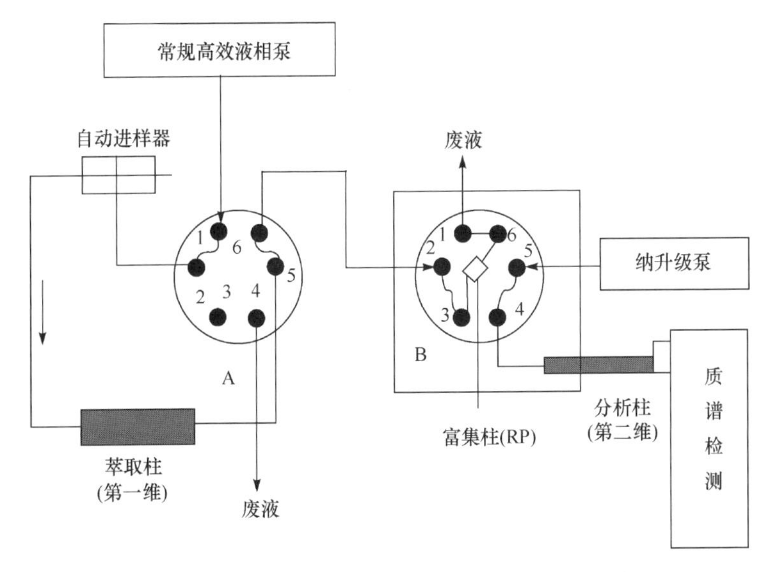


图 8-4　二维纳升级超高效液相色谱-质谱联用系统示意图[14]

# 第二节　核磁共振波谱技术

## 一、核磁共振简介

核磁共振(NMR)是基于具有自旋性质的原子核在核外磁场作用下，吸收射频辐射而产生能级跃迁的波谱技术。NMR 中应用最为广泛的是对自然界丰度极高的氢质子的检测，其产生的核磁共振信号强、易检测，通过软件处理，可实现对完整器官或组织细胞内微量代谢组分的分析，在生物医学领域广泛应用。在天然产物化学研究中，NMR 技术为代谢物及蛋白质结构研究提供了有力证据，尤其是碳谱、氢谱及各类二维 NMR 图谱的联合使用，使得有机物化学结构的定性鉴定更加准确、可靠，这是长期以来高分辨率 NMR 技术应用最成熟的领域[18, 19]。

NMR 按照其采用的磁场强度可分为高场、中场和低场三类，低场 NMR 是指磁场强度在 0.5T 以下的核磁共振，其造价低廉，具有快速无损检测的优势。早在 20 世纪 80 年代，就有基于低场 NMR 技术，通过检测大豆种子的碳谱、氢谱、磷谱，根据上述图谱的局部特征去推测大豆种子的含水量与含油量，其原理是核磁信号衰减速度差异，即弛豫时间不同，通过对自旋-晶格、自旋-自旋弛豫时间($T_1$ 和 $T_2$)的检测，可推算种子出油(或水)的信号强度和油(或水)的质量之间的对应关系，从而可以得出测试样品的含油率(或含水率)[20, 21]。该手段发展至今，已形成了较为实用的标准方法《GB/T 15690—2008 植物油料　含油量测定　连续波低分辨率核磁共振测定法(快速法)》[22]，主要应用于种子质量的快速判断工作中，这可实现对植物种子中部分特征化合物官能团的监测，从而估测种子水分及油分含量。

## 二、定量核磁共振的应用

### (一) 低场 NMR 检测种子含水量[23]

#### 1. 研究背景

大豆种皮具有多种颜色，包括黄色、黑色、绿色、棕色及双色种皮；多数大豆品种为黄色种皮，而深色大豆因其具有潜在的功能活性成分，也越来越受到人们关注[24]。不同种皮颜色大豆具有不同的生理特性，其化学成分也存在差异；深色大豆含有较高的花色苷或其他多种酚类成分，导致其具有更高的生理抗性[25,26]。深色大豆籽粒比浅色大豆坚硬，尤其是种皮的多层硬壳结构以及细胞连续层中的化学成分，成为黑豆抵御水分和氧气侵入的物理屏障[27]。大豆是重要的粮油作物，其种子优劣直接影响大豆生产[28]，但其种子极易老化，随着储存时间延长，种子劣变将不可逆地发生[29]。储藏时间与储藏环境对作物营养和种子质量具有重要影响[30]。已有研究表明，大豆种子化学成分在储藏过程中发生了变化，种子含水量、脂肪含量、可溶性蛋白、多糖、色素以及脂肪氧化酶活性在储藏过程中均呈现下降趋势，而非蛋白质氮、游离脂肪酸含量及过氧化值均呈上升趋势[31]；大豆籽粒储藏过程中这些质量性状的改变直接或间接地影响着豆制品品质[32]。

虽然种子老化是一个极其复杂的课题，但对于种子老化劣变的生理生化及分子机理的研究依然受到广泛的关注。脂质过氧化、遗传损伤以及细胞膜完整性破坏均被证明与种子储藏过程中的老化密切相关；脂膜过氧化与水解作用被认为是种子老化过程中细胞结构损伤的主要因素[33]。毋庸置疑，储藏会导致种子失活和代谢变化，但有关储藏时间对不同种皮颜色大豆影响的研究尚未见报道，本研究即重点关注不同种皮颜色大豆储藏过程中的代谢物、水分变化情况，为大豆种子老化机制的阐释奠定基础。本节内容重点介绍低场 NMR 法对大豆籽粒水分含量的检测。

#### 2. 试验设计

以5种不同种皮颜色的大豆品种为研究对象，包括‘JP-2’(绿色)、‘JP-6’(黑色)、‘JP-7’(双色)、‘JP-8’(棕色)及‘JP-16’(黄色)。2012～2014 年，每年采集上述大豆风干后，于种子储藏柜(相对湿度 60%，温度 10℃)中储存 1～3 年，于 2015 年测定相关指标。

3. 分析测试

1) 种子发芽率测试

选择外观完好、颗粒饱满、大小相近的不同种皮颜色大豆种子各 100 粒，每个品种处理 5 次重复，每重复 20 粒种子/皿。将种子接入消毒完成的培养皿中(将培养皿至于超净工作台用紫外线照射 30min，后在里面放 2 层滤纸)，加入 35mL 蒸馏水，放入光照培养箱内培养 7 天(温度 20～25℃，相对湿度 75%～80%，光照 $12h \cdot d^{-1}$)。每 24h 统计大豆种子发芽数 1 次，若有霉变的大豆要及时用蒸馏水清洗，水分较少时应及时添加。发芽率和发芽势的测定：种子开始出现胚根即视为发芽，每天检测各个品种的发芽数目并记录发芽起始和结束日期；按下列公式计算大豆种子发芽率和发芽势。

发芽率 GK=(第 7 天发芽种子数/总考查种子数)×100%

发芽势 GP=(第 3 天发芽种子数/总考查种子数)×100%

$$\text{发芽指数 GI} = \sum\left(\frac{Gt}{Dt}\right)$$

*Gt* 为第 *t* 天发芽种子数；*Dt* 为发芽天数

2) 低场 NMR 分析

试验仪器：NMI-20，纽迈电子科技有限公司生产，共振频率 18.17MHz，磁体强度 0.5T，线圈直径为 25mm，磁体温度为 32℃。试验参数：MRI(磁共振成像技术)：FOVRead=40mm，FOVPhase=40mm，TR=20ms，NS=8，*K* 空间大小 196×194。

(1) 样品制备。含水率测试：称取大豆质量后，将大豆放入 15mm 探头线圈中测试含水率。MRI 成像：将大豆放入 15 mm 探头线圈内进行成像。

(2) 实验方法[34]。含水率测试：配制一定浓度的 $MnCl_2$ 溶液作为测试大豆含水率的定标样品，且该 $MnCl_2$ 溶液的 $T_2$ 弛豫时间需与大豆中水分的弛豫时间相同，使用核磁共振含油含水率测量软件进行定标并测试大豆含水率。MRI 成像：使用核磁共振成像软件及脂肪抑制序列对大豆进行成像，结果以.jpg 格式保存。

4. 结果分析

1) 种子发芽率

试验结果表明，储存一段时间后，不同种皮颜色的大豆籽粒发芽率均发生明显改变。由表 8-2 可知，随着储存时间的延长，大豆种子发芽率显著降低；其中，储存 1～2 年后，种子发芽率为 55.00%～100.00%，其他发芽参数，如发芽势和发芽指数等，分别为 15.00%～98.33%和 6.84～27.06；储存 3 年后，籽粒相关发芽参数均发生极显著降低，发芽率仅为 0.00%～71.67%，发芽势和发芽指数也分别下降至 0.00%～56.67%和 0.00～13.74。

**表 8-2　储藏时间对不同种皮颜色大豆种子发芽率的影响**

| 品质/颜色 | 收获时间 | 发芽率(%) | 发芽势(%) | 发芽指数 |
|---|---|---|---|---|
| ‘JP-6’(黑色) | 2012 年 | 65.00±5.00 [a] | 56.67±7.64 [a] | 13.74±1.89 [a] |
| | 2013 年 | 100.00±0.00 [b] | 98.33±2.89 [b] | 27.06±3.43 [b] |
| ‘JP-7’(双色) | 2012 年 | 71.67±10.41 [a] | 1.67±2.89 [c] | 6.84±1.69 [c] |
| | 2014 年 | 77.50±3.54 [a] | 40.00±7.07 [a] | 12.43±2.25 [a] |
| ‘JP-8’(棕色) | 2012 年 | 55.00±7.07 [c] | 0.00±0.00 [c] | 2.20±0.89 [d] |
| | 2014 年 | 55.00±8.66 [c] | 15.00±0.00 [c] | 6.84±2.19 [ce] |
| ‘JP-2’(绿色) | 2012 年 | 5.00±0.00 [d] | 5.00±0.00 [c] | 1.28±0.87 [de] |
| | 2014 年 | 96.67±2.89 [b] | 93.33±5.77 [b] | 19.98±1.48 [f] |
| ‘JP-16’(黄色) | 2012 年 | 0.00±0.00 [d] | 0.00±0.00 [c] | 0.00±0.00 [d] |
| | 2014 年 | 98.33±2.89 [b] | 87.50±3.54 [d] | 19.35±1.75 [f] |

注：所有样本设置三次重复，数据表示为平均值±标准差；同列相同字母表示在 $p$=0.05 水平差异不显著

储存对大豆种子萌发的影响也因种皮颜色差异而有所不同。由表 8-2 可以看出，储存 1～2 年后(籽粒于 2013 年和 2014 年收获)，供试大豆籽粒的发芽率至少达到 55.00%。然而，储存 3 年后，籽粒相关发芽参数发生显著降低，尤其是浅色种皮大豆种子，如绿色种皮大豆‘JP-2’和黄色种皮大豆‘JP-16’，其发芽率和发芽势均下降到 5%，发芽指数下降到 1.3%以下，这些数据表明，此类大豆种子几乎完全失活。具有深色种皮的大豆种子，包括黑种皮大豆‘JP-6’、双色种皮大豆‘JP-7’和棕色种皮大豆‘JP-8’，其萌发参数虽然也随着储存时间的延长逐渐降低，但储存时间较长的深色种皮大豆，较储存时间较短的浅色种皮大豆(籽粒于 2014 年收获)，具有更高的发芽参数。储存相同时间后，随着种皮颜色的加深[‘JP-16’(黄色)⟶‘JP-2’(绿色)⟶‘JP-8’(棕色)⟶‘JP-7’(双色)⟶‘JP-6’(黑色)]，籽粒相关萌发参数大致增大。另外，对于两种典型的大豆籽粒‘JP-6’(黑色)和‘JP-16’(黄色)，储存 3 年后，其萌发参数差异显著。其中，‘JP-16’(黄色)萌发参数为 0，表明该籽粒完全失活；而‘JP-6’(黑色)储存后其种子发芽率仍高达 65.00%；对于其他发芽参数，如发芽势和发芽指数等分别为 56.67%和 13.74。

2) 种子含水量

为进一步确定上述不同种皮颜色大豆种子储存后水分分布情况，采用低场 NMR 弛豫图谱(time-domain nuclear magnetic resonance, TD-NMR)及磁共振成像技术进行检测。检测结果如附图 16 的 NMR 彩色图像所示，由图可以看出，大豆子叶是含水量较高的部位，该部位呈现出亮黄色至红色[23]。结合种子含水量的具体数据(表 8-3)，可以清晰地看到，储藏 2～3 年后，深色种皮大豆(黑色豆‘JP-6’、双

色豆‘JP-7’、棕色豆‘JP-8’)含水量在储存期间极显著降低，而浅色种皮大豆‘JP-2’和‘JP-16’种子无明显变化，这表明，深色种皮大豆种子比浅色种皮大豆种子更易失水。

**表 8-3 储藏时间对不同种皮颜色大豆籽粒含水量的影响**

| 品种/颜色 | 收获时间 | 含水量(%) | 收获时间 | 含水量(%) | 差异显著性 $p$ 值 |
|---|---|---|---|---|---|
| ‘JP-6’(黑色) | 2012 年 | 9.71±0.05 $^{a}$ | 2013 年 | 15.97±0.15 $^{a}$ | 0.000 |
| ‘JP-7’(双色) | 2012 年 | 8.71±0.12 $^{b}$ | 2014 年 | 9.03±0.09 $^{b}$ | 0.023 |
| ‘JP-8’(棕色) | 2012 年 | 9.49±0.07 $^{c}$ | 2014 年 | 11.08±0.03 $^{c}$ | 0.000 |
| ‘JP-2’(绿色) | 2012 年 | 14.27±0.20 $^{d}$ | 2014 年 | 14.08±0.14 $^{d}$ | 0.249 |
| ‘JP-16’(黄色) | 2012 年 | 17.41±0.02 $^{e}$ | 2014 年 | 18.04±0.30 $^{e}$ | 0.024 |

注：所有样本设置三次重复，数据表示为平均值±标准差；同列相同字母表示在 $p$=0.05 水平差异不显著；最右列 $p$ 值表示同一行处理间的差异显著性比较

5. 结论与讨论

前人提出了大量关于种子老化的科学假设，其中，较著名的理论是自由基对线粒体膜的攻击假说，该假设认为，种子内部氧化反应会导致活性氧(ROS)等自由基的大量产生，攻击细胞内脂质及其组成蛋白质，从而破坏细胞膜完整性，导致种子老化[35]；而细胞内本身含有的解毒酶和抗氧化复合物等，可以清除自由基，提高种子活力[36]。McDonald 的研究结果同样证明，膜脂自氧化是 ROS 累积的主要来源，长时间储存会导致胞内 ROS 大量积累[37]。另外有研究表明，干燥种子组织内，新陈代谢会由于分子流动性降低而停止，而分子流动性由玻璃基质结构控制[36]。Mira 等对生菜种子的研究发现，储存过程中会产生挥发性过氧化反应等副产物[38]。

因此，含水量是引起种子老化的关键因素，低含水量会减缓种子退化。TD-NMR 分析表明，深色种皮大豆种子在长期储存后，比浅色种皮大豆种子更容易失水，水分流失可降低 ROS 含量，减轻了自氧化作用。此外，深色大豆种皮具有多层硬层结构，尤其是黑色大豆，这些硬层结构会阻碍种子对水分的吸收，导致种子休眠[39]。然而，我们的研究表明，黑色种皮大豆种子内水分流失加剧，从而维持了较高的发芽率。这一看似矛盾的发现表明，在大豆种子的表皮可能存在一种双向的调节机制。有研究表明，大豆种皮内确实存在两层棕榈状细胞，其中一层位于外表皮层，被称为反向栅栏层[40]，这种反向栅栏层充当了控制水循环的阀门结构，该结构只允许水分子散失出去，却阻止了水分从外部环境进入。这种调节

功能或许在黑色种皮大豆中表现得尤为明显。

### (二) 高分辨 NMR 在代谢组学中的应用

基于高分辨率核磁共振波谱技术(600MHz)测试样本，并采用目标性分析法可实现对代谢物的准确定性定量分析，该方法是一种基于数据库比对，以去卷积算法分离重叠峰，并以真实代谢物为目标的分析方法。相比较而言，目标性分析法比常用的分段积分慢，但是目标性分析法可以实现代谢物绝对定性定量。其基于 Chenomx 代谢物数据库(https://www.chenomx.com/)对百余种代谢物特征波谱信息的比对，有效解决了峰重叠问题，对于一个信号峰发生重叠、受酸碱度影响的核磁代谢组样本，使用目标性分析法可根据样本谱图中核磁信号峰的化学位移、峰形、半峰宽、耦合裂分等情况，将数据库中代谢物的模型和样本信号逐一匹配，从而确定谱图中的信号组成各自属于哪些代谢物；同时根据峰面积获得各代谢物的绝对浓度，最终从每张核磁谱图中得到被测样本中含有的代谢物种类和浓度；可以根据化学位移、峰形等信息逐一比对找出代谢物，并根据峰面积得出代谢物的浓度。

与传统的分段积分方法不同，定量核磁共振的目标性分析方法，其在处理后直接得到了代谢物的名称和浓度值列表，因此统计学分析的结果可直接从载荷图中读出差异代谢物是什么，而不再需要根据载荷图中的信息反推回原始谱图去做二次分析，有效解决了因谱图信号重叠而造成信号归属不明的问题，这使代谢组的分析变得更加精确，结果讨论变得更加细致。总体来讲，分段积分法通过将核磁谱图划分为若干等份，分别对其进行积分，并将积分值作为统计学分析的变量基础，该方法具有快速、简便的优点，但它难以实现代谢物的绝对定性定量，能够得到的数据并不丰富，所以并不适合深层定性定量分析。如果研究项目需要获得具体代谢物种类及其浓度信息，并需应对酸碱度和离子浓度变化对核磁信号的影响，目标性分析法效果更佳。我们前期已采用该方法，在大豆代谢组学研究中加以应用[41, 42]，该部分内容在第七章中详细介绍，在此不再赘述。

# 第三节　其他理化方法

## 一、质构分析

### (一) 质构仪简介

质构仪以经计算机程序设定的一定速度上下移动装有灵敏传感器的机械装置，接触到样品并使之产生形变，当传感器与样品接触达到设定的触发力时，计算机开始根据力学、时间和形变之间的关系绘制曲线，从而计算出被测物体的应力及应变关系[43]。相对于传统的感官评价方法，质构仪数据化的准确表达，能够更加客观地评价样品的质构特性[44]。因而，质构仪多用于食品硬度、脆性、胶黏性、弹性、凝胶强度和恢复性等质构特性的测定。

作物生长发育进程中，复杂多变的环境因子影响各类代谢物的合成与积累，改变最终产品器官中各种营养成分的含量与比例。诸多研究表明，谷物营养成分与其质构特性、力学特性关系密切，可影响谷物在储藏、运输和加工过程中的机械性能。目前，质构仪多用来研究作物质构特性和力学特性。马庆华等[45]建立了用质构仪穿刺检测冬枣质地品质的方法，该方法能够检测出不同生产园、不同含水量和不同储藏时间冬枣的质地差异，也适用于鲜食枣及其他带皮小型水果的质地分析。潘秀娟等[46]通过质构仪质地多面分析法，确定脆度、黏着性、凝聚性、回复性、咀嚼性等 5 项参数，可用于比较红富士与嘎拉苹果采后质地的区分。

### (二) 净、套作大豆籽粒的质构比较

我们前期在研究套作荫蔽调控大豆品质的工作中，利用质构仪对不同种植模式下的大豆籽粒的质构特性进行测定，并讨论其与籽粒化学成分的相关性，现简要介绍如下。

#### 1. 试验设计

试验于 2016 年在四川农业大学教学科研园区(四川，雅安)进行。试验采用二因素随机区组设计，因素 A 为不同大豆种质，因素 B 为不同的种植模式，设置玉米-大豆带状套作和净作两种种植模式。带状套作玉米于 3 月底穴盘育苗，4 月初移栽到大田，在玉米大喇叭口期(6 月中旬)播种大豆。采用 2∶2 宽窄行种植模式，玉米和大豆的窄行行距均为 0.4m，玉米和大豆之间的行距为 0.6m。玉米穴距 0.2m，每穴留苗 1 株；大豆穴距 0.1m，每穴留苗 1 株。玉米于 8 月中旬收获，玉米-大豆共生期为 60 天左右。净作模式下各大豆材料种 1 行，行距 0.7m，株距 0.14m，密度同套作。各处理均重复 3 次。大豆成熟收获后自然风干备用。

#### 2. 分析测试

每个大豆材料选取粒形、质量和色泽较为接近，无病虫害、饱满的籽粒 15 颗，每颗籽粒沿着脐缝线剖成两瓣，共 30 个样本。试验使用质构仪(TA.XT Plus, Stable Micro Systems, Godalming, Surrey, UK)测定籽粒的抗穿刺能力，选用 P/2N 探头($d$=2mm)，校准高度 10mm，测前速度 $10\text{mm}\cdot\text{s}^{-1}$，测中速度 $0.25\text{mm}\cdot\text{s}^{-1}$，下降位移 0.5mm，测后速度 $10\text{mm}\cdot\text{s}^{-1}$，最小感知力 5g。使用 Texture Exponent 软件分析试验曲线，以断裂负载力(breaking load)表征籽粒硬度(g)；大豆籽粒木质素、花色苷、异黄酮含量参考前期优化试验条件测定[47]。所得数据利用 SPSS 20.0 软

件进行数据处理及统计学分析。

3. 结果分析

质构仪测定结果如图 8-5 所示，不同大豆种质在两种种植模式下，其籽粒硬度为 560～1310g。套作条件下，‘E21’籽粒的硬度最大，高达 1310g，而‘2-1’的籽粒硬度最低，仅为 570g。净作模式下，‘QWT10’籽粒的硬度最大，为 1010g，‘CQ12’的籽粒硬度最低，仅为 560g。不同种植模式间，有 16 个材料在套作模式下的籽粒硬度大于净作模式；其中 12 个材料在两种种植模式下的差异达极显著水平，1 个材料在两种种植模式下差异达显著水平。套作模式下，有 8 个材料的籽粒硬度小于净作模式下的籽粒硬度，其中仅 3 个材料在两种种植模式下的差异达显著水平。与净作模式相比，有 14 个材料在套作模式下，其籽粒硬度增长幅度达 10%以上；其中，‘CQ12’的增长幅度最大，高达 53.77%；只有 3 个材料的籽粒硬度降低幅度达 10%以上，其中，‘2-1’的降低幅度最大，为 24.35%。

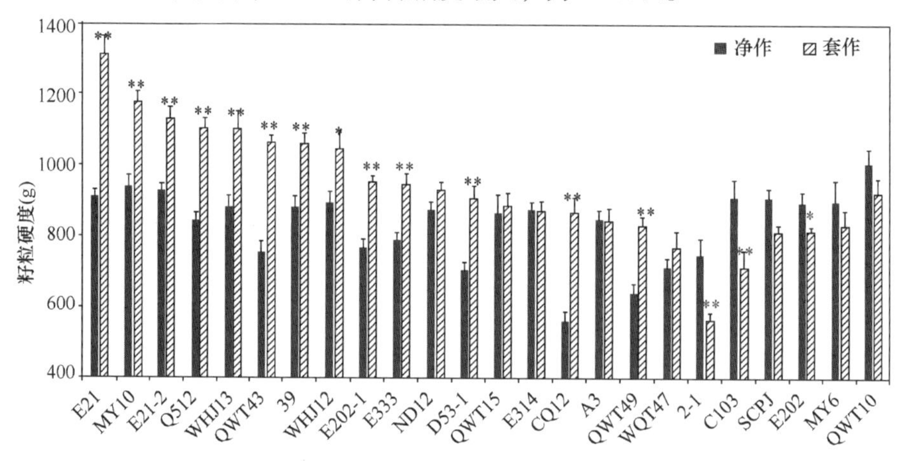


图 8-5 净、套作大豆籽粒硬度差异

*和**分别表示差异达极显著和显著水平($p<0.01$ 和 $p<0.05$)

对测定的籽粒硬度指标与大豆木质素、花色苷、异黄酮等主要化学成分做相关性分析，结果如图 8-6 所示。与图 8-5 结果类似，套作大豆硬度(实线)普遍高于对应的净作大豆(虚线)。随着上述三类苯丙烷类代谢物含量的增加，大豆籽粒硬度呈线性上升趋势(图 8-6)。这表明，套作大豆籽粒硬度普遍高于净作，套作条件下，苯丙烷代谢途径发生了改变，其可能是因为，套作模式下，前期荫蔽环境上调了大豆苯丙烷代谢；或后期玉米收获后的复光提高了光合同化效率，使得苯丙烷代谢物向籽粒中转运能力提高，增强了套作大豆籽粒硬度。但这均有待进一步验证及深入剖析。

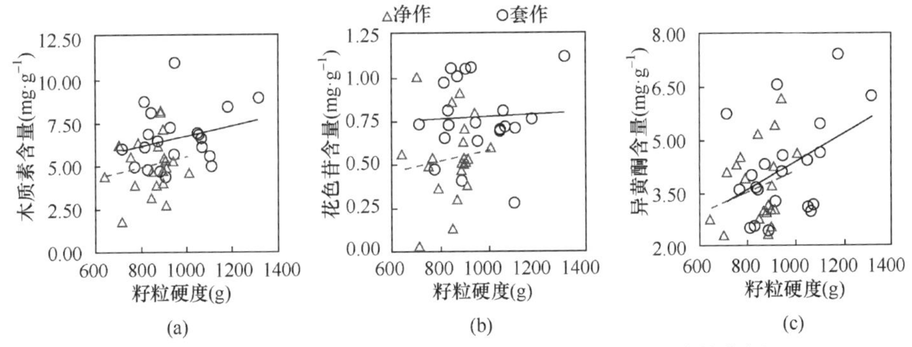


图 8-6 净、套作种植大豆籽粒硬度与化学成分的相关性分析

## 二、电镜分析

### (一) 扫描电镜原理

扫描电镜(scanning electron microscope, SEM)采用极狭窄电子束扫描样品，通过电子束与样品的相互作用产生各种效应，以二次电子信号成像来观察样品表面形态。SEM 的放大倍数可达 20 万倍，且景深大、视野宽，成像富有立体感，可直接观察各种样本表面的细微结构，在植物学研究领域已有较广泛应用。徐亮等[48]利用 SEM 探究野生大豆种皮形态结构及其与种子休眠间关系，揭示了野生大豆种子栅栏层是引起种皮不透水的主要原因，种脐是水分进入种子的主要通道，酸腐蚀可有效打破种皮不透水性障碍。李娜等[49]采用 SEM 观察比较了不同试剂、不同方法提取蜡质后的大豆表皮结构，对提取大豆种皮蜡质的溶剂、加热时间等条件进行了优化。王丽娜等使用 SEM 对干旱胁迫下大豆叶片表皮蜡质微形态进行了观察比较，阐释了外源脱落酸和乙烯利(ETH)在大豆抗旱生理中的作用。

SEM 在植物分子生物学机理研究方面也有大量应用，尤其是涉及基因调控植物表皮角质蜡质代谢等方面的报道，如中国科学院东北地理与农业生态研究所在调节植物抗旱机制方面的研究，即充分利用了 SEM 方法，筛选论证了多个关键基因的耐旱调控机理[50, 51]。

### (二) 荫蔽胁迫下大豆表皮扫描电镜分析

我们前期在大豆响应荫蔽环境的代谢调控机理等方面的研究中也采用了 SEM 方法，现简要介绍如下。

#### 1. 试验设计

试验在人工气候室中进行，温度为 25℃，相对湿度 60%，$CO_2$ 浓度 350ppm，光照时间 12h。采用盆栽试验，将荫蔽敏感材料‘C103’种植于直径 25cm、高 22cm 花盆中；以营养土为基质，每个品种 6 盆，共 12 株，等行距放置。使用绿色滤膜模拟荫蔽胁迫，于大豆初花期(R1 期)，对每个品种的一半植株进行荫蔽处理，记为 SD；另一半植株仍在正常光照条件下继续生长，记为 CK。对照组(CK)光照设置为 2000lux(R/FR=1.15)，处理组(SD)850lux(R/FR=0.35)。各处理分别设置 7 次生物学重复；对 R8 期完熟籽粒取样，自然风干后备用。

2. 分析测试

将充分干燥后的大豆进行机械破损，使得其表皮易被揭下；采用场发射电子显微镜 SUPRA 55 SAPPHIRE(德国卡尔蔡司)对种皮表面及横截面直接进行 SEM 扫描。表皮放大倍数为 5000 倍，横截面放大倍数为 1000 倍。

3. 结果分析

结果如图 8-7 所示，从大豆表皮 SEM 图可以看出，对照组(正常光照)大豆种皮表面呈规则的网状结构，网孔大小约为 2μm[图 8-7(a)]；而在荫蔽条件下，大豆种皮表面的网状结构发生了显著变化，该网状结构明显缩小，孔径变得更为紧密[图 8-7(b)]，推测荫蔽处理使大豆种皮表皮蜡质代谢发生了变化，导致蜡质积累量增加。由图 8-7(c)和(d)可知，大豆种皮明显地被分为角质层(cuticle, C)、栅栏层(palisade layer, P)、柱状细胞层(osteosclereid layer, OL；又称沙漏细胞层, hourglass cell)[52]、薄壁组织(parenchymatous tissue, P)四部分；正常光照条件下，大豆种皮栅栏层比柱状细胞层更厚[图 8-7(c)]，而荫蔽处理后，则刚好相反，种皮柱状细胞层厚度和密度均有不同程度上调[图 8-7(d)]，这可能与大豆籽粒抵御荫蔽胁迫的木质素代谢调控相关，但这均有待进一步验证。

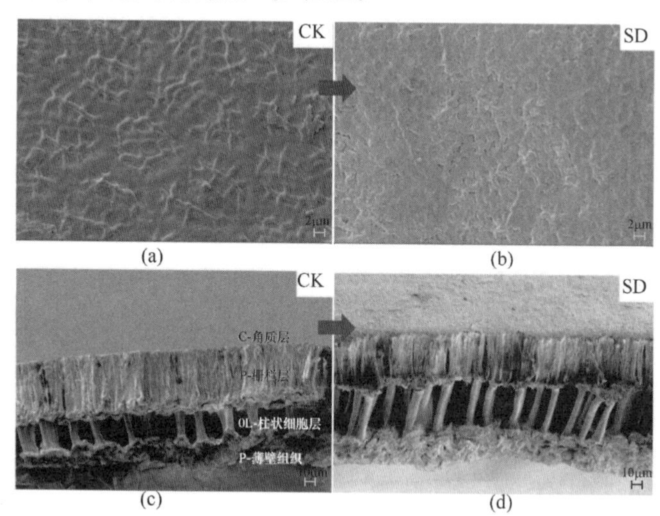


图 8-7　荫蔽处理前后大豆籽粒表皮[(a)、(b)]及横截面[(c)、(d)]显微结构

## 三、植物化学方法

### (一) 植物化学研究工作程序

植物化学方法在化学生态学研究方面的应用，主要涉及某些具有重要生态学功能的代谢物的分离纯化与功能鉴定。该部分的工作程序一般为：①采用溶剂萃取、浸提、热回流等方法，提取化学成分；②采用活性跟踪法，通过大孔树脂、硅胶、凝胶柱色谱、高效液相色谱等现代色谱技术，对初提物进行分离；③每步分离馏分根据抗性测定结果，选取活性较高的部分继续进行下一步分离，优先实现对重要部位的富集、分离、纯化得到单体化合物[53]；④综合运用核磁共振波谱、高分辨质谱及紫外光谱、红外光谱等技术手段解析化合物的平面结构，并采用圆二色光谱、X 射线衍射及 Mosher 酯合成等理化方法确定其绝对构型[54]；⑤选择结构类似物，重复开展生物活性评价工作，结合代谢物化学结构，解析其构效关系，明确活性基团。

### (二) 黑豆种皮抑菌活性成分的分离纯化与结构鉴定

我们在大豆种皮抗田间霉变生物活性成分的筛选方面采用了部分植物化学方法，现简要介绍如下[53]。

#### 1. 试验材料

试验所用的黑豆种质为南充市农业科学院提供的黑豆育种中间材料'C103'，经鉴定，该材料为豆科蝶形花亚科大豆属植物大豆[*Glycine max*(L.)merr]，其籽粒较小，呈椭圆形，表皮为黑色，光滑，子叶两瓣，呈淡黄色。种质资源现保存于四川农业大学农业部西南作物生理生态与耕作重点实验室。黑豆于 2015 年夏季种植于四川农业大学教学科研园区(四川，雅安)，采集的黑豆籽粒于室内风干后剥取种皮，粉碎后密封保存于干燥器中备用。

供试霉菌为本实验室从田间霉变的大豆籽粒上分离纯化获得的黄曲霉(*A. flavus*)、黑曲霉(*A. nige*)、轮枝镰刀菌和产黄青霉菌(*P. chrysogenum*)。

#### 2. 试验方法

1) 代谢物提取、分离与纯化

将粉碎好的大豆种皮按料液比 1∶4 加入甲醇于大烧瓶中浸提 12h，倒出滤液，再加入 2 倍体积甲醇于 80℃水浴中热回流提取 3h，连续提取 3 次，合并所有滤液并抽滤，用旋转蒸发仪 40℃下减压浓缩得到总醇提物后真空干燥。将大豆种皮醇提物溶于蒸馏水中，超声搅拌加速溶解后，分别用正己烷、乙酸乙酯和正丁醇依次萃取，至有机溶剂层澄清无色为止，具体处理流程如图 8-8 所示。根据抑菌活性结果，对活性最佳的乙酸乙酯萃取物做进一步分离纯化。称取适量乙酸乙酯萃取物，以 200 目正相硅胶拌样，干法上样。根据薄层色谱法预试结果，选择正己烷-乙酸乙酯溶剂系统(体积比为 3∶1、1∶1、1∶3)、氯仿-甲醇-水溶剂系统(体积比为 3∶1∶0、1∶1∶0、10∶3∶1、7∶3∶1、6∶4∶1)依次梯度洗脱，将所得流分用薄层色谱检测合并相似流分，得到 E1～E14 共 14 个组分。将各组分用无菌水分别配成 $50mg \cdot mL^{-1}$、$10mg \cdot mL^{-1}$、$1.0mg \cdot mL^{-1}$、$0.1mg \cdot mL^{-1}$ 的梯度溶液，进行抑菌活性测定。结果表明，E13 的抑菌活性最强，故先对其进行成分分析。

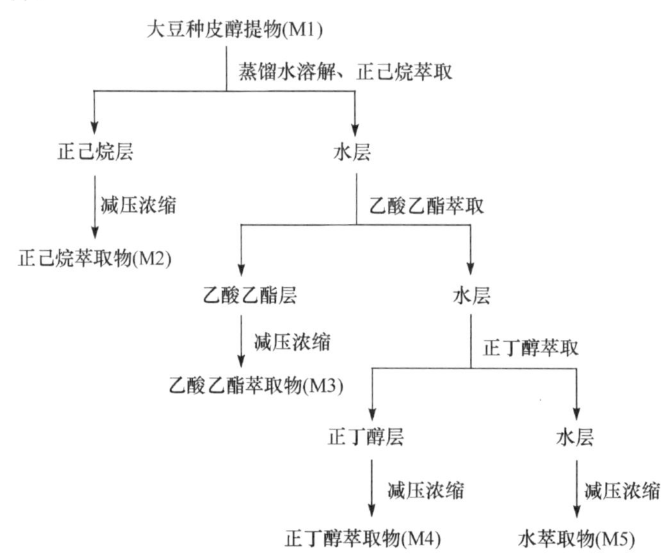


图 8-8 黑豆种皮化学成分的分离纯化流程图

2) 提取物的抑菌活性评价

采用抑菌圈法对各提取物进行抑菌活性评价[55]。分别称取适量黑豆种皮醇提物及各萃取物，以少量二甲基亚砜助溶后用无菌水配成 $50mg \cdot mL^{-1}$ 的溶液备用。将经过活化的 4 种供试霉菌接种到马丁培养基上，28℃下恒温培养至分生孢子成熟，用无菌水洗脱孢子并配成 $2×10^6$ 个 $\cdot mL^{-1}$ 的菌悬液。取 20μL 菌悬液于灭菌后的培养皿中，加入 20mL 冷却至 40℃左右的马丁培养基，振荡摇匀，待培养基凝固后，用灭菌的打孔器在每个培养皿中间部位打 1 个直径为 6mm 的小孔，加入种皮提取物溶液，以无菌水作对照，置 28℃下恒温培养 2 天，测量抑菌圈的大小。每个样品设 3 次重复，结果求平均值。

3) 抑菌单体化合物的结构解析

将 E13 溶于氘代甲醇并转移至 2.5mm×100mm 的核磁管中，以四甲基硅烷(TMS)为化学位移内标，进行 NMR 谱分析，分别收集氢谱和碳谱数据。

3. 结果分析

1) 黑豆种皮醇提物的抑菌活性比较

采用抑菌圈法比较了黑豆种皮甲醇粗提物及各萃取物对 4 种田间霉菌的抑菌效果。由表 8-4 可知，黑豆种皮醇提物能够抑制 4 种霉菌的生长，黑豆种皮醇提物中存在抑制田间霉菌生长的活性物质。比较各萃取物的抑菌活性发现，正己烷萃取物和水萃取物的抑菌活性较差，与对照相比无显著差异；乙酸乙酯萃取物和正丁醇萃取物具有较强的抑菌活性，且乙酸乙酯萃取物对 4 种霉菌的抑制效果均显著优于正丁醇萃取物和甲醇粗提物；这表明黑豆种皮中的抑菌活性物质主要集中在乙酸乙酯萃取部位，而液相萃取对活性物质具有明显的富集作用。

**表 8-4　黑豆种皮醇提物及各萃取层对 4 种田间霉菌的抑菌效果**

| 抑菌物质 | 抑菌圈直径(mm) | | | |
|---|---|---|---|---|
| | 黄曲霉菌 | 黑曲霉菌 | 轮枝镰刀菌 | 产黄青霉菌 |
| 甲醇粗提物 | 9.17 ± 0.25 [b] | 8.50 ± 0.10 [c] | 9.07 ± 0.15 [a] | 8.63 ± 0.15 [c] |
| 正己烷萃取物 | 6.00 ± 0.00 [d] | 6.00 ± 0.00 [d] | 6.00 ± 0.00 [c] | 6.00 ± 0.00 [d] |
| 乙酸乙酯萃取物 | 12.13 ± 0.15 [a] | 10.17 ± 0.15 [a] | 9.13 ± 0.12 [a] | 11.07 ± 0.21 [a] |
| 正丁醇萃取物 | 7.27 ± 0.15 [c] | 8.80 ± 0.20 [b] | 7.90 ± 0.10 [b] | 9.23 ± 0.21 [b] |
| 水萃取层 | 6.00 ± 0.00 [d] | 6.00 ± 0.00 [d] | 6.00 ± 0.00 [c] | 6.00 ± 0.00 [d] |
| 无菌水对照 | 6.00 ± 0.00 [d] | 6.00 ± 0.00 [d] | 6.00 ± 0.00 [c] | 6.00 ± 0.00 [d] |

注：表中数据以平均值±标准差表示，同一列中不同小写字母表示抑菌圈值差异达显著水平($p$<0.05)，下同

2) 抑菌活性成分的结构鉴定

通过对乙酸乙酯萃取物活性部位 E13 进行成分分析，在 30min 检测时间内只出现 1 个色谱峰，且峰形较好，左右对称，无拖尾现象。这表明，E13 只含有一种化合物。E13 干燥样品为白色结晶粉末，溶于甲醇。以氘代甲醇为溶剂对 E13 进行一维 NMR 分析，其 $^1$H 和 $^{13}$C 波谱数据分别为：$^1$H NMR(600 MHz, $CD_3OD$) $\delta$(ppm)：6.99(1H, d, $J$=2.0 Hz, H-2′), 6.81(1H, d, $J$=8.0 Hz, H-5′), 6.77(1H, dd, $J$=8.0, 2.0 Hz, H-6′), 5.96(1H, d, $J$=2.0 Hz，H-8), 5.93(1H, d, $J$=2.0 Hz, H-6), 4.83(1H, brs, H-2), 4.20(1H, m, H-3), 2.86(1H, dd, $J$=17.0, 4.5 Hz，H-4), 2.74(1H, dd, $J$=17.0, 3.0 Hz，H-4), 5.93(1H, d, $J$=2.0 Hz，H-8); $^{13}$C NMR(150 MHz, $CD_3OD$) $\delta$(ppm)：157.98(C-5), 157.86(C-7), 157.36(C-9), 145.93(C-3′), 145.77(C-4′), 132.28(C-1′), 119.41(C-6′), 115.90(C-2′), 115.33(C-5′), 100.09(C-10), 96.42(C-6), 95.90(C-8), 79.87(C-2), 67.48(C-3), 29.24(C-4)。结合相关文献比对[56, 57]，上述波谱数据与表儿茶素[(2*R*,3*R*)-2-(3,4-dihydroxyphenyl) chroman-3,5,7-triol,epicatechin]完全一致，确定该化合物为表儿茶素。

3) 表儿茶素的抑菌活性鉴定

表儿茶素对4种供试田间霉菌抑菌效果如表8-5所示。从表中可看出，$0.1mg \cdot L^{-1}$和$1mg \cdot L^{-1}$的表儿茶素对4种霉菌无明显的抑菌效果，当浓度大于$10mg \cdot L^{-1}$时开始具有明显的抑菌效果。抑菌能力表现为：黄曲霉菌>产黄青霉菌>黑曲霉菌>轮枝镰刀菌，与乙酸乙酯萃取物对4种霉菌的抑菌能力排序一致。

本研究结果显示，黑豆种皮甲醇提取物能有效地抑制4种田间霉菌的生长，表明黑豆种皮中存在抑制真菌的活性成分。通过比较各萃取物的抑菌活性，将乙酸乙酯萃取物确定为重点分析部位，通过抑菌活性追踪，最终分离纯化得到抑制田间霉菌的活性成分表儿茶素。

**表8-5　表儿茶素对4种田间霉菌的抑菌效果**

| 浓度 ($mg \cdot mL^{-1}$) | 抑菌圈直径(mm) | | | |
|---|---|---|---|---|
| | 黄曲霉菌 | 黑曲霉菌 | 轮枝镰刀菌 | 产黄青霉菌 |
| 50.0 | $17.83 \pm 0.58^{a}$ | $15.34 \pm 0.80^{a}$ | $15.28 \pm 0.72^{a}$ | $16.76 \pm 1.07^{a}$ |
| 10.0 | $9.79 \pm 0.60^{b}$ | $7.60 \pm 0.32^{b}$ | $7.38 \pm 0.31^{b}$ | $9.25 \pm 0.43^{b}$ |
| 1.0 | $6.00 \pm 0.00^{c}$ | $6.00 \pm 0.00^{c}$ | $6.00 \pm 0.00^{c}$ | $6.00 \pm 0.00^{c}$ |
| 0.1 | $6.00 \pm 0.00^{c}$ | $6.00 \pm 0.00^{c}$ | $6.00 \pm 0.00^{c}$ | $6.00 \pm 0.00^{c}$ |

## 第四节　分子生物学方法

### 一、功能基因验证

次生代谢产物是作物化学生态学研究的主要对象之一；植物代谢产物结构多样、生物合成通路复杂，且受多基因调控，在不同部位上的合成积累规律也存在较大差异。阐释以代谢产物为媒介的作物化学生态学原理，离不开对重要代谢物调控关键基因的筛选、克隆及功能验证，这是植物遗传资源挖掘及其可持续利用的基础，也是作物化学生态学研究持续深入的必经之路。基于系统生物学策略的多组学方法的整合分析，通过推测差异表达基因、蛋白质及代谢物，建立了基因表达-代谢物合成之间全面的系统生物学网络。尤其是代谢组学和转录组学的整合分析，成为发现植物新基因的有效手段，即便如此，所筛选出来的基因数目往往成百上千，这需要对其功能进行逐一验证。因此，有效候选基因的筛选是功能基因研究的关键步骤，如何快速、高效地缩小候选基因范围，提高研究效率，一直是植物生物学家不懈追求的目标。随着生物化学、分子生物学以及系统生物学、合成生物学技术的快速发展，多种分子验证策略的联合应用为作物基因的深入挖掘、利用提供了便利。

### (一) 体内功能验证

基因功能的研究方法可分为体内和体外功能验证研究两大类。体内功能验证为基因功能的确证提供了最有力证据，对于遗传转化体系成熟的物种，须通过体内功能验证来进一步确认功能基因在植物体内的生物学功能。目前，植物功能基因体内验证的方法包括基因过表达(overexpression)、RNA 干扰(RNA interference，RNAi)或病毒诱导的基因沉默(virus induced gene silencing，VIGS)以及锌指核酸酶(ZFN)和 TALEN(transcription activator-like effector nucleases)、CRISPR-Cas9 等基因定点敲除和修饰技术等。其中，基因过表达为基因上调表达技术，其通过人工构建方式在目的基因上游加入调控元件，使得基因实现人为的大量转录和翻译，从而实现基因产物的过表达[58-60]。

RNAi 的技术原理是通过向受体细胞中导入人工构建的 dsRNA 表达载体，引起受体细胞中自身的特定 mRNA 降解，导致细胞或个体不能合成相应的蛋白质，使受体表现出功能缺失表型；RNAi 可直接抑制或者阻断目标基因的表达，使底物积累、产物减少，通过检测代谢物含量来验证其体内活性，可用于代谢物合成的生源途径解析[61]。VIGS 则是转录后基因沉默方式，其将目标基因构建到病毒载体，利用植物的抗病毒防御机制引起内源 mRNA 序列特异性降解，阻断基因表达[62, 63]；VIGS 不需要复杂长期的突变体筛选及转基因植株的诱导获取过程，操作简便、研究周期短、表型获取快、成本低，是功能基因体内验证的有效手段，但具有种质特异性，需针对不同植物探索不同的侵染方法[64]。

研究基因功能最常见的方法是，减少或者阻断基因表达，然后进行表型分析。长期以来，应用较广泛的是 RNAi 以及 VIGS 技术，而新兴的 CRISPR-Cas9 技术正逐渐成为主流[65]。虽然 RNAi 使用广泛，但其采用的是基因下调(knockdown)策略，并不能完全去除基因的功能。而 ZFN 和 TALEN 的利用可真正实现完全功能缺失。利用融合了核酸酶的可识别特定 DNA 序列的 DNA 结合结构域(DBD)，DBD 使目的基因出现 DNA 双链断裂(DSB)和突变，最终敲除基因。CRISPR/Cas 现已成为基因组编辑的强大工具，其操作简便、扩展性强，成为现今生物学研究的热门应用手段。Boettcher 等近期在 *Molecular Cell* 杂志发表论文，对 RNAi、TALEN 和 CRISPR 核心技术进行了全面比较，为基因功能研究提供了实用指南[66]。

### (二) 体外功能验证

体外功能验证是通过异源表达、体外酶促等方法分析基因功能，该类方法操作便捷，适用于大多数功能基因研究。目前大肠杆菌、枯草芽孢杆菌、酵母细胞表达系统为发展相对成熟的异源表达系统；其中，以大肠杆菌作为宿主细胞的原核表达和以酵母作为宿主细胞的真核表达是植物基因功能体外验证最常用的方法[67]。大肠杆菌遗传图谱明确，繁殖快、成本低、操作方便，能实现蛋白的高效表达，在植物基因功能研究中广泛应用。但由于大肠杆菌中缺乏对真核生物蛋白质的复性及修饰加工系统，P450 还原酶和内质网缺失，而 P450 是植物次生代谢的重要后修饰酶，多为内质网结合蛋白，该缺陷限制了大肠杆菌在 P450 功能研究中的应用，而酵母表达系统适用于 P450 基因的功能研究，在植物蛋白互作和功能基因研究方面有广泛应用。酵母作为单细胞低等真核生物，具有与大肠杆菌相似的生长特性，对外源基因表达蛋白具有一定的翻译后加工能力，可对外源蛋白进行一定程度的糖基化修饰，使蛋白表达更稳定，常用于真核生物基因的功能验证。

我们近期成功克隆鉴定了玉米中催化法尼基焦磷酸(FPP)形成桉叶烷-2$\alpha$-11-二醇的倍半萜合酶(*ZmEDS*)；将 FPP 合酶与 *ZmEDS* 在大肠杆菌中进行重组表达，并利用 GC-MS 检测其催化产物，证实了 *ZmEDS* 能够直接催化底物形成含两个羟基产物的萜类合酶。该研究纯化鉴定了 *ZmEDS* 主要产物的化学结构，并结合定点突变 *F303A*、*Y529F* 产物组分的变化，推测了以四甲基环癸二烯甲醇为重要中间体，先后在 C11 和 C2 位上进行水合反应的催化途径。研究进一步发现，*ZmEDS* 基因在玉米根部特异表达，受轮枝镰刀菌诱导后显著上调，其主产物在根部特异性积累并可分泌至根外；*ZmEDS* 基因表达量在无菌苗中最高，水培苗其次，土壤苗最低[68]。

## 二、分子对接模拟

### (一) 分子对接原理

分子对接(molecular docking)是依据配体与受体作用的“锁-钥原理”(lock-key principle)，模拟配体小分子(化合物)与受体生物大分子(蛋白质)相互作用的一种技术手段。通过配体与受体的相互作用，如静电作用、氢键作用、疏水作用、范德华力等，可实现分子识别。进一步通过模拟计算，对配体-蛋白质间的结合模式和亲和力进行预测，从而发现新的活性化合物，并阐释其作用机理。其实施步骤包括：蛋白质准备、活性位点发现、蛋白质柔性构象探索、配体构象数据库准备、对接结果分析评价、小分子化合物库制备、效能基团建模及筛选、人工经验筛选等[69]。分子对接多用于药物设计领域，其已成为药物高通量筛选的重要手段，具体应用包括：①探索药物-受体的具体作用方式和结合构型；②筛选可与靶点结合的先导药物；③解释药物活性机理；④指导药物分子结构的合理优化。通过分子对接确定复合物中配体-蛋白质间正确的相对位置和取向，研究二者的构象(特别是底物构象)在形成复合物过程的变化是确定药物作用机制、设计新药的基础[70]。

### (二) 分子对接在化学生态学中的应用

与药物筛选类似，植物化学生态学研究中，代谢物功能的发挥也有其特异的结合靶标，这类靶标多为活性蛋白；代谢物与靶标蛋白相结合，实现其化学生态学功能。基于系统生物学策略，尤其是代谢组学策略的化学生态学研究，筛选获得了大量的代谢物信息，并基于数据库检索、质谱和 NMR 解析等手段，明确了重要标志物的化学结构；这一系列的具有明确化学结构的代谢产物，为后续作用机理的阐释奠定了基础，但筛选出的代谢产物往往数量庞大，多数也缺少商品化的标准对照品，因而，难以逐一实现其功能的验证分析。分子对接技术的出现为解决这一难题提供了有效参考；通过计算机模拟，可将代谢物化学结构与靶标蛋白的三维结构进行模拟匹配，实现从海量代谢物群体中筛选活性成分，大大提高了工作效率。

近期，有关分子对接技术的应用，最典型的案例是 ABA 类似物的筛选及抗旱功能的研究[71]。2017 年底，中国科学院上海植物逆境生物学研究中心朱健康研究组，利用有机化学、生物化学、分子生物学和分子对接模拟技术成功筛选到 ABA 类似物 AMF4，并验证其具有大幅增强植物抗旱性的功能。分子对接技术的成功实现取决于两方面因素的影响，一是类似代谢物数据库的建立；二是受体蛋白三维结构的明确。从近年来一系列 ABA 类似物陆续发现的历程可以看出这样的规律，即受体蛋白结构的确定是分子对接成功的重要前提，也正是活性代谢物筛选获得的关键步骤。

2009 年，多个机构在 *Cell*、*Science*、*Nature* 等期刊同时刊文，确认发现了新的 ABA 受体，并解析了其结构和作用机制；ABA 受体的发现及其结构的鉴定被 *Science* 杂志评为当年度十大科学发现之一[72-74]。

2010 年，清华大学颜宁研究组对 ABA 分子功能类似物 pyrabactin 选择性作用于脱落酸受体的分子机制进行了系统阐述，为设计发展可施用于农业的 ABA 替代小分子提供了分子基础[75, 76]。

2011 年，中国科学院上海药物研究所徐华强课题组与美国文安德研究所 Karsten Melcher、中国科学院上海生命科学研究院植物生理生态研究所朱健康教授合作分别在 *Science Signaling* 和 *PNAS* 上发表 ABA 信号通路调控新机制[77, 78]。

2012 年，中国农业大学陈忠周研究组解析了 PYL3 与 ABA、pyrabactin、HAB1 复合物结构，发现关键因子 Ser195 及 pyrabactin 结合 PYL3 的非生成模式，这为设计 ABA 受体拮抗剂和激动剂提供了新思路[79]。

2013 年，朱健康课题组借助于模式植物拟南芥的 PYR1 蛋白，从人工合成的小分子化合物库中筛选得到 PYR1 受体的激动剂 AM1(ABA mimic 1)。AM1 可通过激活拟南芥中多个脱落酸受体来模拟天然脱落酸作用；AM1 结构简单、无旋光异构、易于合成和纯化、成本低，且生理活性较 pyrabactin 更高[80]。

2017 年，朱健康研究组揭示了草坪草 ABA 受体 FePYR1 的结构与结合活性特征。FePYR1 可通过类似拟南芥 ABA 受体的门闩锁(gate-latch-lock)机制识别与结合 ABA，但 FePYR1 的 ABA 结合口袋显示出不同的残基，导致不同的 ABA 结合亲和力[81]。同年，*Nature Communications* 报道了该研究组发现了活性更强的最新 ABA 类似物 AMF4，其抗旱作用机理被揭示[71]。

## 参 考 文 献

[1] Kanu A B, Dwivedi P, Tam M, et al. Ion mobility-mass spectrometry. Journal of Mass Spectrometry, 2010, 43(1): 1-22.

[2] Bleiholder C, Dupuis N F, Wyttenbach T, et al. Ion mobility-mass spectrometry reveals a conformational conversion from random assembly to β-sheet in amyloid fibril formation. Nature Chemistry, 2010, 3: 172.

[3] Schrimpe-Rutledge A C, Sherrod S D, McLean J A. Improving the discovery of secondary metabolite natural products using ion mobility-mass spectrometry. Current Opinion in Chemical Biology, 2018, 42: 160-166.

[4] Ben-Nissan G, Sharon M. The application of ion-mobility mass spectrometry for structure/function investigation of protein complexes. Current Opinion in Chemical Biology, 2018, 42: 25-33.

[5] Lanucara F, Holman S W, Gray C J, et al. The power of ion mobility-mass spectrometry for structural characterization and the study of conformational dynamics. Nature Chemistry, 2014, 6: 281.

[6] Paglia G, Astarita G. Metabolomics and lipidomics using traveling-wave ion mobility mass spectrometry. Nature Protocols, 2017, 12(4): 797-813.

[7] McLean J A, Ruotolo B T, Gillig K J, et al. Ion mobility-mass spectrometry: a new paradigm for proteomics. International Journal of Mass Spectrometry, 2005, 240(3): 301-315.

[8] Paglia G, Shrestha B, Astarita G. Ion-mobility mass spectrometry for lipidomics applications // Wood P. Lipidomics. New York: Springer, 2017: 61-79.

[9] Zhang X, Quinn K, Cruickshank-Quinn C, et al. The application of ion mobility mass spectrometry to metabolomics. Current Opinion in Chemical Biology, 2018, 42: 60-66.

[10] Lv M, Chen J, Gao Y, et al. Metabolomics based on liquid chromatography with mass spectrometry reveals the chemical difference in the stems and roots derived from *Ephedra sinica*. Journal of Separation Science, 2015, 38(19): 3331-3336.

[11] Righetti L, Fenclova M, Dellafiora L, et al. High resolution-ion mobility mass spectrometry as an additional powerful tool for structural characterization of mycotoxin metabolites. Food Chemistry, 2018, 245: 768-774.

[12] Murad A M, Rech E L. NanoUPLC-MSE proteomic data assessment of soybean seeds using the Uniprot database. BMC Biotechnology, 2012, 12(1): 82.

[13] Chang Y, Zhao C, Wu Z, et al. Chip-based nanoflow high performance liquid chromatography coupled to mass spectrometry for profiling of soybean flavonoids. Electrophoresis, 2012, 33(15):

2399-2406.

[14] 王正方, 邹明强, 齐小花, 等. 二维纳升级液相色谱技术在蛋白质组学中应用. 理化检验(化学分册), 2010, (12): 1481-1484.

[15] Jensen B P, Saraf R, Ma J, et al. Quantitation of 25-hydroxyvitamin D in dried blood spots by 2D LC-MS/MS without derivatization and correlation with serum in adult and pediatric studies. Clinica Chimica Acta, 2018, 481: 61-68.

[16] Li W, Zheng H, Qin H, et al. Exploration of differentially expressed plasma proteins in patients with lung adenocarcinoma using iTRAQ-coupled 2D LC-MS/MS. The Clinical Respiratory Journal, 2018, 12(6): 2036-2045.

[17] Zhang L, Liu C W, Zhang Q. Online 2D-LC-MS/MS platform for analysis of glycated proteome. Analytical Chemistry, 2018, 90(2): 1081-1086.

[18] Liu J, Nakamura S, Matsuda H, et al. Hydrangeamines A and B, novel polyketide-type pseudoalkaloid-coupled secoiridoid glycosides from the flowers of *Hydrangea macrophylla* var. thunbergii1. Tetrahedron Letters, 2013, 54(1): 32-34.

[19] Liu J, Nakamura S, Zhuang Y, et al. Medicinal flowers. XXXX . Structures of dihydroisocoumarin glycosides and inhibitory effects on aldose reducatase from the flowers of *Hydrangea macrophylla* var. thunbergii. Chemical and Pharmaceutical Bulletin, 2013, 61(6): 655-661.

[20] Ishida N, Kano H, Kobayashi T, et al. Estimation of biological activities by NMR in soybean seeds during maturation. Agricultural and Biological Chemistry, 1987, 51(2): 301-307.

[21] 狩野広, 石田信, 小林登, 等. $^1$H-NMR イメ-ジングによるオオムギおよびダイズにおける登熟に伴う子実内自由水分布の変化の解析〔英文〕. 日本作物学会紀事, 1990, 59(3): 503-509.

[22] 中华人民共和国质量监督检验检疫总局, 中国国家标准化管理委员会. 植物油料 含油量测定 连续波低分辨率核磁共振测定法. 2009.

[23] Liu J, Qin W T, Wu H J, et al. Metabolism variation and better storability of dark-versus light-coloured soybean (*Glycine max* L. Merr.) seeds. Food Chemistry, 2017, 223: 104-113.

[24] Dixit A K, Kumar V, Rani A, et al. Effect of gamma irradiation on lipoxygenases, trypsin inhibitor, raffinose family oligosaccharides and nutritional factors of different seed coat colored soybean (*Glycine max* L.). Radiation Physics and Chemistry, 2011, 80(4): 597-603.

[25] Zhang T, Kawabata K, Kitano R, et al. Preventive effects of black soybean seed coat polyphenols against DNA damage in *Salmonella typhimurium*. Food Science and Technology Research, 2013, 19(4): 685-690.

[26] Wu K, Xiao S, Chen Q, et al. Changes in the activity and transcription of antioxidant enzymes in response to Al stress in black soybeans. Plant Molecular Biology Reporter, 2013, 31(1): 141-150.

[27] Zhou S, Sekizaki H, Yang Z H, et al. Phenolics in the seed coat of wild soybean (*Glycine soja*) and their significance for seed hardness and seed germination. Journal of Agricultural and Food Chemistry, 2010, 58(20): 10972-10978.

[28] Álvarez-Espino R, Godínez-Álvarez H, Torre-Almaráz R D L. Seed banking in the columnar cactus Stenocereus stellatus: distribution, density and longevity of seeds. Seed Science Research, 2014, 24(4): 315-320.

[29] Murthy U M, Kumar P P, Sun W Q. Mechanisms of seed ageing under different storage conditions for *Vigna radiata* (L.) Wilczek: lipid peroxidation, sugar hydrolysis, Maillard reactions and their relationship to glass state transition. Journal of Experimental Botany, 2003, 54(384): 1057.
[30] Alencar E R D, Faroni L R D A, Lacerda Filho A F D, et al. Influence of different storage conditions on soybean grain quality. International Working Conference on Stored-Product Protection, 2006.
[31] Narayan R, Chauhan G S, Verma N S. Changes in the quality of soybean during storage. Part 1—effect of storage on some physico-chemical properties of soybean. Food Chemistry, 1988, 27(1): 13-23.
[32] Narayan R, Chauhan G S, Verma N S. Changes in the quality of soybean during storage. Part 2—effect of soybean storage on the sensory qualities of the products made therefrom. Food Chemistry, 1988, 30(3): 181-190.
[33] Wang F, Wang R, Jing W, et al. Quantitative dissection of lipid degradation in rice seeds during accelerated aging. Plant Growth Regulation, 2012, 66(1): 49-58.
[34] Li T, Rui X, Tu C, et al. NMR relaxometry and imaging to study water dynamics during soaking and blanching of soybean. International Journal of Food Engineering, 2015, 12(2): 181-188.
[35] Sanz A, Pamplona R, Barja G. Is the mitochondrial free radical theory of aging intact? Antioxid Redox Signal, 2006, 8(3-4): 582-599.
[36] Bailly C. Active oxygen species and antioxidants in seed biology. Seed Science Research, 2004, 14(2): 93-107.
[37] McDonald M B. Seed deterioration: physiology, repair and assessment. Seed science and technology, 1999, 27(1): 177-237.
[38] Mira S, González-Benito M E, Hill L M, et al. Characterization of volatile production during storage of lettuce (*Lactuca sativa*) seed. Journal of Experimental Botany, 2010, 61(14): 3915-3924.
[39] Mullin W J, Xu W. Study of soybean seed coat components and their relationship to water absorption. Journal of Agricultural and Food Chemistry, 2001, 49(11): 5331-5335.
[40] Sun X, Wang Z, Li S, et al. Progress on formation mechanism and breaking methods of hard seed in soybean. Soybean Science & Technology, 2014, 3: 23-27.
[41] Deng J C, Yang C Q, Zhang J, et al. Organ-specific differential NMR-based metabonomic analysis of soybean [*Glycine max* (L.) Merr.] fruit reveals the metabolic shifts and potential protection mechanisms involved in field mold infection. Frontiers in Plant Science, 2017, 8: 508.
[42] Qin W T, Yang C Q, Iqbal N, et al. Application of targeted $^1$H NMR profiling to assess the seed vitality of soybean [*Glycine max* (L.) Merr.]. Analytical Methods, 2017, 9(11): 1792-1799.
[43] 贺丽霞, 王敏, 黄忠民. 质构仪在我国食品品质评价中的应用综述. 食品工业科技, 2011, 9: 446-449.
[44] 贾艳茹, 魏建梅, 高海生. 质构仪在果实品质测定方面的研究与应用. 食品科学, 2011, 32(s1): 184-186.
[45] 马庆华, 王贵禧, 梁丽松. 质构仪穿刺试验检测冬枣质地品质方法的建立. 中国农业科学, 2011, 44(6): 1210-1217.
[46] 潘秀娟, 屠康. 质构仪质地多面分析(TPA)方法对苹果采后质地变化的检测. 农业工程学报, 2005, 21(3): 166-170.

[47] Wu H J, Deng J C, Yang C Q, et al. Metabolite profiling of isoflavones and anthocyanins in black soybean [*Glycine max* (L.) Merr.] seeds by HPLC-MS and geographical differentiation analysis in Southwest China. Analytical Methods, 2017, 9(5): 792-802.

[48] 徐亮, 李建东, 殷萍萍, 等. 野生大豆种皮形态结构和萌发特性的研究. 大豆科学, 2009, 28(4): 641-646.

[49] 李娜, 王丽娜, 金勋, 等. 不同品种大豆叶片表皮蜡质提取后的扫描电镜观察. 大豆科学, 2015, 34(3): 540-544.

[50] Luo X, Bai X, Sun X, et al. Expression of wild soybean WRKY20 in *Arabidopsis* enhances drought tolerance and regulates ABA signalling. Journal of Experimental Botany, 2013, 64(8): 2155-2169.

[51] Bu Q, Lv T, Shen H, et al. Regulation of drought tolerance by the F-box protein MAX2 in *Arabidopsis*. Plant Physiology, 2014, 164(1): 424-439.

[52] Tian X H, Nakamura T, Kokubun M. The role of seed structure and oxygen responsiveness in pre-germination flooding tolerance of soybean cultivars. Plant Production Science, 2005, 8(2): 157-165.

[53] 邓俊才, 杨才琼, 吴海军, 等. 黑豆种皮抗田间霉菌活性成分的分离纯化与鉴定. 四川农业大学学报, 2017, 35(4): 449-554.

[54] Liu J, Nakamura S, Xu B, et al. Chemical structures of constituents from the flowers of *Osmanthus fragrans* var. aurantiacus. Journal of Natural Medicines, 2015, 69(1): 135-141.

[55] 徐铠煜, 伍松陵, 宋慧. 复配型防霉剂对十种粮食霉菌抑制效果评价. 中国粮油学报, 2010, 25(3): 98-101.

[56] Davis A L, Cai Y, Davies A P, et al. $^{1}$H and $^{13}$C NMR assignments of some green tea polyphenols. Magnetic Resonance in Chemistry, 2015, 34(11): 887-890.

[57] 李倩, 王学贵, 莫廷星, 等. 光叶铁仔根和茎化学成分研究. 中草药, 2014, 45(20): 2904-2907.

[58] Dong L, Cheng Y, Wu J, et al. Overexpression of GmERF5, a new member of the soybean EAR motif-containing ERF transcription factor, enhances resistance to *Phytophthora sojae* in soybean. Journal of Experimental Botany, 2015, 66(9): 2635-2647.

[59] Cheng Q, Li N, Dong L, et al. Overexpression of soybean isoflavone reductase (GmIFR) enhances resistance to *Phytophthora sojaein* soybean. Frontiers in Plant Science, 2015, 6: 1024.

[60] Li N, Zhao M, Liu T, et al. A novel soybean dirigent gene GmDIR22 contributes to promotion of lignan biosynthesis and enhances resistance to *Phytophthora sojae*. Frontiers in Plant Science, 2017, 8: 1185.

[61] Zhang C, Xin W, Feng Z, et al. Phenylalanine ammonia-lyase2.1 contributes to the soybean response towards *Phytophthora sojae* infection. Scientific Reports, 2017, 7(1): 7242.

[62] Meziadi C, Blanchet S, Geffroy V, et al. Virus-induced gene silencing (VIGS) and foreign gene expression in *Pisum sativum* L. using the “one-step” bean pod mottle virus (BPMV) viral vector//Kaufmann M, Klinger C, Savelsbergh A. Functional Genomics: Methods and Protocols. New York: Springer, 2017: 311-319.

[63] Hyun K K, Seungmo L, Kang Y J, et al. Optimization of a virus-induced gene silencing system with soybean yellow common mosaic virusfor gene function studies in soybeans. Plant Pathology

Journal, 2016, 32(2): 112-122.

[64] 王爽, 郭兵福, 郭勇, 等. 病毒诱导的基因沉默(VIGS)技术及其在大豆基因功能研究和育种中的应用潜力. 大豆科学, 2016, 35(4): 536-540.

[65] Kang J. Application of CRISPRCAS9-mediated genome editing for studying soybean resistance to soybean cyst nematode. Columbia: University of Columbia, 2016.

[66] Boettcher M, Mcmanus M. Choosing the right tool for the job: RNAi, TALEN, or CRISPR. Molecular Cell, 58(4): 575-585.

[67] 马莹, 郭娟, 毛亚平, 等. 药用植物有效成分生物合成途径解析及其应用. 中华中医药杂志, 2017, 5: 2079-2083.

[68] Liang J, Liu J, Brown R, et al. Direct production of di-hydroxylated sesquiterpenoids by a maize terpene synthase. The Plant Journal, 2018, 94: 847-856.

[69] Meng X Y, Zhang H X, Mezei M, et al. Molecular docking: a powerful approach for structure-based drug discovery. Current Computer-Aided Drug Design, 2011, 7(2): 146-157.

[70] Yuriev E, Ramsland P A. Latest developments in molecular docking: 2010–2011 in review. Journal of Molecular Recognition JMR, 2014, 26(5): 215-239.

[71] Cao M J, Zhang Y L, Liu X, et al. Combining chemical and genetic approaches to increase drought resistance in plants. Nature Communications, 2017, 8(1): 1183.

[72] Park S Y, Fung P, Nishimura N, et al. Abscisic acid inhibits type 2C protein phosphatases via the PYR/PYL family of START proteins. Science, 2009, 324(5930): 1068-1071.

[73] Melcher K, Ng L M, Zhou X E, et al. A gate-latch-lock mechanism for hormone signalling by abscisic acid receptors. Nature, 2009, 462: 602.

[74] Pandey S, Nelson D C, Assmann S M. Two novel GPCR-type G proteins are abscisic acid receptors in *Arabidopsis*. Cell, 2009, 136(1): 136-148.

[75] Hao Q, Yin P, Yan C, et al. Functional mechanism of the abscisic acid agonist pyrabactin. Journal of Biological Chemistry, 2010, 285(37): 28946.

[76] Yuan X, Yin P, Hao Q, et al. Single amino acid alteration between valine and isoleucine determines the distinct pyrabactin selectivity by PYL1 and PYL2. Journal of Biological Chemistry, 2010, 285(37): 28953-28958.

[77] Ng L M, Soon F F, Zhou X E, et al. Structural basis for basal activity and autoactivation of abscisic acid (ABA) signaling SnRK2 kinases. Proceedings of the National Academy of Sciences of the United States of America, 2011, 108(52): 21259-21264.

[78] He Y, Xu Y, Zhang C, et al. Identification of a lysosomal pathway that modulates glucocorticoid signaling and the inflammatory response. Science Signaling, 2011, 4(180): ra44.

[79] Zhang X, Zhang Q, Xin Q, et al. Complex structures of the abscisic acid receptor PYL3/RCAR13 reveal a unique regulatory mechanism. Structure, 2012, 20(5): 780-790.

[80] Cao M, Xue L, Yan Z, et al. An ABA-mimicking ligand that reduces water loss and promotes drought resistance in plants. Cell Research, 2013, 23(8): 1043-1054.

[81] Ren Z, Wang Z, Zhou X E, et al. Structure determination and activity manipulation of the turfgrass ABA receptor FePYR1. Scientific Reports, 2017, 7(1): 14022.

# 后　记

植物化学生态学无疑是一门新兴的交叉学科，其将植物化学与植物生理生态有机地融合在一起。复合种植系统中特殊生态环境的时空变化，引起了植物与生物或非生物环境的化学交流，站在人类的角度来考量这种变化，我们或将获得更多的有益代谢产物，并加以开发利用；若站在植物的角度来思考，我们所面临的问题将更加复杂，于植物而言，对各种胁迫所产生的化学响应，又起到了怎样的功用呢？这使得植物化学生态学的研究变得更加有趣，并持续散发出夺目的科学魅力。

2013 年底，我在日本获得生药学博士学位回国参加工作，回首过去，自己的经历似乎也是一个“交叉学科”：医学学士、农学硕士、药学博士，但贯穿始终的核心内容是植物天然产物，在过去十余年的求学生涯中，对此的兴趣及热爱一直未曾改变。回到母校四川农业大学工作，我选择了作物栽培学与耕作学，我将如何把自己所学融入团队之中呢？这在过去较长的一段时间里未得其解。

直到 2015 年底，我读到了两本书，一本是由孔垂华、胡飞老师主编的《植物化感(相生相克)作用及其应用》(2001 年，中国农业出版社)，这本书似乎为我打开了一扇窗，隐约中嗅到了自己的方向，但这里面最吸引我的竟然是孔垂华老师在书后所写的《后记》。在这篇不长的文章中，孔老师以比较轻松的口吻叙述了自己的传奇经历与人生感悟，从有机化学到农业生态，他在 20 多年前做出了转变，并在入职华南农大四年后，到美国潜心科研，完成了近 30 万字的植物化感作用专著。从他身上我似乎看到了自己，农业大学、农学院、作物栽培，我甚至比他当年“一农到底”得更加彻底。孔老师现在已然成为植物化感作用研究领域的权威专家，他的经历让我看到了未来奋斗的希望！但这本书实在有点久远，我甚至没有买到原版书，只买到劣质的影印版。2016 年这本书再版了，我第一时间购买了新版的《植物化感(相生相克)作用》，首先读的就是前言，字里行间感觉到孔老师对植物化感作用研究的不懈追求，也体会到他做学问、写专著的辛苦。应当说，促使我能够提笔来写本书，孔垂华老师的经历和专著对我的影响甚大，我渴望像孔老师那样，把自己的专业所长充分运用到农业科研中，并在某个学科领域闯出一片天地！2017 年 9 月，在与孔老师的一次邮件请教中，他寄予我极大的鼓舞，他传递给我了这样的信息：“国内外从事化学生态学研究的大家大多是化学出生的”，并鼓励我利用天然产物研究背景，充分结合作物间套作案例，从事作物化学生态学研究大有可为！

另外一本书是由闫凤鸣老师主编的《化学生态学》(2003 年，科学出版社)，这本书相对比较全面，植物与昆虫关系、植物化感、诱导抗性等诸多方面的化学生态学研究内容被收录其中，并对化学生态学研究方法进行了系统整理。当我读到闫老师这本书的时候，我才第一次知道，原来还有这样一个交叉学科，我觉得我似乎找到了自己前进的方向。通读全书，读到了较多有关昆虫互作的内容，而有关植物研究方面的内容相对较少，这让我有点意犹未尽。2016 年春节期间，我一个人待在办公室，又想到此事，提笔给闫老师写了一封长信，提出了我的一些看法，“化学生态学还有更广泛的内涵，包括植物代谢调控、代谢信号转导、代谢抗逆机理等等；而植物化感作用也仅仅是一种现象，其背后的生态学机理更加重要，我认为，这是一种从静态到动态、由现象到机理的深入，随着技术手段的进步，尤其是基因组、转录组、蛋白组、代谢组等系统生物学手段的广泛应用，以前不能办到的事情，现在可以办到了，而且方法手段更加全面、可靠……”。令人兴奋的是，第二天，刚好是元宵节，闫老师给我回复了邮件，他在信中写道，“你刚从国外回来不久，肯定会遇到很多困难和问题，特别是研究方向需要一定时间的犹豫和选择才能确定。一旦确定后，就要坚持下去，也可以根据技术和学科的发展进行调整和充实，但研究对象一定要建好自己特色的系统……”。并邀请我参加 7 月底在华中农业大学召开的全国化学生态学学术研讨会，这也使我与化学生态学领域的专家有了第一次当面请教和促膝长谈的机会。我现在所在的科研团队专注于作物间套作研究，闫老师的专著给予了我进一步的启发；他所回复的邮件，寄予我极大的鼓励！在随后的几年时间里，我将自己的专业背景与作物复合种植研究结合在一起，并将自己的研究方向确定为“复合种植作物化学生态学”，即是本书的书名。

回国之初，我想延续博士阶段的工作，所以借鉴日本实验室的结构，在顶楼杂物间重建了一个具有类似功能的天然产物分离纯化实验室，但后来发现工作开展举步维艰，与团队研究主题也有距离。经过这些年不断地改进、改变，在诸多专家老师的指点下，才逐步形成了现在的研究方向，但依然存在很多困惑，深感任重道远。今年是我回国参加工作的第五年，我想借出版本书的机会，梳理总结过去几年的工作。从去年底至今的大半年时间里，我真正体会了写书的不易，本想的是拼凑在一起就好了，却发现存在各种各样的问题。也发现自己过去五年工作中确实存在太多的不足与缺憾，经过反复地讨论、斟酌、调整，现在总算是完稿了。但我深知，这里面肯定依然存在非常多的问题，在这个领域我还是一名“小学生”，书中有些观点和提法或许在根本上都是错误的，但只能恳请前辈同行多多批评指正了。写本书的另外一个目的也是想给自己的研究生提供一些参考资料，尤其是以现代系统生物学手段(代谢组学为核心)融入化学生态学研究的新兴方法和思路，希望他们也能在本书中收获一点启发。

再次感谢孔垂华老师和闫凤鸣老师！也感谢与我风雨同舟的学生们，以及我的博士后合作导师杨文钰老师，感谢您多年来的指导和支持！

植物化学生态学研究大有可为，我将持之以恒！

是以为记。

刘　江

2018年11月于四川成都

# 编　后　记

《博士后文库》(以下简称《文库》)是汇集自然科学领域博士后研究人员优秀学术成果的系列丛书。《文库》致力于打造专属于博士后学术创新的旗舰品牌，营造博士后百花齐放的学术氛围，提升博士后优秀成果的学术和社会影响力。

《文库》出版资助工作开展以来，得到了全国博士后管委会办公室、中国博士后科学基金会、中国科学院、科学出版社等有关单位领导的大力支持，众多热心博士后事业的专家学者给予积极的建议，工作人员做了大量艰苦细致的工作。在此，我们一并表示感谢!

《博士后文库》编委会

# 彩　　图

附图 1　玉米-大豆带状套作

附图 2　玉米-大豆带状间作

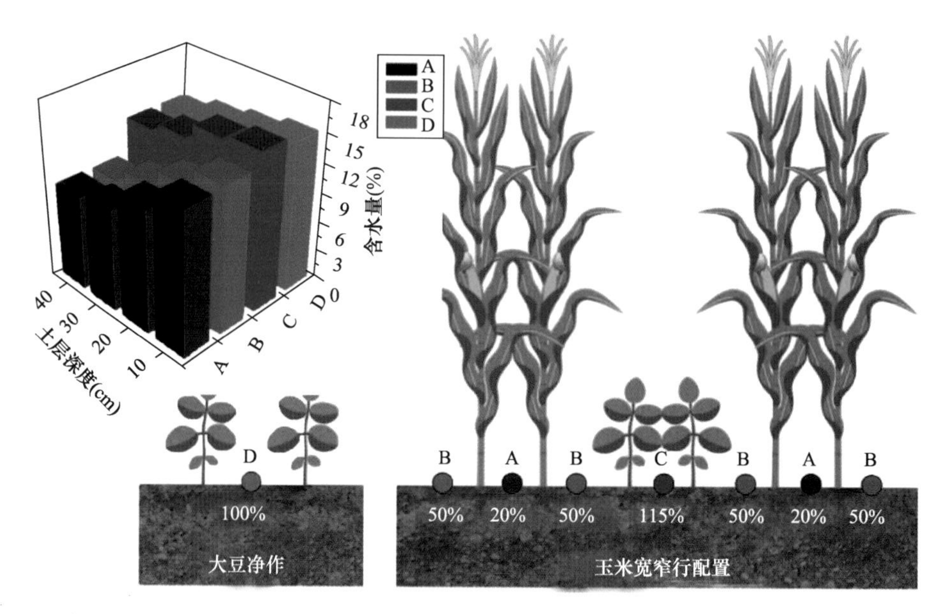

附图 3　玉米-大豆套作模式下不同位点的土壤水分变化规律与自然降雨群体再分配

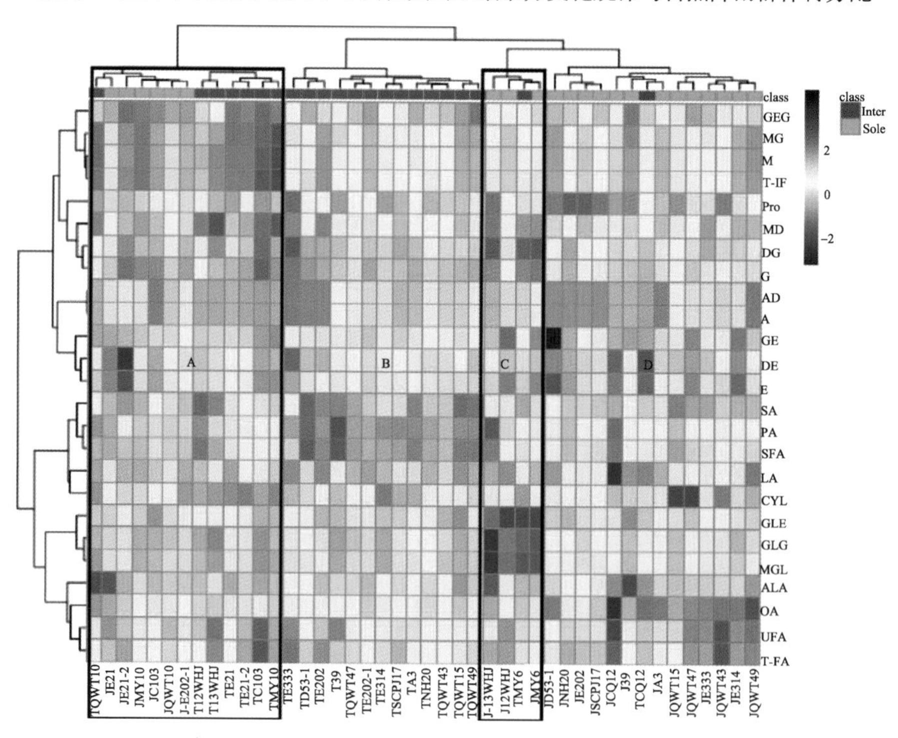
附图 4　基于化学品质评价的净、套作黑豆聚类分析

J 表示净作；T 表示套作

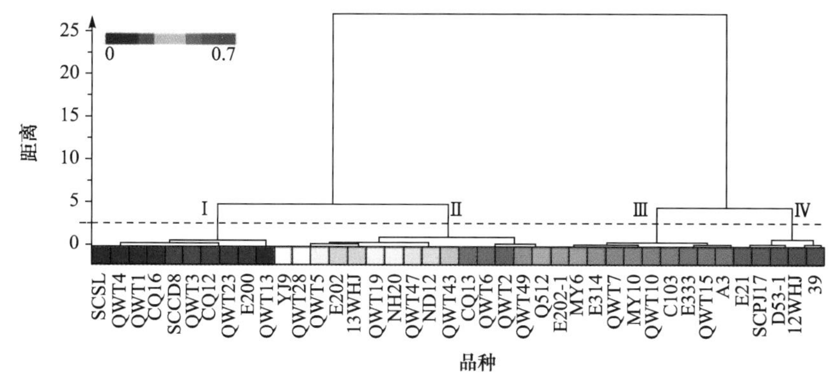


附图 5　40 个黑豆种质的聚类树状图

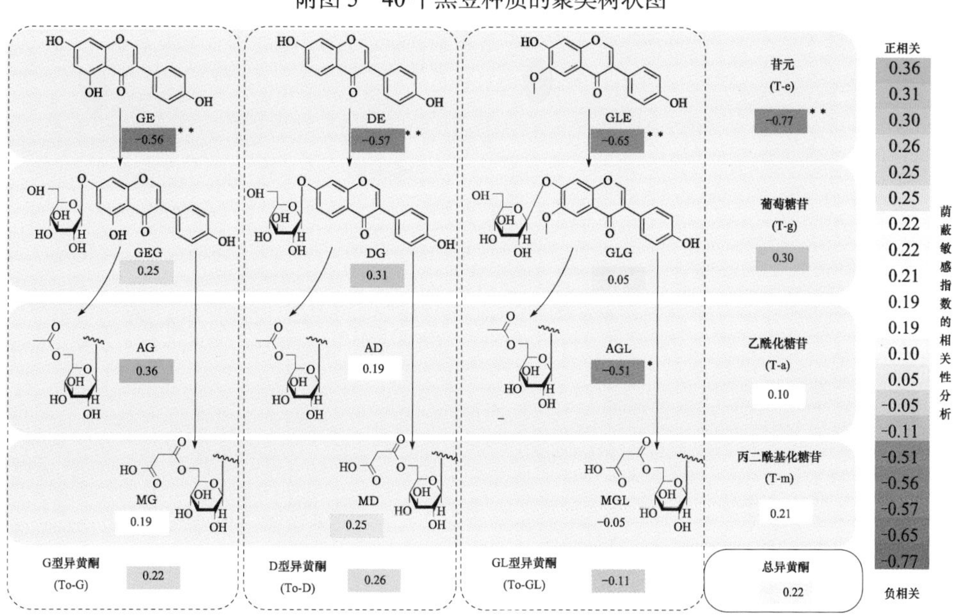


附图 6　异黄酮含量与荫蔽指数的相关性分析

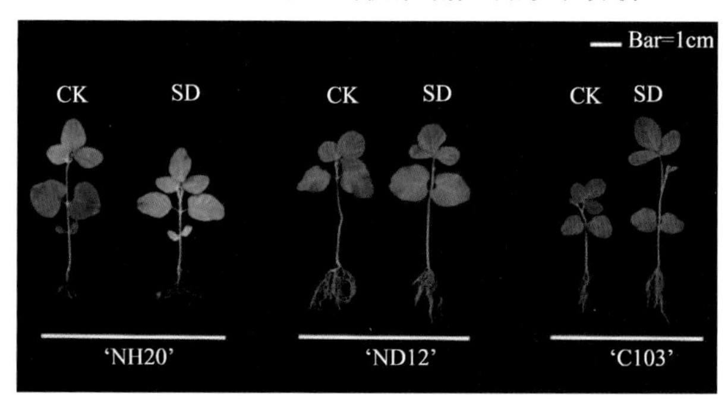


附图 7　正常光照和荫蔽处理下大豆幼苗(V1 期)性状对比图

CK：正常光照；SD：荫蔽胁迫

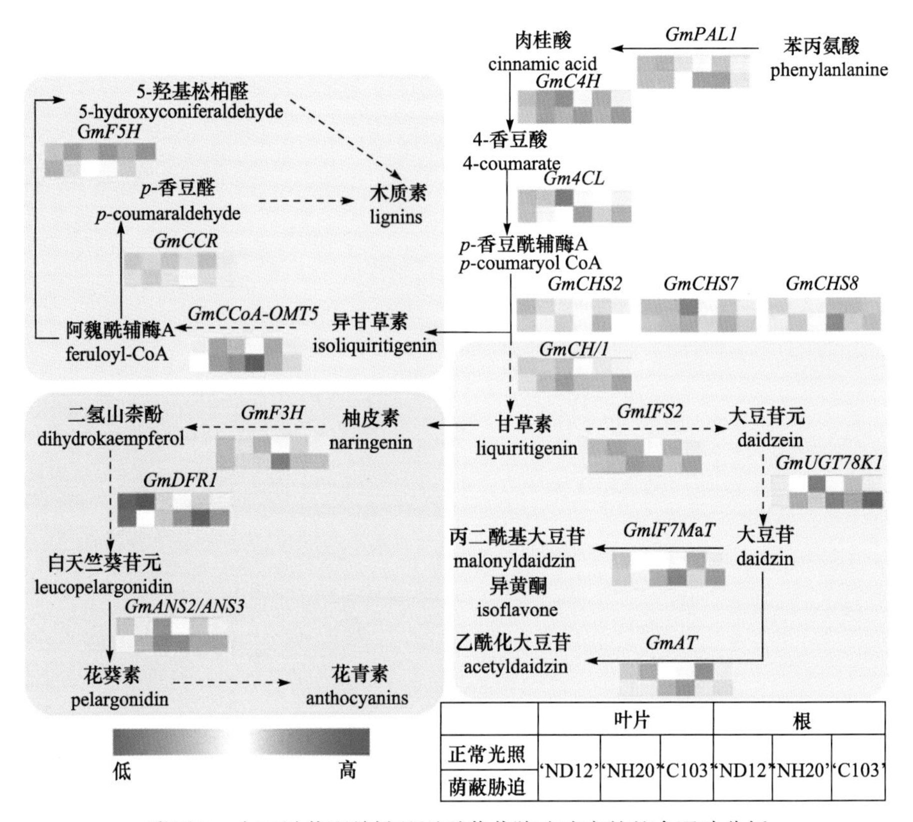


附图 8　大豆异黄酮关键基因对荫蔽胁迫响应的整合通路分析

每个小方块代表一个基因，方块内部颜色代表基因的相对表达量

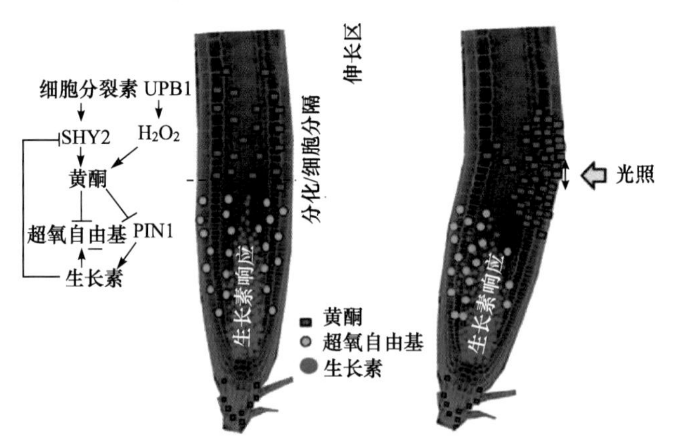


附图 9　植物根系分生组织细胞分裂分化的“黄酮-活性氧-生长素”模型[57]

附图 10　分根干旱胁迫处理流程

(a) 育苗盘出苗(2 周)；(b) 转移植株至 50%霍格兰营养液培养箱；(c) 第四复叶期(V4 期)分根处理；(d) 置于二隔室分根培养箱生长

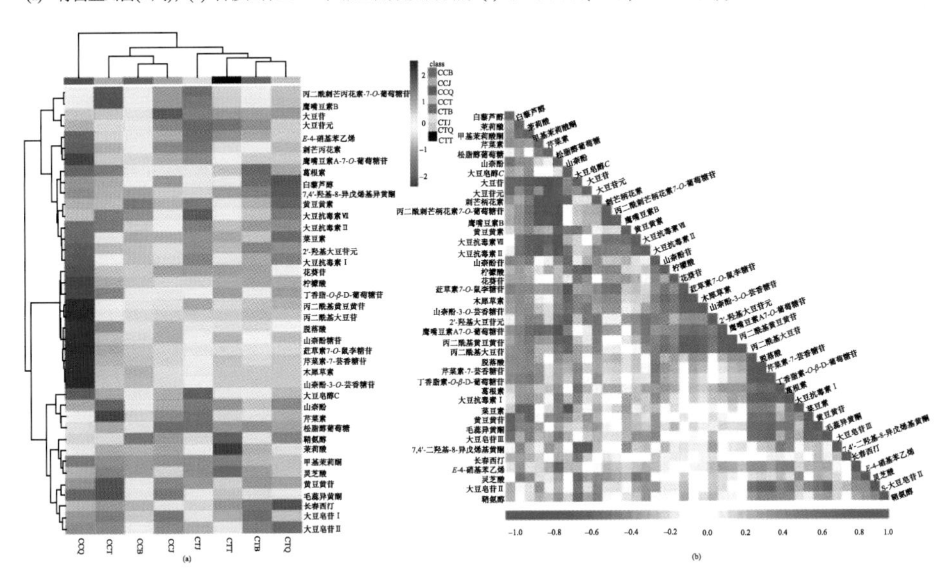

附图 11　荫蔽-霉变复合胁迫大豆种荚代谢物聚类及相关性分析

(a) 聚类分析热图；(b) 相关分析热图

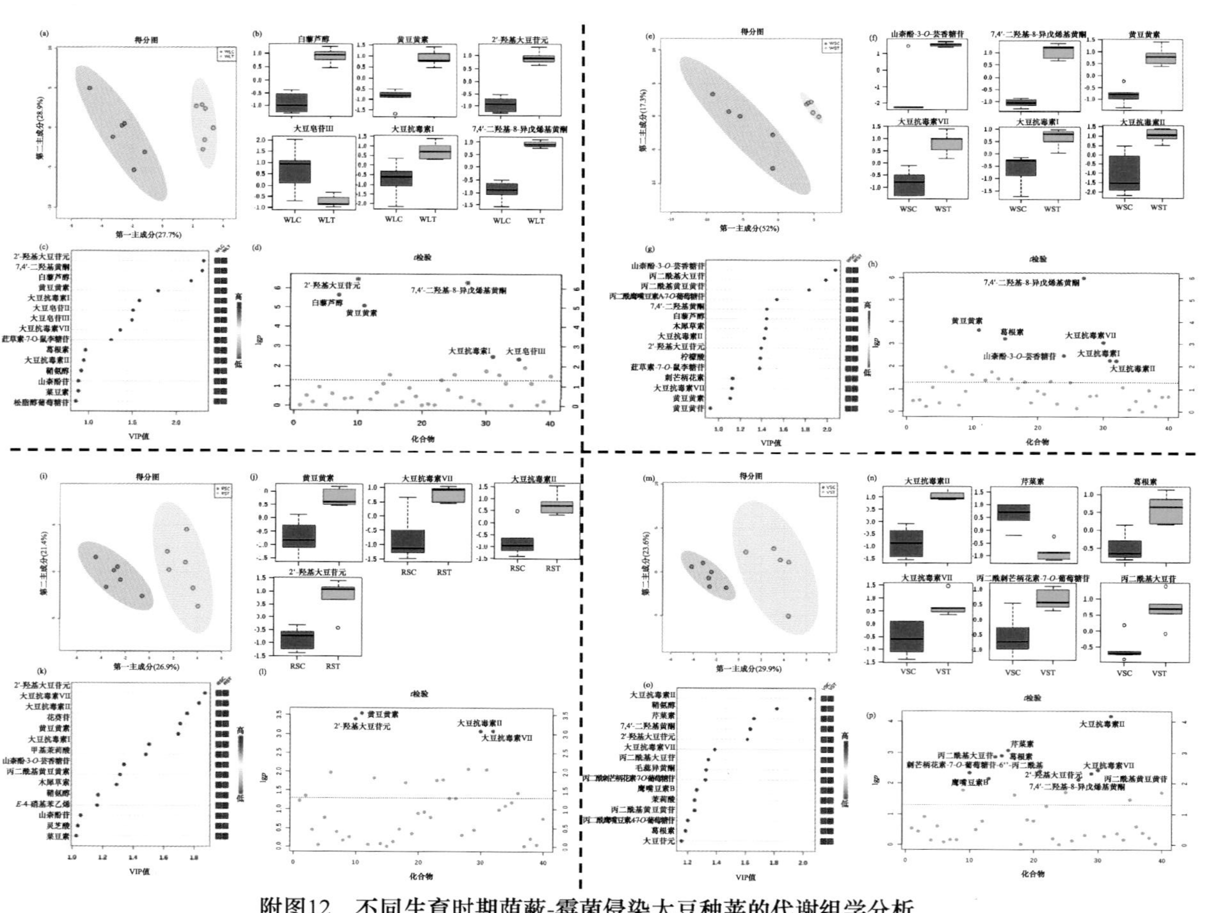

附图12　不同生育时期荫蔽-霉菌侵染大豆种荚的代谢组学分析

(a)～(d) 全生育期光照；(e)～(h) 全生育期荫蔽；(i)～(l) 生殖生长期荫蔽；(m)～(p) 营养生长期荫蔽

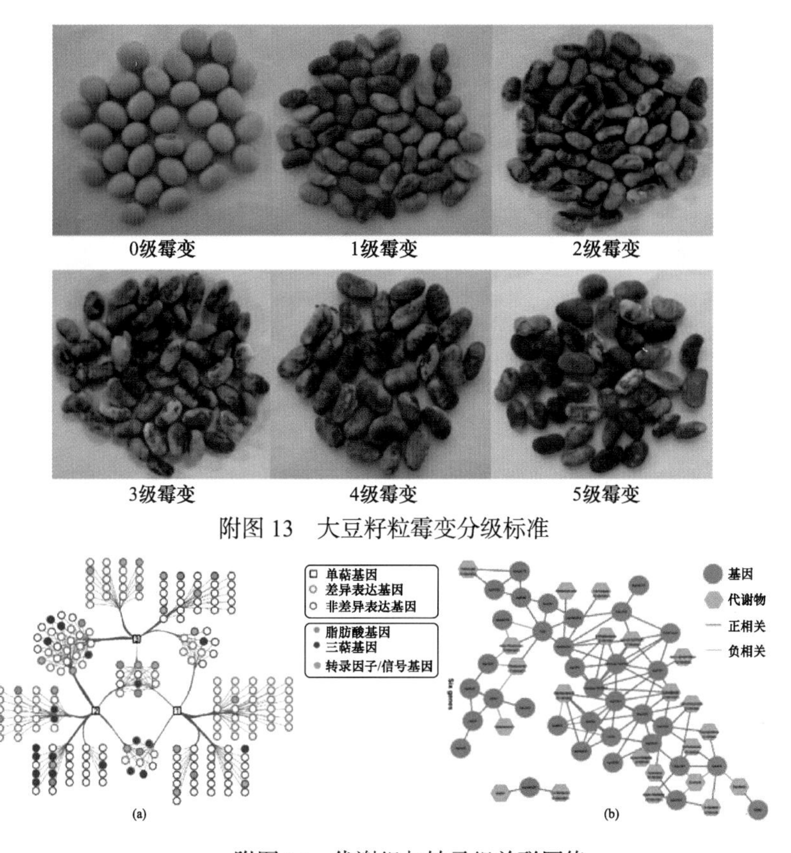


附图 13　大豆籽粒霉变分级标准

附图 14　代谢组与转录组关联网络

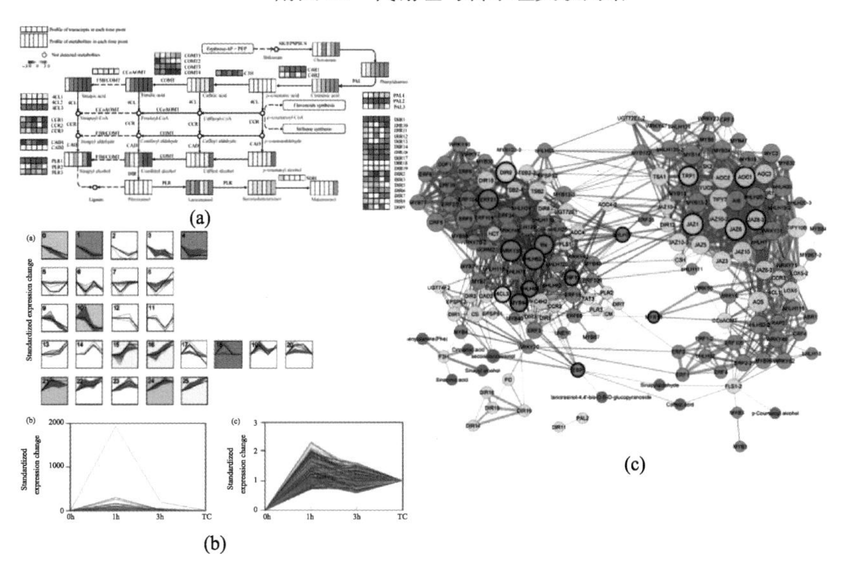


附图 15　MeJA 处理板蓝根代谢组-转录组关联分析

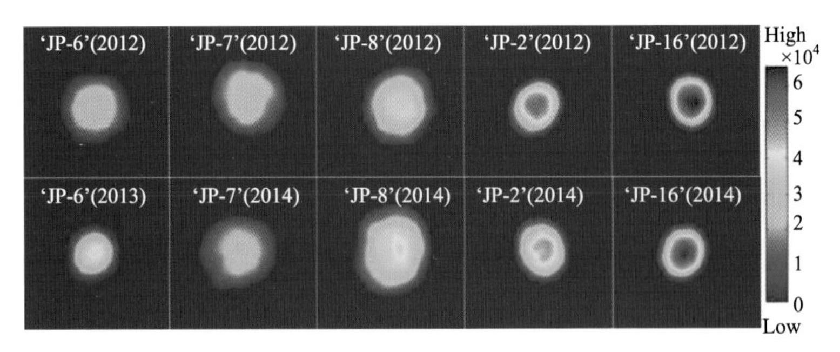


附图 16　不同种皮颜色大豆种子储藏过程中含水量变化的 NMR 图谱

颜色越明亮代表含水量越高

前排左起：刘春燕、刘卫国、杨峰、蒲甜、王小春、杨文钰（团队负责人）、张黎骅、雍太文、杨继芝、尚静、武晓玲

后排左起：郭铭、代建武、雷小龙 、孙歆、宋春、张清、杜俊波、刘江、常小丽、舒凯

四川省作物带状复合种植工程技术研究中心网站 http://www.rcsoybean.com/